光盘界面

案例欣赏

视频文件

视频欣赏

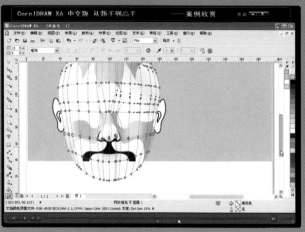

素材下载

绘制卡通漫画

制作标志

制作 POP 广告宣传页

制作啤酒广告

制作茶叶广告

案例欣赏

制作公司 VI

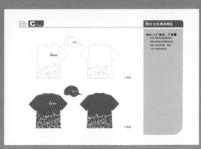
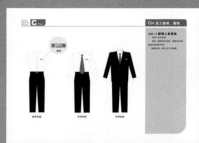
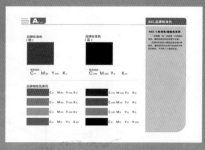

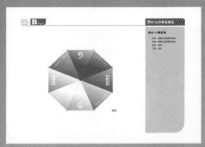
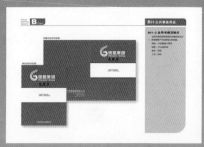

制作光盘界面

从新手到高手

CorelDRAW
X6中文版
从新手到高手

单位：毫米

□ 张豪 倪宝童 编著

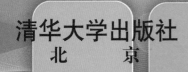

清华大学出版社
北　京

内 容 简 介

CorelDRAW X6是目前使用较为普遍的图形绘制和处理软件。本书全面介绍了该软件的工作界面、对象的基本操作、图形的绘制与调整、颜色的填充与调整、特殊效果的绘制以及运用CorelDRAW X6进行后期排版和印前的相关事项。最后一章通过具体的实例介绍CorelDRAW X6的综合应用，包括VI的相关知识、绘画技法的讲解以及折页在广告宣传中的作用。本书光盘提供书中实例的素材文件和全程配音语音教学视频，以及附赠的其他学习资料。

本书面向高校相关专业和CorelDRAW培训班编写，也可以作为平面设计人员深入学习CorelDRAW平面作品设计的中级教程。

图书在版编目（CIP）数据

CorelDRAW X6中文版从新手到高手/张豪等编著.— 北京：清华大学出版社，2013
　（从新手到高手）
　ISBN 978-7-302-31831-6

Ⅰ.①C… Ⅱ.①张… Ⅲ.①图形软件 Ⅳ.①TP391.41

中国版本图书馆CIP数据核字（2013）第062943号

责任编辑：夏兆彦
封面设计：柳晓春
责任校对：胡伟民
责任印制：李红英

出版发行：清华大学出版社
　　网　　　址：http://www.tup.com.cn，http://www.wqbook.com
　　地　　　址：北京清华大学学研大厦 A 座　　　　邮　　编：100084
　　社 总 机：010-62770175　　　　　　　　　　 邮　　购：010-62786544
　　投稿与读者服务：010-62776969，c-service@tup.tsinghua.edu.cn
　　质 量 反 馈：010-62772015，zhiliang@tup.tsinghua.edu.cn
印 装 者：北京亿浓世纪彩色印刷有限公司
经　　销：全国新华书店
开　　本：190mm×260mm　印　张：21.25　插　页：2　字　数：615 千字
　　　　　附光盘 1 张
版　　次：2013 年 10 月第 1 版　　　　　　　　印　次：2013 年 10 月第 1 次印刷
印　　数：1～3000
定　　价：79.00 元

产品编号：049477-01

前 言 Preface

   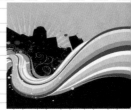

CorelDRAW X6是目前使用较为普遍的图形图像处理软件，它非凡的设计能力使其被广泛地应用于商标设计、标志制作、模型绘制、插图描画、排版及分色输出等诸多领域，并在广告设计、制作等领域有广泛的应用。本书是一种优秀的平面制作与广告设计教程。书中实例来自于作者的设计和教学实践，有利于读者学习与实际应用相关的软件知识。

1．本书内容

第1章基础知识的学习，帮助读者快速高效地利用CorelDRAW软件进行创作。第2章介绍使用工具箱中的绘图工具绘制形状的方法和技巧。第3章讲述对图形进行选取、移动、缩放、复制、粘贴等基本的对象操作。第4章讲述各种线性工具的使用方法和技巧，并通过在各个工具所对应的属性栏中设置参数的方法，对线条进行更复杂的编辑。

第5章介绍掌握改变节点位置、添加和删除节点、连接与断开节点等图形操作的方法。第6章讲解在设计过程中需要掌握的裁剪、刻刀、橡皮擦以及图形的焊接、修剪、相交、简化等工具和命令的相关技法。第7章讲述CorelDRAW提供的工具和命令，以及对图形的轮廓线进行编辑或填充颜色，丰富设计作品内容的方法。第8章讲述【调整】选项在图形设计中的使用方法和技巧。

第9章讲解使用CorelDRAW提供的工具和命令对图形进行填充颜色的各种方法与技巧。第10章介绍添加文本内容，掌握对各种文本内容进行有效的编辑等操作的知识。第11章讲述【交互式调和工具】的使用方法和技巧，使用户在图形渐变过渡领域中处理得更加熟练。第12章讲述图像在变形过程中所用到的工具和命令。

第13章帮助读者更加深刻地了解CorelDRAW特殊的设计和制作功能。第14章可以使读者对位图有进一步的了解，还可通过工具和命令来实现特殊的图像效果。第15章讲述CorelDRAW X6提供的各种滤镜效果，详细讲述滤镜的使用特点、运用技法以及各种滤镜在平面中的实际应用。第16章介绍图层的创建、排列以及样式的保存和编辑知识。

第17章主要讲述使用CorelDRAW X6进行印刷输出的相关知识，并通过对印刷的工作流程进行讲解，使读者更加熟悉平面设计的后期制作。第18章通过综合案例的形式来讲解各种工具和命令的实际应用。

2．本书特色

- **全面系统，专业品质** 本书全面介绍了CorelDRAW软件应用的全部命令和工具，涉及CorelDRAW应用的各个领域，书中实例经典，创意独特，效果精美。
- **版式美观，图文并茂** 版式风格活泼、紧凑美观；图解和图注内容丰富，抓图清晰考究。
- **虚实结合，超值实用** 知识点根据实际应用安排，重点和难点突出，对于主要理论和技术的剖析具有足够的深度和广度。并且在每章的最后还安排了高手答疑，针对用户经常遇到的问题逐一解答。

- **书盘结合，相得益彰**　随书配有大容量DVD光盘，提供多媒体语音视频讲解，以及全套素材图、效果图和图层模板。书中内容与配套光盘紧密结合，读者可以通过交互方式，循序渐进地学习。

3. 读者对象

　　本书内容详尽、讲解清晰，全书包含众多知识点，采用与实际范例相结合的方式进行讲解，并配以清晰、简洁的图文排版方式，使学习过程变得更加轻松和易于上手。本书可作为CorelDRAW图像处理和平面设计初、中级读者的学习用书，也可作为大中专院校相关专业及平面设计培训班的教材。

　　参与本书编写的除了封面署名人员外，还有王敏、马海军、祁凯、孙江玮、田成军、刘俊杰、赵俊昌、王泽波、张银鹤、刘治国、何方、李海庆、王树兴、朱俊成、康显丽、崔群法、孙岩、王立新、王咏梅、康显丽、辛爱军、牛小平、贾栓稳、赵元庆、郭磊、杨宁宁、郭晓俊、方宁、王黎、安征、亢凤林、李海峰等。由于时间仓促，水平有限，疏漏之处在所难免，欢迎读者朋友登录清华大学出版社的网站www.tup.com.cn与我们联系，帮助我们改进提高。

作者

2012年10月

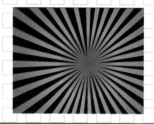
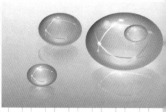

认识CorelDRAW X6

CorelDRAW X6是一款专业的图像设计软件，它广泛支持标识设计、图形创作、排版设计等平面设计领域。在绘制图形之前，首先需要了解该软件的工作界面和环境，以及该软件的一些基本操作，其主要包括新建文件、打开文件、保存文件及对页面的设置等内容。

通过对本章的基础学习，全面掌握该软件的操作知识，使读者能够快速高效地利用CorelDRAW软件进行创作。

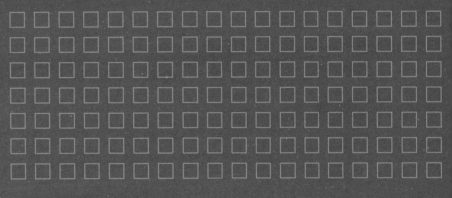

1.1 CoreIDRAW X6的应用领域

CorelDRAW以界面设计友好，操作精微细致，并且提供了一整套的图形精确定位和变形控制方案，赢得用户好评。它广泛地应用于商标设计、模型绘制、插图描画、排版、分色输出以及新兴的网页图像设计等诸多领域。

1. VI设计 ▶▶▶▶

VI即企业VI视觉设计，是企业形象系统的重要组成部分。标志是VI中不可或缺的组成部分，也是其核心部分。而企业可以通过VI设计实现这一目的：对内可征得员工的认同感、归属感，加强企业凝聚力；对外可树立企业的整体形象，有控制地将企业的信息传达给受众。

2. 插图设计 ▶▶▶▶

在现代设计领域中，插画设计可以说是最具有表现意味的。而插画作为现代设计的一种重要的视觉传达形式，以其直观的形象性、真实的生活感和美的感染力，在现代设计中占有特定的地位，并且许多表现技法都是借鉴了绘画艺术的表现技法。

3. 排版 ▶▶▶▶

排版是将文字、图形进行合理的排列调整，使整体版面达到和谐、美观的视觉效果。排版包括封面设计、书籍装帧、CD设计与画册编排等方面。

4. 平面设计 ▶▶▶▶

平面设计是将不同的基本图形，按照一定的规则在平面上组合成的图案。一般包括广告招贴与各种类型的海报等。

5. 网页设计 ▶▶▶▶

网页设计作为一种视觉语言，无论是从图像布局方面，还是从色彩搭配方面，均非常考究。而越来越多的网站设计，偏向于矢量图像的运用，无论是网页整体还是网页局部。

1.2　CorelDRAW X6新增功能

CorelDRAW X6具有十多项新增功能和增强功能，包括资产管理、颜色管理和绘图工具等的主要增强功能以及各种学习资源，为设计师提供了更广阔的设计空间。

1．CONNECT中的多个托盘 ≫≫≫

能够在本地网络上即时地找到图像并搜索iStockphoto、Fotolia和Flickr网站。现在可通过Corel CONNECT内的多个托盘，轻松访问内容。

2．高级OpenType支持 ≫≫≫

借助诸如上下文和样式替代、连字、装饰、小型大写字母、花体变体之类的高级OpenType 版式功能，创建精美文本。OpenType尤其适合跨平台设计工作，它提供了全面的语言支持，使您能够自定义适合工作语言的字符。

3．自定义构建的颜色和谐 ≫≫≫

轻松为您的设计创建辅助调色板。可以通过"颜色样式"泊坞窗访问的新增"颜色和谐"工具将各种颜色样式融合为一个"和谐"组合，使您能够集中修改颜色。

4．新增绘图工具 ≫≫≫

CorelDRAW X6 引入了四种造型工具，它们为矢量对象的优化提供了新增的创新选项。新增的涂抹工具使您能够沿着对象轮廓进行拉长或缩进，从而为对象造型。新增的转动工具使您能够对对象应用转动效果。并且，您可以使用新增的吸引和排斥工具，通过吸引或分隔节点，对曲线造型。

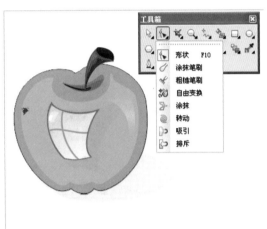

5．文档样式 ≫≫≫

轻松管理样式和颜色，新增的"对象样式"泊坞窗将创建和管理样式所需的全部工具集中放在一个位置中。可以创建轮廓、填充、段落、字符和文本框样式，并将这些样式应用到您的对象中。可以将您喜爱的样式整理到样式集中，以便能够一次对多个对象进行格式化，不仅快速高效，而且还能确保一致性。

此外，还有更多新增功能，在以后章节中一一介绍。

1.3 CorelDRAW基本操作

任何作品，均需要通过基本工具和基础操作的搭配来完成。只有掌握了这些基础编辑方法，才能够顺利地设计出优秀的作品。

1．基本工具 >>>>

软件界面与工具的熟悉，能够帮助用户快速地进入工作状态。CorelDRAW X6的工作界面主要由不同的工具栏组成。

>> **菜单栏** 集合了CorelDRAW X6中所有的命令，并分门别类地放置在不同的菜单中，供用户选择使用。

>> **工具属性栏** 显示了所绘制图形的信息，并提供了一系列可对图形进行修改操作的工具。

>> **标准工具栏** 在该工具栏中提供了最常用的几种操作按钮，用户可在短时间内完成几个最简单的操作任务。

>> **调色板** 可以直接对所选图形、文字或图形边缘进行色彩填充。

>> **泊坞窗** 这是CorelDRAW中最具有特色的窗口。因为它可以随意停放在工作区域的边缘，并提供许多常用的功能。

>> **工具箱** 可以帮助用户完成各项操作。其中，大多数工具都可以通过快捷键来选择，这样可以极大地提高工作效率。

表1-1 列出了各个工具的快捷键对照表

工具按钮	工具名称	快捷键
	选择工具	空格键
	形状工具	F10

续表

工具按钮	工具名称	快捷键
	橡皮擦工具	X
	放大镜工具	Z
	手形工具	H
	手绘工具	F5
	艺术笔工具	I
	智能绘图工具	Shift＋S
	矩形工具	F6
	椭圆工具	F7
	多边形工具	Y
	文本工具	F8
	轮廓笔对话框	F12
	轮廓笔颜色对话框	Shift＋F12
	均匀填充对话框	Shift＋F11
	渐变填充	F11
	交互式填充工具	G
	网格填充工具	M

2．对象选取 >>>>

对文字及图形进行编辑时，必须先将其选中。一旦某个对象被选中，它的周围会出现8个黑色控制点，并且在中间还会有一个"×"符号，代表图形中心位置。

>> **通过单击选取对象**

当选取单个对象时，只要使用【挑选工具】单击该对象，即可被选中。

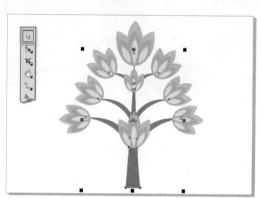

▶▶ 通过扩选选取对象

使用【挑选工具】在页面中拖动鼠标，绘制一个"蓝色"虚线框。当释放鼠标后，此虚线框内部的所有对象都会被选中。

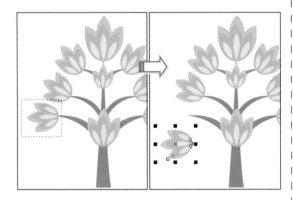

3. 对象缩放、旋转与镜像 ▶▶▶

当对象被选中后，即可进行简单的操作，比如缩放、旋转等，而这些操作只要在工具属性栏即可完成。

▶▶ 对象缩放

对象被选中后，在属性栏的【缩放因素】文本框中输入数值即可改变对象尺寸。另一种方法是将光标指向黑色控制点，即可上下、左右或者成比例缩放对象。

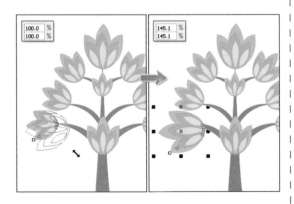

▶▶ 对象旋转

选中对象，然后再次单击该对象，即可进行旋转。或者，在属性栏的【旋转角度】文本框中输入数值。

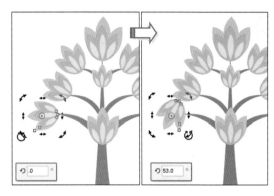

▶▶ 对象镜像

选中对象后，单击属性栏中的【水平镜像】按钮或者【垂直镜像】按钮即可。

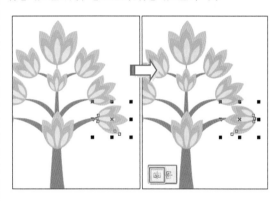

4. 对象复制与粘贴 ▶▶▶

在工作中，如果需要绘制大量相同形状的对象时，可以使用多种复制命令。

▶▶ 复制与粘贴命令

选中需要复制的对象，执行【编辑】|【复制】命令（快捷键Ctrl＋C）。然后到合适位置，执行【编辑】|【粘贴】命令（快捷键Ctrl＋V）。

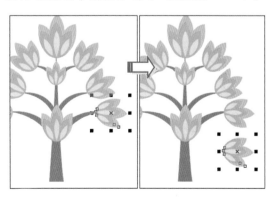

1.4　新建与打开文件

通常，进行图形创作之前，首先要新建一个文件。在新建文件时，可以通过两种方式来实现：一是新建空白文件；二是基于模板新建文件。

1．新建文件 ▶▶▶

▶▶ 新建一个空白文件

打开CorelDRAW X6软件窗口，在该窗口中执行【文件】|【新建】命令，或在工具栏中单击【新建】按钮▣，打开【创建新文档】对话框，即可在窗口内自动创建一个空白的绘图页面和绘图窗口。

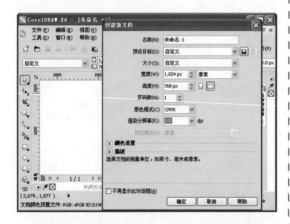

> **技巧**
>
> 在进入CorelDRAW X6窗口时，按Ctrl+N快捷键也可以打开【创建新文档】对话框。

▶▶ 基于模板创建新文件

CorelDRAW X6包括许多个经专业设计且可自定义的模板，可以使用户轻松地开始设计过程。基于模板创建新文件时，CorelDRAW将根据模板的页面布局设置来设置页面格式，然后将模板的样式加载到新文件中。

使用模板创建新文件，可以执行【文件】|【从模板新建】命令，打开【从模板新建】对话框。

在【从模板新建】对话框左侧选择【名片】选项，在从模板名称列表内选择一个模板文件，然后单击【打开】按钮即可新建一个名片模板。

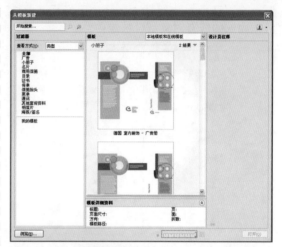

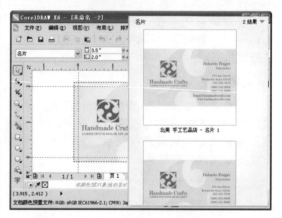

CorelDRAW所提供的每个模板都有一种比较讲究的版式，颜色搭配很合理，并且大多提供了文本框。因此用户可以直接在打开的模板中添加内容。这不仅是一种简捷、实用的建立文件方式，同时也可以提高工作效率。

2．打开文件 ▶▶▶

对于创作好的CorelDRAW文件，或收集的CorelDRAW素材，可以使用菜单命令、使用菜单命令打开近期用过的文件、使用标准工具栏、通过欢迎屏幕等命令对其进行打开查看或编辑操作。

▶▶ 执行命令打开文件

在进入CorelDRAW X6的工作界面之后，执行【文件】|【打开】命令，打开【打开绘图】对话框。选择快捷键Ctrl+O，可以快速打开【打开绘图】对话框。

使用【标准】工具栏打开

当打开CorelDRAW的应用程序窗口之后，在【标准】工具栏上单击【打开】按钮 也可以打开一个文件。

通过菜单打开最近用过文件

CorelDRAW X6会自动将近期所使用的文件记录在【文件】菜单中，执行【文件】|【打开最近用过的文件】命令，从弹出的子菜单中打开所需的文件。

通过欢迎屏幕打开文件

启动CorelDRAW X6程序后，打开"欢迎屏幕"界面，从最近用过的文档中选择文件。

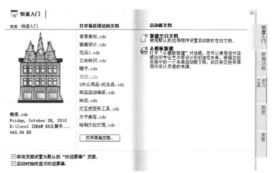

打开一个用户上次编辑的图形，也可以单击【打开其他文档】按钮。

1.5 导入、导出和保存文件

导入和导出命令是CorelDRAW和其他应用程序之间进行联系的桥梁。通过导入命令，可以将其他应用软件生成的文件输入至CorelDRAW中，包括位图和文本文件等。

1．导入文件 ▶▶▶▶

需要导入文件时，执行【文件】|【导入】命令，弹出【导入】对话框。选择所需导入的文件，确定后单击 导入 按钮即可。

启动CorelDRAW程序后，在【标准】工具栏上单击【导入】按钮或者是按Ctrl+I快捷键，也可以打开【导入】对话框，选择所需图像或文件。

2．导出文件 ▶▶▶▶

导出功能可以将CorelDRAW X6绘制好的图形输出成位图或其他格式的文件。执行【文件】|【导出】命令或单击标准工具栏上的【导出】按钮，打开【导出】对话框，选择要导出的文件格式，然后单击 导出 按钮，在打开的【导出到JPEG】对话框中设置好相关参数后，单击 确定 按钮即可。

3．保存文件 ▶▶▶▶

保存文件是将创建好的图形保存到硬盘指定的位置，以方便再次编辑或使用。每个应用软件都有自己的文件格式，并以扩展名为标识，以方便辨别。

在默认情况下，CorelDRAW X6以CDR格式保存文件。也可以利用CorelDRAW X6提供的高级保存选项来选择其他的文件格式。

执行【文件】|【保存】命令，在打开的【保存绘图】对话框中输入文件名称，单击【保存】按钮即可保存文件。也可以单击【标准】工具栏上的【保存】按钮，或是按快捷键Ctrl+S进行保存。还可以执行【文件】|【另存为】命令，将文件另外存储。

1.6 高手答疑

问题1：为什么我每次新建文档的时候总是以毫米为单位？怎么修改成其他单位？

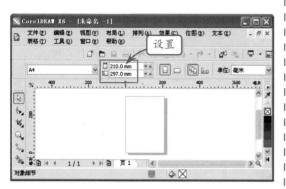

解答：当新建一个文档时，执行【文件】|【新建】命令，在打开的【创建新文档】对话框中可以设置该文档的尺寸、单位和分辨率。

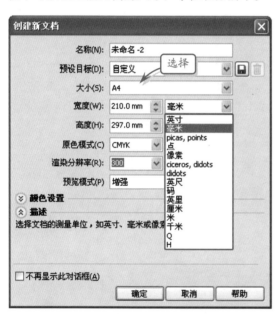

问题2：如何将自己制作的图形储存为模板？以便下次使用。

解答：当用户需要将制作的图形储存为模板时，只需执行【文件】|【另存为模板】命令并在打开的【模板属性】对话框中设置名称和其他参数即可。

当用户下次使用时，执行【文件】|【从模板新建】命令，在打开的【从模板新建】对话框中，单击【我的模板】选项即可。

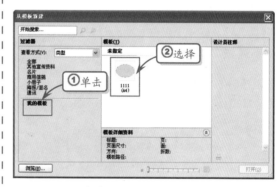

问题3：如何关闭文件？

解答：用户可以在退出CorelDRAW之前随时关闭当前打开的文件。执行【文件】|【关闭】命令即可，如果要关闭所有文件，也可执行【窗口】|【全部关闭】命令。如果关闭文件之前对文件进行了改动且没有保存，那么在关闭文件时系统会出现一个警告对话框，要求用户确认是否保存文件。

绘制基本图形

使用CorelDRAW X6绘制的图形中，主要是由矩
形、椭圆形和多边形等各种复杂图形的几何图形所组
成。为了给用户提供方便，在工具箱中专门提供了一
些用于绘制几何图形的工具，通过这些工具可以直接
绘制不同形状的图形。

本章将向用户介绍使用工具箱中的绘图工具绘制
形状的方法和技巧，如矩形、圆形、弧形、饼形、多
边形、星形、网格、螺旋曲线和预定义形状等。使用
户通过对本章的学习，能够熟练掌握这些绘图工具的
方法和规律。

2.1　绘制矩形与网格

【矩形工具】□可以快速绘制最基本的正方形或长方形，其绘制方法主要有2种，一是使用【矩形工具】□直接进行绘制；二是使用【三点矩形工具】□绘制矩形。

1. 使用【矩形工具】绘制矩形 ▶▶▶▶

使用【矩形工具】□主要是以对角线的方向进行绘制矩形。

技巧

在绘制矩形过程中，如果同时按Ctrl键，则绘制的是正方形；如果同时按的是Shift键，则绘制的是以起始点为中心的矩形；如果同时按Ctrl + Shift键，绘制的则是以起始点为中心的正方形。

2. 使用【三点矩形工具】绘制矩形 ▶▶▶▶

使用【三点矩形工具】□可以通过指定高度和宽度绘制矩形。

技巧

使用【三点矩形】□工具绘制矩形的过程中，在拖动鼠标创建基线同时按Ctrl键，就能以15为增量来限定基线的角度。

3. 绘制圆角矩形 ▶▶▶▶

在制图过程中，经常会遇到圆角的矩形形状，它与矩形的区别在于圆角矩形创建的图形看上去比较圆滑、光顺，而矩形的边角则比较尖锐。

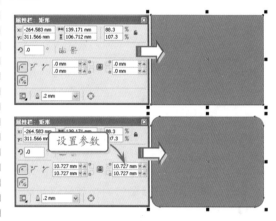

注意

在工具属性栏上面，如果先将圆角度数后的【同时编辑所有角】□按钮锁定，那么在改变圆角度数时4个圆角数值将是相同的。单击【同时编辑所有角】□按钮，可以单独更改一个角的圆度。

使用【形状工具】□也可以绘制圆角矩形，首先也需要绘制好矩形，然后使用【形状工具】□，并选中矩形图形，单击拖动边角的节点，即可以更改边角的圆角程度。

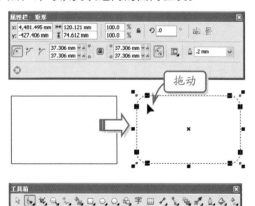

【表格工具】▦绘制的图形就像工程图纸中的网格一样，用户不仅可以使用【表格工具】▦绘制网格，还可以设置网格的行数和列数。

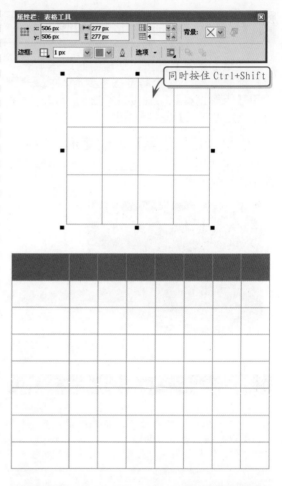

同时按住 Ctrl+Shift

使用【表格工具】▦绘制网格的过程中，如果同时按住Ctrl键，则绘制网格的轮廓就是正方形；如果同时按住Shift键，则绘制的网格轮廓就是以起始点为中心的网格；如果同时按住的是Ctrl＋Shift键，则绘制的网格就是以起始点为中心、轮廓为正方形的网格。

如果对网格中的单元方格进行编辑，首先选中网格，再按快捷键Ctrl＋U，将网格的群组取消，然后就可以对任意一个单元方格进行编辑。

提示

上图是对一个网格进行删除并调整，填充后的效果。

2.2　绘制圆形

椭圆形在设计中是经常用到的基本图形，用户可以将椭圆形改为饼形和弧形。在CorelDRAW X6中绘制椭圆的方法有两种，一种是使用【椭圆形工具】◯，另一种是使用工具箱中的【3点椭圆形工具】⬭进行绘制指定直径的椭圆。

1. 使用【椭圆形工具】◯绘制椭圆 ＞＞＞＞

使用【椭圆形工具】◯可以快捷、方便地绘制椭圆，首先选择【椭圆形工具】◯在绘图页面中单击并拖动鼠标，画面中会出现一个椭圆形，并随着鼠标的移动而变化，松开鼠标完成椭圆的绘制。

技巧

在使用【椭圆形工具】◯绘制图形时，按 Ctrl 键可以绘制一个正圆，按 Shift 键可以从中心向外绘制椭圆。

2．绘制指定直径的椭圆 ▷▷▷▷

通过【3点椭圆形工具】可以绘制指定半径长度的椭圆，首先选择【3点椭圆形工具】在绘图页面中单击并拖出一条任意方向的线段作为椭圆形的一个直径。放开鼠标左键，移动鼠标向轴线的一侧移动，就会出现一个椭圆，单击鼠标左键，完成椭圆形状的绘制。

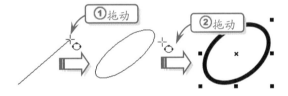

3．绘制弧形和饼形 ▷▷▷▷

弧形和饼形是椭圆中比较特殊的图形，它需要结合椭圆才能进行绘制。在绘图页面绘制一个椭圆，然后在工具属性栏上面单击【饼图】按钮，圆形会自动改变为一个饼形，单击【弧】按钮，饼形就会变成弧形。

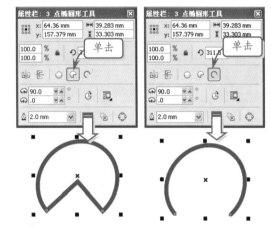

也可以使用【形状工具】绘制饼形和弧形，其方法与绘制圆角矩形基本相同。

2.3　绘制多边形和星形

在CorelDRAW X6中，【多边形工具】组是最具有变化性的绘图工具，利用该组中的工具，可以绘制多边形和星形，还可以对多边形和星形的形状进行调整或修改。

1．绘制多边形 ▷▷▷▷

多边形的绘制方法同矩形和椭圆形类似，使用鼠标拖动即可产生多边形，在工具属性栏中的【点数或边数】文本框中设置参数可以改变多边形的边数。

技巧

在绘制多边形时，按Ctrl键同时拖动鼠标，则绘制出来的是正多边形；如果按Shift键，则绘制出一个以起点为中心的多边形；如果同时按Ctrl键和Shift键，则绘制出一个以起点为中心的正边形（注意要先释放鼠标，再释放Ctrl键或Shift键）。

提示

如果用户需要改变角数，只需更改工具属性栏上面的【点数或边数】参数即可。

选择一个多边形对象，使用【形状工具】，单击鼠标左键的同时，选择该图形中任意一个节点，拖动鼠标改变节点的位置，重复同样操作可以对多边形进行丰富的变化。

3. 绘制星形 >>>>

在绘制带有星空的插画或其他图形中，经常会遇到五角星等星状的图形，为此，CorelDRAW为用户提供了【星形工具】。在默认情况下，选择该工具可以直接绘制五角星。

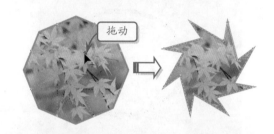

提示

由于多边形是一种完全对称的图形，控制点之间相互关联，因此当改变一个控制点时，其余的控制点会跟着发生相应的变化。

在CorelDRAW中，运用【复杂星形工具】可以绘制更加复杂的图形。

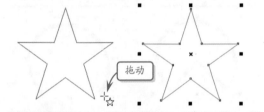

2.4　绘制螺纹和图纸

使用【螺纹工具】可以绘制一些特殊的对称式和对数式螺旋图形。对称式螺旋曲线均匀扩展，其回圈之间的距离相等。

对数式螺旋曲线扩展时，回圈之间的距离不断增大，用户还可以对对数式螺旋曲线向外扩展的比率进行设置。

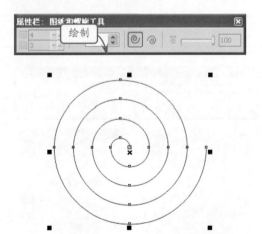

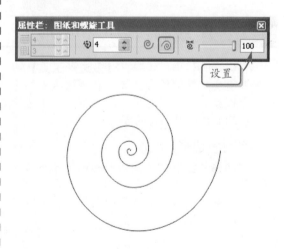

运用CorelDRAW X6中的【表格】菜单栏可以绘制类似网格的图形，执行【表格】|【创建新表格】命令，并设置参数，单击确定按钮即可。

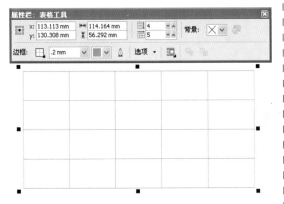

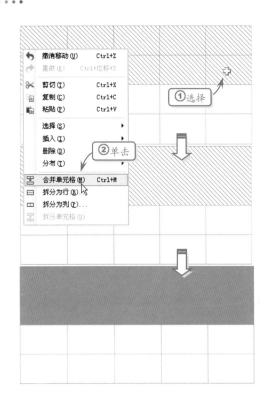

网格由一组矩形组合而成，这些矩形可以拆分。首先使用【形状工具】选择需要更改的网格，然后右键单击，在弹出的菜单中选择【合并单元格】选项，并填充颜色。

2.5 形状工具组

使用形状工具组中的工具可以对图形进行更深入的调整和修改，该组中的工具是由【形状工具】、【涂抹笔刷】、【粗糙笔刷】和【自由变形】组成。

1．形状工具 》》》

【形状工具】主要是对图形中的节点进行调整来改变整体效果。通过使用【形状工具】调节图形和位图上的节点、控制柄或轮廓曲线，从而来改变物体的形状以满足设计者的要求。

》 拖动曲线上的节点

在CorelDRAW X6中，通过调整曲线上的节点可以改变曲线的大小、形状和位置等属性。

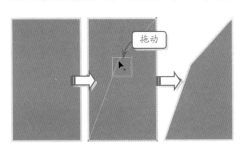

还可以使用【形状工具】拖动调整位图轮廓上的节点。选择【形状工具】，选中该位图的节点进行调整。在曲线中双击鼠标左键可以增加调整节点，双击节点可以删除节点。

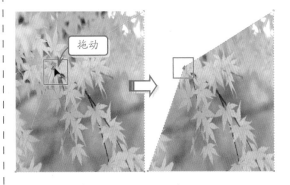

》 调整控制柄

曲线中的控制柄可以改变与之关联曲线的弧度、大小等属性。单击并拖动一侧的控制柄，与控制柄相连的曲线就会发生相应的变化。

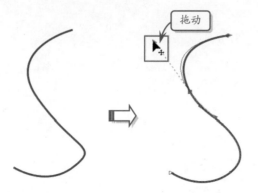

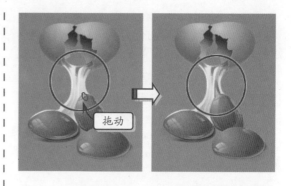

【形状工具】也可以调整位图中的控制柄，使用【形状工具】单击轮廓上的节点，并单击属性栏中的【转换为曲线】按钮，然后拖动控制柄即可改变位图的轮廓。

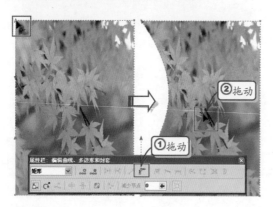

通过调整工具属性栏中的各个选项参数，可以调整涂抹笔刷的笔尖大小、圆角、角度以及水份浓度等。其中各个选项参数的作用如下。

➤➤【笔尖大小】微调框：在该输入框中的数值用于设置工具尖端的尺寸，表现在凹进或凸起末端的大小。

➤➤【水份浓度】微调框：其数值用于设置凹进或凸起曲线逐渐变细的比率。它的取值范围是−10~10，数值越大，变细的比率越大，凹进或凸起就越短。

➤➤【斜移】微调框：其数值用于设置工具尖端的圆满程度，取值范围是15~90，数值越小，则工具尖端越趋于扁平，凹进或凸起的末端就越趋于直线；数值越大，则工具尖端越趋于圆满，凹进或凸起的末端就越趋于圆弧。

➤➤【方位】微调框：其数值用于设置工具尖端倾斜的角度，边线在凹进或凸起末端倾斜的角度，它的取值范围是0~359。

直接拖动曲线

使用【形状工具】还可以直接拖动曲线中的某一段曲线。

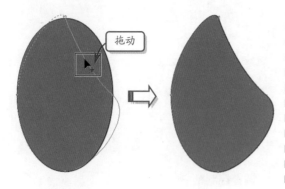

2. 涂抹笔刷

【涂抹笔刷】可以使曲线产生向内凹进或者向外凸起的变形。但它只能对曲线对象变形，不能对矢量图形、段落文本及位图等其他对象变形。

3. 粗糙笔刷

利用【粗糙笔刷】可以将锯齿或尖突的边缘应用于对象，包括线条、曲线和文本。

使用【椭圆形工具】绘制一个椭圆，并将其转为曲线，然后使用【粗糙笔刷】在椭圆周边添加突尖效果。

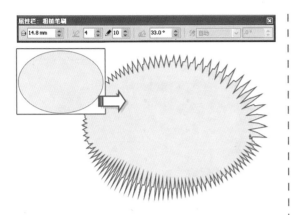

4. 自由变换工具 ▶▶▶

使用【自由变换工具】可以调整图形对象的旋转角度、反射效果、图形大小和倾斜

度，以增加图像的丰富性。

▶▶ 自由旋转

单击工具属性栏中的【自由旋转】按钮，可以围绕固定点旋转选定的对象。

▶▶ 自由角度反射

该按钮可以缩放指定的对象，或沿水平方向或垂直方向镜像该对象。

▶▶ 自由缩放

用户可以同时沿水平轴和垂直轴、相对于其锚点缩放对象来调整选定对象的大小。

▶▶ 自由倾斜

它可以扭曲对象的水平线条和垂直线条。

2.6 绘制预定义形状

在CorelDRAW X6中，利用软件本身的自定义形状可以快速、准确地绘制基本图形，其主要包括基本形状、箭头、星形和标注等预定义形状。

1. 预设的形状样式 ▶▶▶

在CorelDraw中，提供了五种预设的形状样式，主要包括【基本形状工具】、【箭头形状工具】、【流程图形状工具】、【标题形状工具】和【标注形状工具】。

2. 绘制预设形状 ▶▶▶

通过预设形状可以快速绘制基本形状、箭头形状、流程图形状、标题形状、标注形状。

▶▶ 绘制基本形状

使用【基本形状工具】可以快速绘制梯形，圆柱体，心形，水滴等多种造型。绘制形状时会出现一个红色控制点，通过该控制点可以改变造形的形状。

▶▶ 绘制箭头形状

【箭头形状工具】的绘制方法与基本形状工具绘制的方法类似，只是控制点使能改变的造型不同而已。通过箭头形状工具用户可以快速绘制路标、指示牌等。

▶▶ 绘制流程图形状

流程图形状工具没有提供控制点来调整造型。流程图形状提供了许多特殊的造型，通过这些特殊的造型，用户可以快速绘制自己想要的数据流程图、信息系统的业务流程图等。

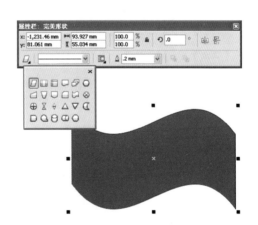

▶▶ 绘制标题形状

【标题形状工具】的绘制方法与基本形状的绘制方法类似，共提供了5种形状造型。用户可以通过这些造型快速绘制标题栏、旗帜标语、爆炸效果等。

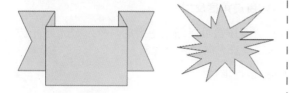

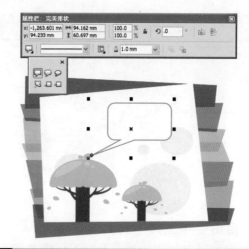

▶▶ 绘制标注形状

　　标注经常用于做进一步的补充说明，例如绘制了一幅风景，可以在风景上绘制标注图形，并可以在标注图形中增加相关的文字信息。

提示

使用基本形状工具组中的工具绘制出来的图像对象上一般都有一个红色的节点，用鼠标拖动红色节点，可以使图形产生更多的变换。

2.7　绘制名片

　　名片是标示姓名及其所属组织、公司单位和联系方法的纸片，是新朋友互相认识、自我介绍的最快捷有效的方法。本名片使用中国传统的国画梅花及水墨做背景，文字使用竖版排列，外观美丽大方且有高雅之情调。在名片的绘制过程中，主要运用【矩形工具】▢绘制名片的外形、【椭圆形工具】◯及【贝塞尔工具】✎绘制标志部分，【文本工具】字输入文字，【导入】命令导入素材。

练习要点

- 矩形工具
- 椭圆形工具
- 贝塞尔工具
- 文本工具
- 【导入】命令

提示

双击【矩形工具】▢可绘制和画板大小相同的矩形；在工具属性栏中可以设置圆角半径参数的大小使矩形转换为圆角矩形。

提示

选中导入的素材后执行【效果】|【图框精确裁剪】|【置于图文框内部】命令，在图形框上单击，可将素材裁切成预设的图形形状。

操作步骤：

STEP|01　新建文档和绘制矩形。按Ctrl+N组合键新建尺寸为50mm×90mm的文档。双击【矩形工具】▢绘制名片的外形，在工具属性栏里设置【圆角半径】参数。

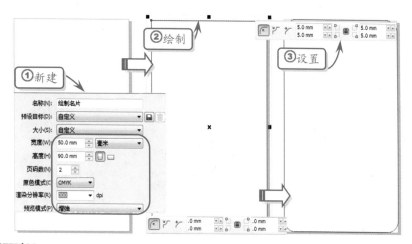

选中图形对象后，单击【调色板】上面的色块可填充相应的颜色；右击色块可使图形对象取消黑色描边。

STEP|02 导入素材和绘制圆环。按Ctrl+I组合键，导入素材1，执行【效果】|【图框精确剪裁】|【放置在容器中】命令，制作名片底纹。选择【椭圆形工具】，按Ctrl键的同时单击拖动鼠标，绘制两个正圆，分别填充颜色，作为标志的底部图形。

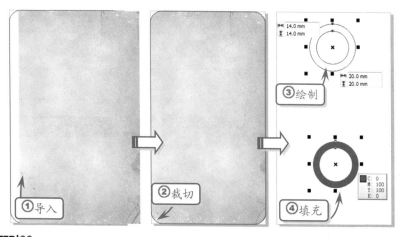

1. 若想要在一个图像上水平挖出数个孔，选择工具箱中的【橡皮擦工具】，单击要擦除的图形将其选中，设置工具属性栏上【圆形/方形】按钮为圆形，在图形左端双击，依次往后排列，然后对齐调整即可。

2. 若想要在一个图像上挖出不规则形状的镂空，则需要使用【贝塞尔工具】绘制出镂空形状。然后选中图像和绘制的图形，单击工具属性栏中的【简化】按钮修剪对象中重叠的区域，可制作出镂空效果。

STEP|03 绘制和填充图形。使用【贝塞尔工具】绘制出标志的修饰图形部分，同时选中新绘制部分和标志单击工具属性栏中的【简化】按钮修剪对象中重叠的区域。继续使用【贝塞尔工具】绘制勺子并填充颜色。

STEP|04 输入文字、绘制正圆和导入素材。选择【文本工具】输入文字，并设置文字样式及大小。选择【椭圆形工具】绘制文字下方的正圆图形，完成标志的绘制。执行【文件】|【导入】命令，导入素材2，并移动到合适位置，再输入相应的文字。

STEP|05 绘制名片背面。单击页面控制中的【页2】按钮，进入页面2，导入素材，使用【文本工具】 字 输入文字，添加标志。按Ctrl+S组合键保存。

CorelDRAW

2.8 绘制革命时期海报

革命时期的海报流行于二十世纪六七十年代，激励着一代人的奋斗历程，本例使用紧握的拳头作为主体画面，画面具有很强的冲击力，显示了建设新型社会主义社会的坚定信念。

操作步骤：

STEP|01 绘制和填充矩形。新建尺寸为297mm×210mm的文档，双击【矩形工具】 绘制海报背景并使用【渐变填充】 填充颜色。

STEP|02 绘制和复制三角形。使用【多边形工具】 ，绘制一个三角形，并执行【排列】|【变换】|【旋转】命令，按Ctrl+D组合键再制三角形，选中所有三角形按Ctrl+G组合键群组图形并移动到合适位置。

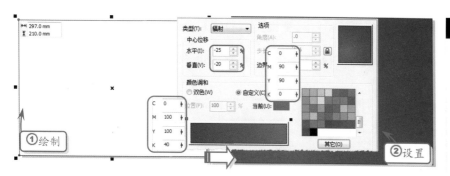

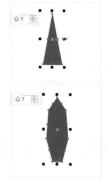

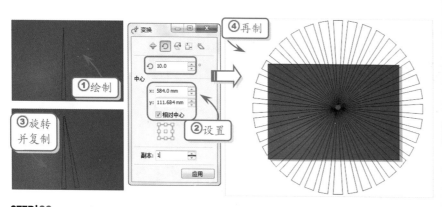

STEP|03 排列图形和绘制拳头。选择三角形组执行【排列】|【造型】|【相交】命令后单击海报背景，并填充颜色。使用【贝塞尔工具】绘制拳头外形并填充白色。

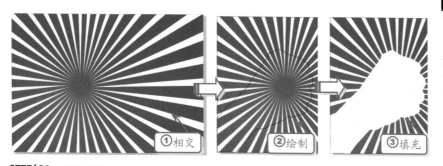

STEP|04 绘制拳头纹理和建筑物。使用【钢笔工具】绘制拳头纹理，完成拳头的绘制，使用【贝塞尔工具】绘制建筑。

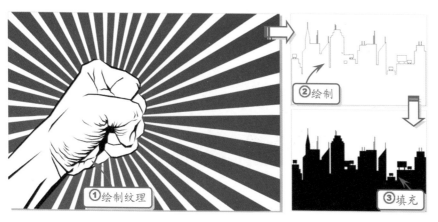

STEP|05 复制和调整建筑物。执行【排列】|【变换】|【位置】命令，并按Ctrl+D组合键再制建筑。使用【矩形工具】□绘制一个矩形，在工具属性栏里设置【圆角半径】参数值。使用【阴影工具】□制作出矩形的阴影部分。

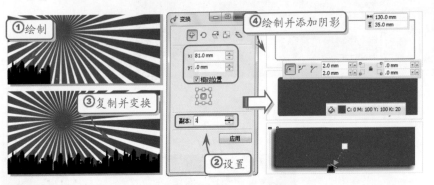

STEP|06 输入文字和绘制矩形。使用【文本工具】字输入文字，使用【矩形工具】□绘制矩形作为装饰，按Ctrl+S组合键保存该文件，完成海报绘制。

2.9 绘制卡通漫画

卡通漫画是借鉴卡通手法和风格而编制的连环漫画。卡通漫画通过卡通人物形象传达出作者的心声，影响一代又一代的孩子，本例通过卡通形象来向人们宣传环境保护，让我们从小树立环保意识。

练习要点

- 贝塞尔工具
- 透明度工具
- 钢笔工具
- 调和工具

操作步骤：

STEP|01　绘制背景和白云。新建一个尺寸为200mm×200mm的文档，双击【矩形工具】□并填充渐变颜色绘制背景，选择【贝塞尔工具】绘制白云。使用【透明度工具】，为白云添加不透明效果。

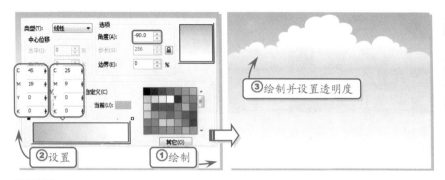

③绘制并设置透明度
②设置　①绘制

STEP|02　绘制草地、小草及森林。使用【钢笔工具】绘制草地，选择【渐变填充】填充渐变色，使用【贝塞尔工具】，绘制树林和近景小草。

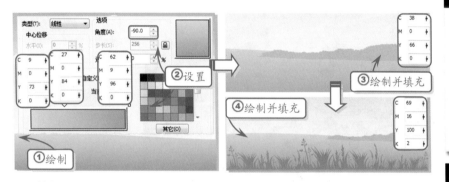

②设置　③绘制并填充　④绘制并填充　①绘制

STEP|03　绘制并均匀填充木牌。继续使用【贝塞尔工具】，绘制木牌的外型，使用【均匀填充】为木牌填充颜色，并绘制出木牌纹理。

①绘制　②填充

STEP|04　绘制钉子和蜜蜂。使用【调和工具】工具，制作出木牌上的钉子效果，并复制和调整位置。选择【贝塞尔工具】，绘制蜜蜂轮廓线，得到效果。

提示

选择所要调整的图形对象后，在工具箱中单击【透明度工具】在该图形上单击并拖动即可调整不透明度。

单击并拖动
调整

技巧

绘制远景的森林只绘制其大概形状，填充颜色即可。因为远景是模糊不清的所以不用每一颗树都细致刻画。
在绘制近景小草时可以复制调整其大小和形状来制作。

提示

按F11键可弹出【渐变填充】对话框，用户可根据需要设置该对话框中的各项参数。

提示

选择工具箱中的【均匀填充】分别填充木牌的纹理。注意其细微的变换，以达到逼真效果。

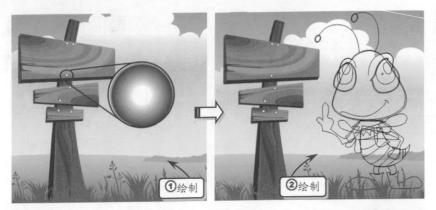

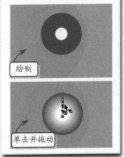

绘制

单击并拖动

STEP|05 为蜜蜂上色及添加阴影和输入文字。使用【均匀填充】■为蜜蜂填充颜色，选择蜜蜂，执行【排列】|【群组】命令，使用【阴影工具】□为蜜蜂添加阴影效果，选择【文本工具】字添加文本，完成卡通漫画最终绘制。

提示

钉子的制作方法：首先使用【椭圆形工具】◯按住Ctrl+Shift组合键绘制两个正圆分别填充黑色和白色，然后选择工具箱中的使用【调和工具】工具将两个正圆调和成钉子效果。

①填充

②添加阴影

③输入文字

提示

输入文字后在工具属性栏中设置文本的属性。

2.10 高手答疑

问题1：如何使用【多边形工具】◯绘制以鼠标起始点为中心的5边形？

解答：在使用【多边形工具】◯绘制五边形过程中，首先在属性栏中设置【点数或边数】为5，然后同时按Ctrl+Shift快捷键，绘制的则是以鼠标起始点为中心的五边形。

提示

在设置【点数或边数】时设置的数越大，边角也就越多，设置越少，边角就越少。

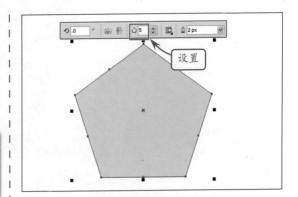

设置

问题2：当使用【基本形状工具】绘制一个形状之后，为什么不能使用【形状工具】添加节点并进行修改？

解答：如果需要将【基本形状工具】绘制的形状进行更详细修改，首先需要将该形状转为曲线，然后再使用【形状工具】进行修改。

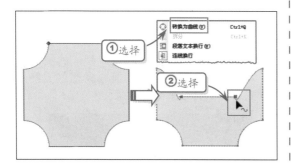

提示

将其转换为曲线，然后调整形状，调整的节点就是曲线进行调整。

问题3：如何更改位图的形状？

解答：使用【形状工具】单击位图，然后拖动位图中的节点即可改变位图的形状。

问题4：在【表格】菜单栏中新建表格与使用【图纸工具】绘制的表格有什么不同？

解答：在【表格】菜单栏中新建的表格是一个整体，将它解组后变成了以线为单位的组合。而使用【图纸工具】绘制的表格主要以矩形为单位进行组合。

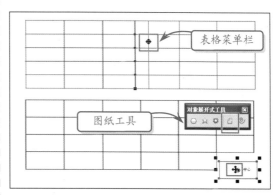

提示

【图纸工具】可以将整个表格进行解组，也可以将单个形状组合在一起。

2.11 高手训练营

练习1：绘制网页设计

网页设计是当今社会较为流行的宣传手段，它不但可以宣传产品，而且还可以让客户随时了解到该企业的发展动态，因此网页设计的重要性不言而喻。网页的制作并不是只有位图才能够制作，利用矢量图形制作也别有一番风味，下面就通过CorelDRAW为用户介绍一种简单制作网页的方法。

提示

选择【椭圆工具】，在绘图页面中按 Ctrl 键同时拖动鼠标绘制正圆。然后，选择快捷键 Ctrl + D，执行【再制】命令，调整其大小。

练习2：酒吧宣传海报

在现行社会里，矢量图的应用越来越广泛，它不但涉及到刊物插画，同样流行于商店的宣传海报。这种宣传形式通俗易懂、简单大方，能够准确地表达出所要传递的信息。下面就通过CorelDRAW为用户介绍一种制作酒吧宣传海报的方法。

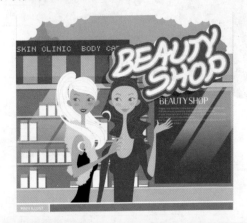

提示

选择【文本工具】，输入文本BEAUTY SHOP字样，填充为白色。选择快捷键F12，打开【轮廓笔】对话框，在该对话框中设置【宽度】数值为3mm，启用【圆角】与【置于填充之后】复选框。

练习3：绘制茶叶广告

广告是为了达到某种特定的需要，通过一定的媒体形式，公开而广泛地向公众传递信息的宣传手段。本例子绘制的茶叶广告颜色鲜亮，给人以清新的感觉，透明的杯子表现了本茶叶泡出的茶清淡可口。在本练习的绘制过程中，【贝塞尔工具】及【均匀填充工具】绘制杯子部分，运用【椭圆形工具】及【形状工具】更改节点的属性来绘制标志，最终完成茶叶广告的绘制。

提示

使用【椭圆形工具】及【排列】|【造型】|【修剪】命令绘制圆环，【贝塞尔工具】绘制茶叶来制作标志部分。

练习4：制作新年贺卡

每逢佳节倍思亲，春节的到来，远方是否有牵挂的人呢？发封新年贺卡问候一下吧，祝她（他）节日快乐。而自己做的新年贺卡赠送亲朋好友是一件多么有意义的事情呀。下面通过CorelDRAW X6介绍一种新年贺卡的制作方法，本案例主要通过矩形工具、贝塞尔工具、交互式透明工具等来实现效果。

提示

使用【矩形工具】，按Ctrl+D快捷键复制。选中两个矩形执行【排列】|【对齐与分布】命令，定为页面2。

练习5：制作VIP会员卡

发行VIP会员卡是商家常见的一种促销方式，它常以某种优惠活动来吸引顾客消费。会员卡的制作方法有很多种，下面就通过CorelDRAW为读者介绍一种制作VIP会员卡的简单方法，本案例主要通过矩形工具、贝塞尔工具、交互式透明工具、镜像工具等来实现效果。

提示

使用【贝塞尔工具】，绘制花边轮廓，颜色设为白色。

练习6：几何图形的运用

　　CorelDRAW中几何绘制工具，除了矩形工具与椭圆形工具外，还包括多边形工具、星形工具以及复杂星形工具等。通过这些工具绘制的几何图形组合、缩放、旋转以及轮廓颜色与填充颜色的设置，从而得到不同形状、不同效果的图像。

提示

绘制好环形图案后，直接复制图案，并调整大小，再调整颜色得到其他环形图案的效果。

对象基本操作

当创建图形时，离不开对图像各种各样的操作，为了方便用户，CorelDRAW X6为用户提供了许多相应的工具和命令，掌握这些工具和命令，可以熟练地对图形进行基本的操作，并帮助用户快速、准确地绘制图形。

通过对本章节的学习，用户不但可以熟练地对图形进行选取、移动、缩放、复制、粘贴等基本的对象操作，还可以掌握对象与对象之间的群组与解组、合并与拆分、锁定与解锁、对齐与分布、对象的造型等高级功能，并为用户创造更复杂的图形作准备。

3.1 选取对象

在CorelDRAW X6中对图形进行编辑操作时,首先需要使用【挑选工具】将它选中,选取对象可以分为普通选取和特殊选取。

1. 使用选择工具选取对象 》》》

选择工具是常用的工具,通常用于选择绘画区中需要编辑的对象。使用【选择工具】将鼠标指针移至要选取的对象单击鼠标左键即可。

用户要想继续选取对象,可以配合Shift键来完成。按住Shift键,移动鼠标到其他要选取的对象上,单击鼠标左键即可。按Shift键多选时,如果不慎误选,可按Shift键再次单击误选对象取消之。

2. 使用菜单栏进行对象选取 》》》

在CorelDRAW中,除了图形对象还有图像对象,辅助线对象以及节点对象。而要选择这些对象就需要通过菜单栏中的【编辑】|【全选】命令,在弹出的菜单栏中选择相应的命令来选择对象。选定全部对象,执行下面一项操作:执行【编辑】|【全选】|【对象】。

3. 特殊的选取 》》》

根据具体情况的不同,有时可以使用相对特殊的方法来选取对象,以简化其操作过程。按Alt键的同时,使用鼠标左键创建蓝色选框,只要蓝色选框接触的对象,都会被选取。通过双击【挑选工具】,还可以快速地选取页面中所有未锁定的对象。

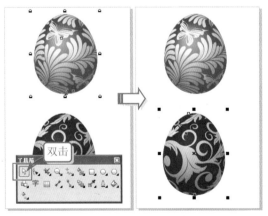

提示

当选择【挑选工具】后,按 Tab 键,就会自动选择最后绘制的图形。

3.2 复制对象

CorelDRAW X5为我们提供了多种复制方法，不但可以通过标准工具栏上的【复制】按钮进行复制，也可以通过快捷键或者通过再制、仿制命令对对象进行特殊的复制。

无论是复制对象还是剪切对象，往往是为了将对象粘贴在绘图窗口内。粘贴就是将剪贴板上的对象再放到绘图窗口内，然后对其进行编辑，或者按快捷键Ctrl+V，粘贴到所需位置。对于对象的复制、粘贴、剪切都可以通过单击标准工具栏上的按钮来完成操作。

如果用户希望粘贴的对象不是以前的类型，如以图形、位置或者以CorelDRAW对象等类型来粘贴，那么用户可以通过选择性粘贴来实现。显示将要粘贴对象的位置，执行【编辑】|【选择性粘贴】命令，打开【选择性粘贴】对话框，在【作为】列表框中选择一种所需要的类型，单击【确定】按钮，最近一次放到剪贴板上的对象就会以所选的类型粘贴到当前所显示的位置。

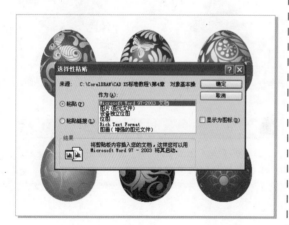

1．再制对象 ▶▶▶▶

再制对象所复制的图形可以进行有规律的排列。当再制对象时，可以首先选择【编辑】|【再制】命令，或者按下快捷键Ctrl+D，将所选文件再复制一份。如果对再制的对象继续再制的话，第二次再制的对象和第一次再制的对象以及原对象之间的距离是一样的。

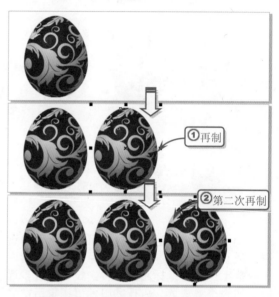

① 再制

② 第二次再制

连续对象不仅可以保持对象的间距一致，还可以保持缩放的比例不变。

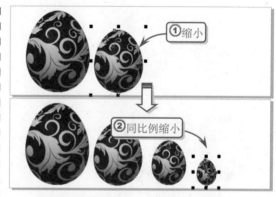

① 缩小

② 同比例缩小

2．克隆对象 ▶▶▶▶

克隆对象所复制出的对象可以随着原图像属性的改变而改变。但它对一个对象只能克隆一次，不能多次克隆不同的对象，也不能连续克隆；克隆对象之后，对原对象的修改会被自动应用到克隆的对象上。

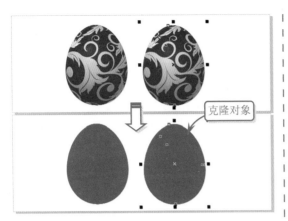

克隆对象

3．复制属性 》》》》

通过【编辑】|【复制属性自】命令可以复制原图像本身所具有的样式或其他属性。选择对象，执行此命令，打开【复制属性】对话框，在对话框选项中设置对象轮廓属性和填充属性。

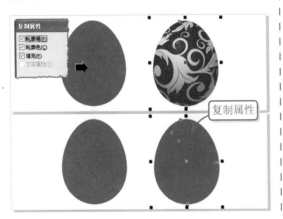

复制属性

如果在复制一个对象后需要紧接着对另一个对象也复制属性时，可以按Ctrl+R快捷键进行复制对象属性。

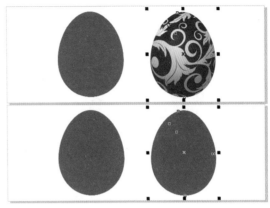

4．步长和重复 》》》》

【步长和重复】命令可以根据自己的需要，设置所需复制对象的份数、水平偏移距离、垂直偏移距离等选项对图像进行复制。

设置参数

3.3　变换对象

在CorelDRAW中，将对象进行移动、缩放、旋转、镜像等操作，可使对象变换出更多的图形效果。

1．移动对象 》》》》

在编辑图形对象的过程中，如果需要改变对象的位置可以直接使用鼠标进行移动对象，也可以通过属性栏的设置将对象精确地移动。

》》使用鼠标移动对象

选中所需移动的对象，将光标移动到对象中心的"✕"符号上，在光标变为✛形状后，按住鼠标左键拖动对象至合适的位置松开鼠

标，即可移动对象。

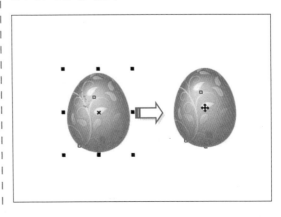

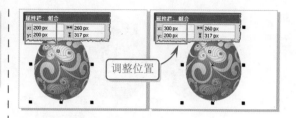

调整位置

▶▶ 使用键盘移动对象的位置

使用键盘上的方向键，能够以微调距离为基数来移动所选的对象，表3-1列出了使用方向键微调对象的方法。

▶▶ 使用锚点移动对象

使用锚点移动对象是一种比较特殊的图像微调方法，它与其他微调方法不同，它在设置完参数后会自动将图像移动到合适的位置。例如，将两幅图片进行拼接时，使用一幅图片的右锚点跟另一幅图片的左锚点进行拼接。

选择左边的图片，打开【变换】泊坞窗的【位置】选项，该选项可以将分割的图像重新进行组合，首先取消选中【相对位置】复选框，并单击右上角的复选框，并在【位置】选项栏设置参数。

表3-1　微调对象的方法

微调的目的	微调的方法
按微调距离来微调选定的对象	选择方向键
按微调距离的一小部分来微调选定的对象（即精密微调）	选择Ctrl键，然后选择方向键
按微调距离的倍数来微调选定的对象	选择Shift键，然后选择方向键

在默认情况下，CorelDRAW预设的微调距离是2.54mm。执行【工具】|【选项】命令，打开【选项】对话框，在分类列表中，双击【文档】列表下的【标尺】选项，此时对话框右方会显示【微调】选项组，分别更改其参数，可以更加细致地调整对象。

如果将右边的图像与左边的图像完全的合在一起，就要将右边图像左上角的锚点定位在（200，350）的位置。

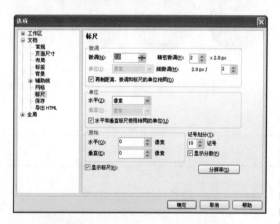

▶▶ 使用属性栏移动对象

在属性栏上有两个【对象的位置】微调框，其中，X微调框用于对象在横坐标上的定位，Y微调框用于对象在纵坐标上的定位。

①启用
②设置参数

2. 调整大小和缩放对象 ▶▶▶▶

在CorelDRAW X6中，任何图像设计都需要调整大小或进行缩放等操作。当我们在执行这类操作时，既可以通过拖动控制柄来完成，也可以通过属性栏或者相应的泊坞窗来完成。

▶▶ 【变换】对话框中的【比例】命令

用户可以自己指定百分比来缩小或者放大对象，可以只缩放对象的宽度或是高度，还可以同时以一个百分比来缩放对象的宽度和高度。【比例】命令可以对图像的比例大小进行缩放。选择对象，执行【窗口】|【泊坞窗】|【变换】|【比例】命令，在该选项中，选中【不按比例】复选框，在用于选择锚点的8个复选框中，选取一个复选框，并在【水平】或【垂直】微调框内设置参数。

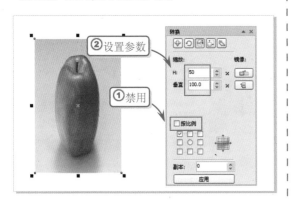

▶▶ 通过属性栏缩放对象

在属性栏上【缩放比例】微调框中输入数值，也可以精确地缩放对象，上边的微调框用于设置缩放对象的宽度，下边的微调框用于设置缩放对象的高度。

提示

在【变换】泊坞窗的【比例】选项中，选中【不按比例】复选框，在用于选择锚点的8个复选框中，单击左上角的复选框。

3.4 群组与解组对象

CorelDRAW中的结合功能可以将两个不同的对象接合在一起，而打散对象有利于用户对结合后的对象再次进行修改。通过锁定对象的方法来保护已制作好的图形，这样可以确保锁定的对象不会被改变。解锁则正好跟锁定相反，可以将对象的锁定状态解除。

1. 群组与解组 ▶▶▶▶

群组主要功能就是将多个对象组合在一起，它不改变各个对象本身的属性。并可以对群组内的所有对象同时应用格式、属性以及其它修改，提高图形设计的工作效率。

▶▶ 群组对象

将对象全部选中，执行【排列】|【群组】命令，或通过单击属性栏上的【群组】按

钮可以将所选对象群组在一起。对于群组在一起的对象，可以一起执行移动、缩放和填充等操作。

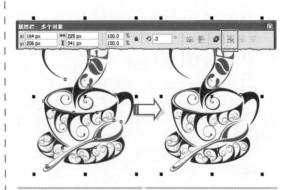

>> **删除群组中的对象**

选择群组中的对象，被选中的对象四周显示为黑色的圆点•。执行【窗口】|【泊坞窗】|【对象管理器】命令，在弹出的【对象管理器】泊坞窗中选择不需要的图层，按Delete键即可将对象删除。

>> **取消群组**

当需要将群组中的某一对象进行再编辑时，可以通过执行【排列】|【取消群组】命令，或通过单击属性栏上的【取消群组】按钮。

2．结合与打散对象 >>>>

结合与打散功能可以快速绘制一些不规则的形状或将多个不相干的图形结合在一起，对象结合之后，它所具有的属性或样式完全一样。选中全部对象，执行【排列】|【合并】命令或单击属性栏上的【合并】按钮，所选对象就被合并为一个对象。

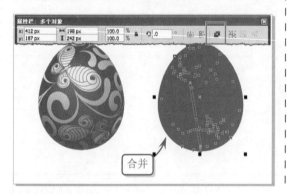

> **注意**
>
> 在执行【结合】命令之前，需要将对象取消全部群组。

拆分对象主要用来将合并在一起的对象打散。如果在合并之前改变了对象的属性，那么在打散之后将不能恢复原来的属性。

3．锁定与解锁对象 >>>>

【锁定】命令可以将对象进行锁定，当对象被锁定后不能改变它的属性，也不能移动其位置。选择将要锁定的对象，执行【排列】|【锁定对象】命令，或是右击鼠标选择【锁定对象】命令，对象周围的控制柄会由实心方块变成小锁形状，表明所选的对象被锁定。

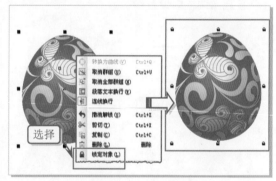

3.5 　对齐与分布对象

在CorelDRAW X5中，【对齐和分布】命令可以使多个图像根据自己的需要互相对齐，或者将指定对象按照一定的方式分布于页面中。

1．对象互相对齐 >>>>

【对齐和分布】命令可以使对象按照一定的规律进行排列和组合，如果需要对多个对象进行相互对齐，应先选中这些对象，然后执行【排列】|【对齐和分布】命令，在弹出的子菜单中提供了多个对齐对象的命令，其各个命令作用如表3-2所示。

表3-2　【对齐和分布】对话框各选项的主要作用

命令名称	主要作用
左对齐	将所选对象左端对齐（以最后被选中的对象为准）
右对齐	将所选对象右端对齐（以最后被选中的对象为准）
顶端对齐	将所选对象顶端对齐（以最后被选中的对象为准）

续表

命令名称	主要作用
底端对齐	将所选对象底端对齐（以最后被选中的对象为准）
水平居中对齐	将所选对象在水平方向中心对齐（以最后被选中的对象为准）
垂直居中对齐	将所选对象在垂直方向中心对齐（以最后被选中的对象为准）
在页面居中	将所选对象以页面中心对齐
在页面水平居中	将所选对象在水平方向以页面中心对齐
在页面垂直居中	将所选对象在垂直方向以页面中心对齐
对齐和分布	打开【对齐和分布】对话框

注意

用来对齐左、右、顶端或底端边缘的对象，是由创建顺序或是选择顺序决定的。如果在对齐前已经圈选对象，则会以创建的最后那个对象为参考点；如果逐个选择对象，则以最后选择的对象为对齐其他对象的参考点。

2．对象与页面居中对齐 ▶▶▶▶

对象与页面的居中对齐可以使对象在页面中处于居中位置，也可以使一个或者多个对象跟页面的中心对齐。

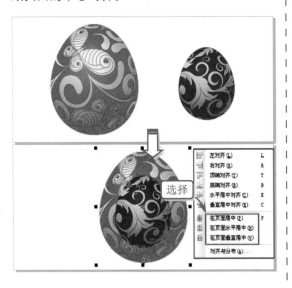

3．对象跟页边对齐 ▶▶▶▶

为了方便设计的多重性，【对齐与分布】命令也可以使对象跟页面中心对齐，并且使对象跟页面边缘对齐。执行【排列】|【对齐和分布】|【对齐与分布】命令。

单击【对齐对象到】右边的下拉列表按钮，选择下拉菜单中的选项可以确定对齐对象的位置。

注意

对于对齐选项中的【指定点】选项，其操作是先选择一个对象，然后单击【应用】按钮，再确定所要对齐对象的位置。

4．分布对象 ▶▶▶▶

分布对象功能可以使对象按照一定的方式分布于页面中心，也可以使对象按照需要分布于页面的边缘。执行【排列】|【对齐和分布】|【对齐与分布】命令，打开【对齐与分布】对话框，单击【分布】选项。

在【分布】选项栏中，位于左边竖排的4个选项是用于设置对象在水平方向上的分布方式；位于右边横排的4个选项则用于设置对象在垂直方向上的对齐方式，当选择【选定的范围】后，对象的分布限定在对象原有的区域范围内，当选择【页面的范围】后，对象的分布会散布至页面的宽度和高度中。

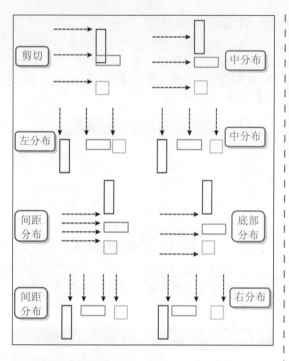

5. 调整对象顺序 ▷▷▷▷

▷▷ 调整对象的顺序

当要调整某一对象的叠放顺序时，首先选中要调整的对象，然后执行【排列】|【顺序】命令，再从弹出的子菜单中选择所需要的选项。

【顺序】子菜单中的各个命令解释如表3-3所示。

表3-3　【顺序】中各项的主要作用

命令名称	主要作用
到图层前面	使所选对象到该图层的最前面
到图层后面	使所选对象到该图层的最后面
向前一位	使所选对象到它前面一个对象的前面
向后一位	使所选对象到它后面一个对象的后面
在前面	到所选对象的前面
在后面	到所选对象的后面
倒序	颠倒当前所选对象的前后顺序

▷▷ 反转多个对象的顺序

执行【排列】|【顺序】|【倒序】命令，这样可将所选对象的顺序颠倒过来。该命令可以很方便地使用户将多个对象的前后顺序反转，提高工作效率，节省了用户的大量时间。

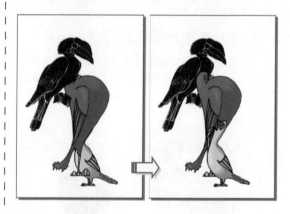

3.6　标志设计

标志是公司对外形象的标识符号，标志代表了精神、理念。本案例中的标志采用尊贵的金色为主色，使用中国传统的莲花形象作为主体，既和公司的名称相呼应，又传达出圣洁、清净之意。

练习要点
- 矩形工具
- 渐变填充
- 椭圆工具
- 【变换】命令

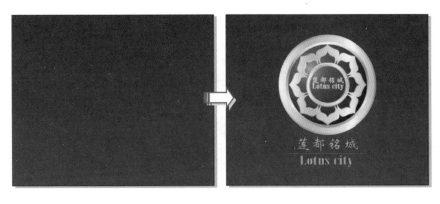

操作步骤：

STEP|01 绘制背景和标志外形。按Ctrl+N组合键新建尺寸为170mm×140mm的文档，双击【矩形工具】并填充渐变颜色绘制标志背景，选择【椭圆形工具】绘制正圆，用【渐变填充】填充渐变色作为标志外形。

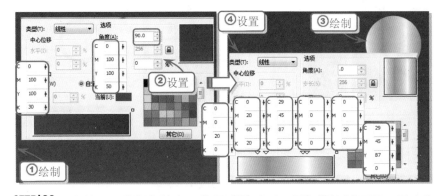

STEP|02 绘制正圆并渐变填充。使用【椭圆形工具】绘制正圆，尺寸为79mm×79mm，使用【渐变填充】填充渐变色，再次绘制正圆，用【渐变填充】填充渐变色。

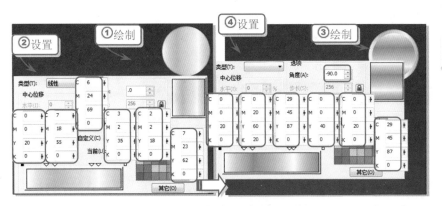

STEP|03 绘制正圆和花瓣。使用【椭圆工具】绘制正圆，使用【渐变填充】填充渐变色。使用【贝塞尔工具】绘制莲花花瓣，并填充白色。

STEP|04 复制、焊接并渐变填充。花瓣执行【排列】|【变换】|【旋转】命令，复制花瓣，按Ctrl+D组合键再制图形选中花瓣执行【排列】|【造型】|【焊接】命令，将花瓣焊接在一起，使用【渐变填充】填充渐变色。

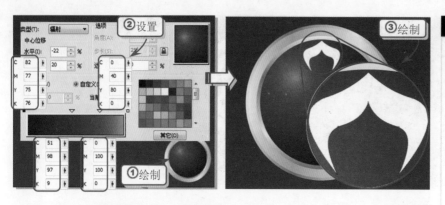

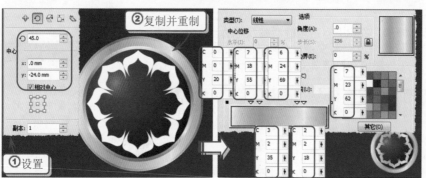

圆环的制作方法有两种，除了使用工具属性栏中的【简化】命令外，也可以通过执行【排列】|【造型】|【修剪】命令来完成制作。（不管用哪种方法首先要使用两圆或多个圆对齐为同心圆）。

STEP|05 制作圆环。复制标志的黄色渐变的3个正圆，使用【椭圆形工具】 绘制正圆放置中心位置选中，将4个正圆同时选中单击工具属性栏中的【简化】 按钮，得到圆环，等比例缩放后放置标志中心位置。

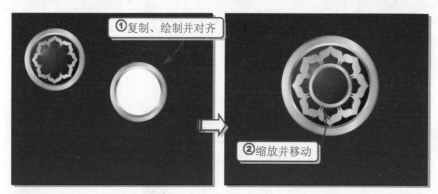

提示

"莲都铭城"和lousct city 字符属性不同但渐变颜色相同。

STEP|06 输入文字并渐变填充。选择【文本工具】 输入文字，并设置文字样式及大小，【渐变填充】 填充渐变色。使用【矩形工具】 绘制矩形。

提示

可以使用制作圆环的方法给文字制作装饰性的外轮廓增加立体感。

3.7 制作时尚插画

插画设计一般运用在杂志或画册中，不但可以美化刊物，而且还可以缓解读者的视觉疲劳。下面就通过CorelDRAW为用户介绍制作时尚插画的方法，本案例主要应用群组命令和对齐分布命令。

课堂练习

- 选择工具
- 群组命令
- 对齐命令
- 赛贝尔工具
- 形状工具
- 透明度工具

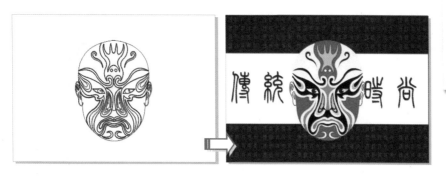

操作步骤：

STEP|01 绘制并复制矩形。新建一个大小为297mm×210mm的文档，双击【矩形工具】，创建一个和文档相同大小的矩形，填充为黑色。复制矩形，填充为白色。使用【选择工具】将该图形缩小。

提示

执行【排列】|【对齐与分布】命令在弹出的对话框中有多种对齐与分布的方式供用户使用。

STEP|02 输入和复制文字。输入和复制文本并添加不透明效果，选择【文本工具】，输入文字。然后，选择【透明度工具】，为文字添加透明效果。复制并重制直到页面边缘。使用【选择工具】将文本全部选中，执行【排列】|【对齐和分布】|【对齐与分布】命令，打开该对话框，设置选项。

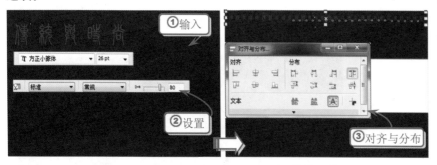

STEP|03 复制文字和绘制轮廓。选择全部文本，按Ctrl＋G组合键将文本群组。复制并重制直到布满页面。单击添加【页码按钮】添加页面2。使用【贝塞尔工具】绘制出脸谱左半边轮廓并使用【形状工具】对图形细微调整。

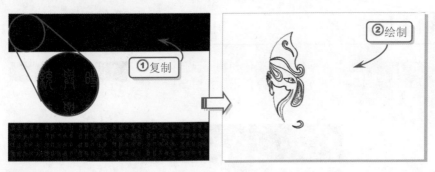

①复制　②绘制

提示

选中对象后按Ctrl+C组合键复制，按Ctrl+V组合键粘贴可完成复制；按住Ctrl键同时拖动鼠标到适当位置右击鼠标复制该文本。

按Ctrl+D组合键可重制上一步的命令。

STEP|04 复制和绘制脸谱。选择绘制的半边脸谱轮廓，复制一份，然后单击工具属性栏中【水平镜像】按钮，使用【选择工具】，将复制的脸谱轮廓，移动至右边。选择【贝塞尔工具】，绘制出脸谱中心轮廓线，使用【形状工具】对脸谱进行细微的调整。

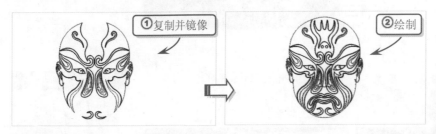

①复制并镜像　②绘制

STEP|05 取消群组和着色。鼠标左键双击【选择工具】，全选图形。单击工具属性栏中【取消全部群组】按钮。使用默认的CMYK调色板，对脸谱进行着色。

提示

在工具属性栏中单击群组按钮或按Ctrl+G组合键可将对象群组。

在工具属性栏中单击取消群组按钮或按Ctrl+U组合键可将对象取消群组。

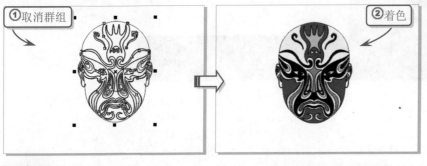

①取消群组　②着色

STEP|06 取消轮廓和添加文字。选择脸谱，单击工具箱中【无轮廓】按钮，再单击工具属性栏【群组】按钮。将该图形移动到页面1文档中，放置到适当位置，使用【文本工具】，输入文字。

①取消轮廓

②输入文字

提示

在工具属性栏中单击【垂直镜像】按钮可将对象垂直镜像。

CorelDRAW

3.8 制作卡通徽章

在下面的内容中，将与大家一起设计制作卡通徽章，希望通过该案例的绘制过程加深读者对椭圆形工具、贝塞尔工具、对齐、分布等基本操作方法的印象，并了解怎么制作卡通徽章。

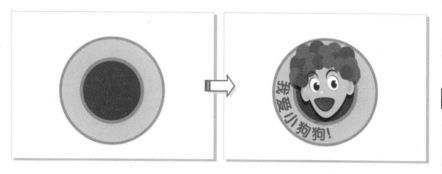

练习要点

● 椭圆工具
● 贝塞尔工具
● 对齐命令
● 分布命令

提示

使用【椭圆工具】
绘制同心圆时，
把鼠标放在圆心上
按 Shift+Ctrl 组合键
拖动鼠标即可。

操作步骤：

STEP|01 绘制和排列正圆。新建一个文档，使用【椭圆工具】，绘制正圆并填充颜色。再次使用【椭圆工具】，绘制3个正圆分别填充颜色后，单击属性栏上【对齐与分布】按钮，打开【对齐与分布】对话框。

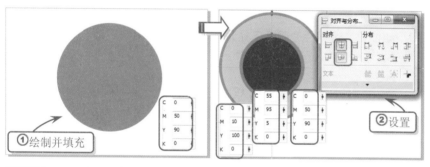

提示

绘制头发时由于都
是由正圆组成，绘
制了两个不同颜色
的椭圆后，按住 Ctrl
键的同时使用【选
择工具】拖动到
适当的位置后右击
选择复制，可比较
快捷地绘制出人物
头发。

STEP|02 绘制头发和面部轮廓。使用【椭圆工具】，绘制卡通男孩的头发，选择【赛贝尔工具】，绘制出卡通男孩的面部轮廓，使用【形状工具】对脸部进行细微的调整。

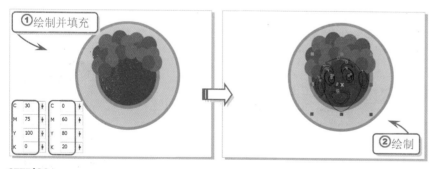

STEP|03 填充颜色和群组。使用默认的CMYK为卡通男孩的面部填充颜色。单击工具箱中【无轮廓】按钮×。并将头发和面部群组起来。

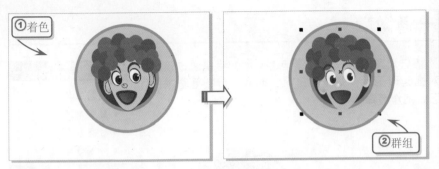

①着色

②群组

STEP|04 复制图像和转换为位图。使用【选择工具】![]选择卡通男孩，执行【编辑】|【再制】命令，进行再制图像并填充为黑色。执行【位图】|【转换为位图】命令，将该图像转换为位图。

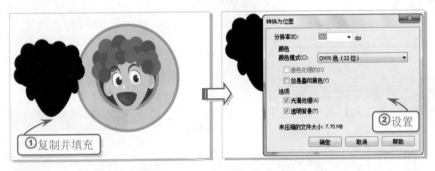

①复制并填充

②设置

STEP|05 添加透明效果和移动位置。选择【透明度工具】![]为其添加透明效果。使用【选择工具】![]选中位图对象移动至适当的位置。

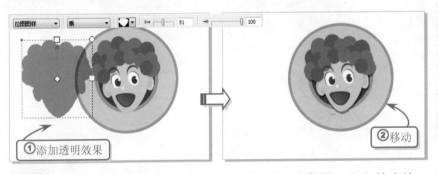

①添加透明效果

②移动

STEP|06 输入文字和绕路径排列。使用【文本工具】![]，在文档中输入"我爱小狗狗！"字样，调整大小，执行【文本】|【使文本适合路径】命令，使文字绕路径排列。

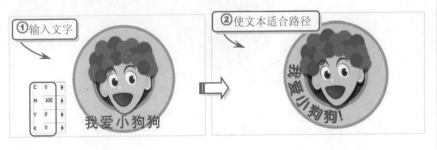

①输入文字

②使文本适合路径

我爱小狗狗

3.9 高手答疑

问题1：如何将对象最低层的单个文字进行选择？

解答：执行【编辑】|【全选】|【文字】命令，即可将文字对象进行选择。

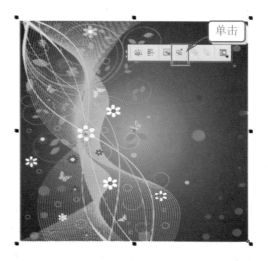

问题2：为什么再制的对象不能按水平方向进行排列？

解答：在进行再制对象时，必须将首个对象与原始对象水平对齐，然后才能进行再制，这样再制的对象会在同一水平线上。

问题3：我已经对图形进行解组了，为什么他们还在群组着呢？

解答：当图形中一个群组对象存在多个群组对象时，需要多次进行解组或取消全部群组时，才可以编辑群组中的对象。

问题4：当我在一些素材网站上下载素材后，为什么打开后不能进行编辑？甚至都不能选取或移动？

解答：当素材内容被锁定时，图形是不能进行编辑的。只有将锁定的对象进行解锁，才可以进行有效的编辑。

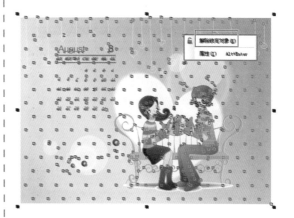

3.10 高手训练营

练习1：绘制邮票

邮票是邮政机关发行，供寄递邮件贴用的邮资凭证，邮票在我们日常生活中也经常接触到。本例是采用贺年方式制作的邮票，运用传统的剪纸手法来表现这枚邮票，使更具有中国特色，画面中的红色也更加能表现新年喜庆的特点。在绘制过程中，主要使用【椭圆形工具】○及【修剪】命令制作邮票外形、使用【焊接】命令来绘制边框花纹，完成邮票的制作。

提示

执行【排列】|【变换】|【位置】命令复制上图绘制图形作为邮票边框花纹。

练习2：图案组成的大象

装饰画是一种并不强调很高的艺术性，但非常讲究与环境的协调和美化效果的特殊艺术类型作品。本案例中的这幅装饰画外型是

一头大象，中间则是由艺术笔中的图案组成的，清亮的色彩，充满动感。现代风格的家装配上简单的装饰画，能够起到提升空间的作用。

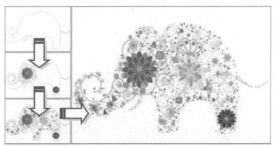

提示

绘制贝壳图形上的花纹。使用【椭圆形工具】○分别绘制几个圆形，然后填充颜色。

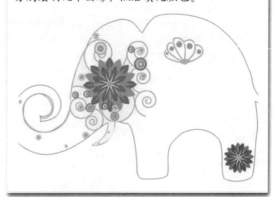

练习3：潮流城市

插画是一种艺术形式，作为现代设计的一种重要的视觉传达形式，以其直观的形象性，真实的生活感和美的感染力，在现代设计中占有特定的地位，已广泛用于现代设计的多个领域，涉及到文化活动、社会公共事业、商业活动、影视文化等方面。本案例类似于插画的风格，同时背景的建筑又是剪影的风格。背景的建筑相对复杂，如果直接绘制难度会比较大，我们通过简单的集合图形的调整来绘制出复杂的建筑剪影效果。同时其他复杂的图案和绚丽的花纹，也都是用简单的图形进行调整和剪切来完成的。

绘制大楼轮廓。选择【形状工具】，在路径上双击鼠标左键，添加节点，并调整节点位置。

提示

绘制手部轮廓。使用【钢笔工具】绘制路径，在关键的地方添加节点。

练习4：时尚女孩剪影

剪影画一般为亮背景衬托下的暗主体。剪影画面的形象表现力取决于形象动作的鲜明轮廓。这种表现形式现在也被广泛地应用于很多领域，比如平面广告。因为剪影画的简单和鲜明的特点可以更好地衬托产品的精致和绚丽。本案例绘制的是一位时尚女孩的剪影，人物的造型，身上的饰品，都用简单轮廓的形式表现出来，颜色的选择也不宜过多，但颜色的反差却很大。

练习5：绘制节能环保图标

在CorelDRAW中，使用绘图工具可以很容易地绘制出一些基本图形，如圆形、矩形、星形等。然后还可以通过计算或者调节轮廓线形状来改变几何图形的外轮廓效果，从而得到较为复杂的图形。下面通过绘制节能环保图标，了解绘制工具的使用方法，以及如何通过编辑图形轮廓得到较为复杂的图形。

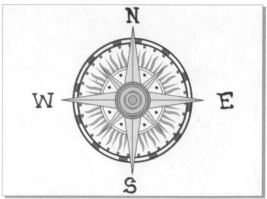

练习7：绘制卡通树

渐变填充是给对象增加深度的两种或多种颜色的平滑渐变。渐变填充有四种类型：线性渐变、射线渐变、圆锥渐变和方角渐变。线性渐变填充是沿着对象作直线流动；圆锥渐变填充是产生光线落在圆锥上的效果；射线渐变填充是从对象中心向外扩散；而方角渐变填充则以同心方形的形式从对象中心向外扩散。使用不同类型的渐变与图形，绘制卡通树图形。

提示

原位置复制最下方圆角矩形，垂直向下移动后，结合 Shift 键向中间水平缩小图形。

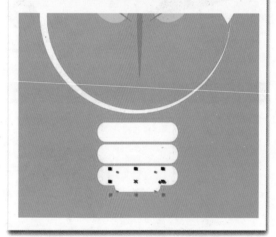

练习6：绘制指南针

CorelDRAW中的轮廓线条不仅能够显示不同的宽度与颜色，还可以设置不同的样式。而在CorelDRAW中虽然可以任意移动或者编辑某个图形，但是有时还是会影响其他图形，下面绘制简单的指南针图形。

提示

确定中心点之前，可以执行【视图】|【贴齐对象】命令（快捷键 Alt + Z），即可精确目标位置。

提示

为了使整颗卡通树色调统一，无论是树干、树枝或者树叶均采用橙色调到褐色调之间的渐变填充。

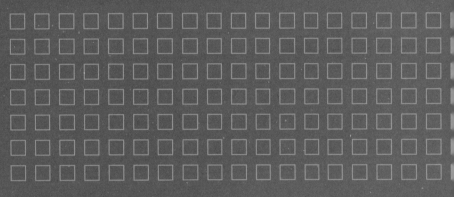

绘制线性对象

线条是平面设计中重要的图形元素，通过对一条简单的线条进行扭曲和延伸，可以构成丰富多样的图像效果。CorelDRAW X6提供了多种绘制线条的工具，例如手绘工具、贝塞尔工具、艺术笔工具、钢笔工具、多点线工具、三点曲线工具、连线工具和度量工具、智能绘图工具等，利用这些工具可以快速绘制各种样式的线条。

本章主要讲述各种线性工具的使用方法和技巧，并通过在各个工具所对应的属性栏中设置参数，对线条进行更复杂的编辑。

CorelDRAW X6

4.1 手绘工具

使用【手绘工具】🖉可以像铅笔一样绘制直线、曲线等图形。本节主要讲述使用该工具绘制直线、曲线和其他封闭图形的技巧和方法。

1. 绘制直线 ▶▶▶▶

使用【手绘工具】🖉绘制直线非常简单，选择该工具，在绘制页面内单击左键拖动鼠标到合适位置再次单击左键即可完成直线的绘制。

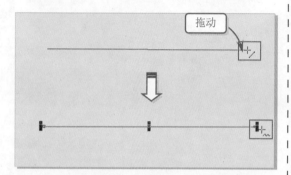

使用【手绘工具】🖉在页面中单击左键，然后拖动鼠标到合适的位置双击鼠标左键，确定转折点，再拖动鼠标到合适的位置单击，即可绘制折线。

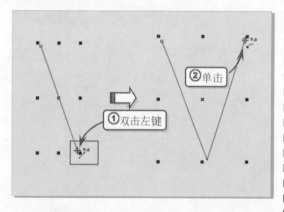

2. 绘制曲线 ▶▶▶▶

使用【手绘工具】🖉绘制曲线与绘制直线的方法不同。选择【手绘工具】🖉，在页面中单击按住鼠标左键不放，并随意拖动鼠标，松开鼠标左键即可绘制曲线。

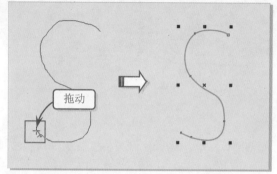

3. 绘制封闭图形 ▶▶▶▶

【手绘工具】🖉还可以绘制闭合的曲线图形，在手绘工具属性栏中单击【闭合曲线】按钮🄳，可自动将线段的首尾连接起来，形成封闭的图形。

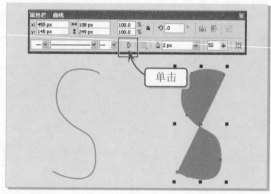

4. 设置手绘工具属性 ▶▶▶▶

利用【手绘工具】🖉的工具属性栏中可以绘制一些箭头，也可以更改线条的形状属性。

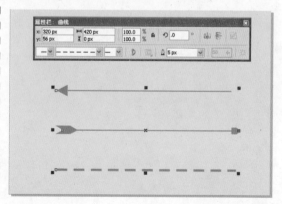

4.2 贝塞尔工具

【贝塞尔工具】在绘制图形中比较常见，它所绘制的曲线更精细，它可以直接控制曲线的弧度，弧度由节点和控制点决定。

1．绘制线段 >>>>

选中【贝塞尔工具】在版面中单击左键，然后拖动鼠标到其他位置单击左键即可绘制直线。继续拖动鼠标至其他位置单击鼠标即可绘制折线。

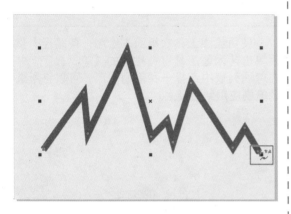

提示

单击工具属性栏中【闭合曲线】按钮，系统会自动生一条直线使其首尾相连。

2．绘制曲线 >>>>

使用【贝塞尔工具】所绘制的曲线由节点连接直线或曲线，每个节点都有控制点，允许修改线条的形状。在曲线段上，每个选中的节点显示一条或两条方向线，方向线以方向点结束。方向线和方向点的位置决定曲线段的大小和形状。

使用【贝塞尔工具】，在起始点单击鼠标左键不放并拖动，此时在起始点处会出现控制线；松开鼠标，将鼠标拖向下一曲线段节点单击鼠标左键不放并拖动，又会出现控制线，

依次类推，将绘制出自己满意的弧形曲线。

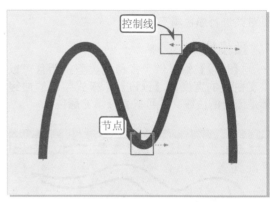

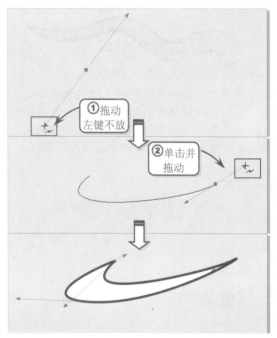

提示

只要曲线绘制完成后，单击该曲线的起始点，即可将曲线的首尾连接起来形成一个封闭的图形。

4.3 艺术笔工具

【艺术笔工具】可以制作出多样的艺术线条效果，该工具绘制的是一条封闭的路径，可对其进行颜色填充。

1．预设模式 ▶▶▶▶

【预设】提供了多种线类型，而且可以改变曲线的宽度。【预设】模式绘制的曲线都是闭合的曲线，并可以直接填充颜色。

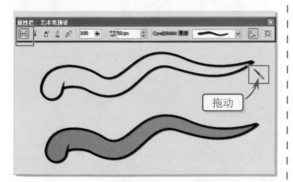

在属性栏中的预设笔触下拉列表框中，可以选择所需要的笔触，并通过设置手绘平滑输入框与笔触宽度中的数值，来设置所绘制艺术笔图形的平滑度与宽度。

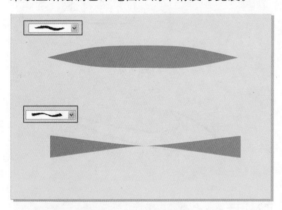

2．笔刷模式 ▶▶▶▶

使用【笔刷】可以绘制出模仿真实效果的笔触。其绘制方法与预设模式的绘制方法类似。通过设置手绘平滑输入框与笔触宽度中的数值，来改变所绘制笔触图形的平滑度与宽度。

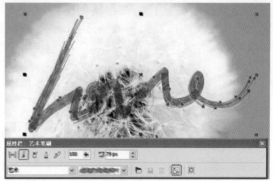

使用绘图工具在板面先绘制一条路径，然后单击艺术笔工具属性栏中的【笔刷】，并在笔刷列表中选择一种笔刷图形，可以将所选的笔刷应用到路径上。

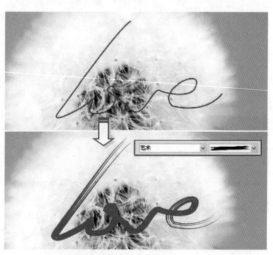

在CorelDRAW中用户也可以自定义笔刷。绘制一个图形，选择【艺术笔工具】，在工具属性栏上单击【保存艺术笔触】按钮，所选择的对象就被保存为画笔笔触。选择自定义笔刷，单击属性栏中的【删除】按钮，可删除笔刷。

3．喷涂模式 ▶▶▶▶

选择【喷涂】属性栏的【喷射图样】下拉列表里的形状，可以绘制各种各样的逼真图案。

第4章 绘制线性对象

04
CorelDRAW

在工具属性栏上面，用户还可以对图形进行编辑。单击【旋转】按钮，可以调整【旋转角度】微调框中的数值。还可以单击【偏移】按钮，可以调整【使用偏移】微调框中的数值。单击【重置值】按钮，可以回到原始图形。

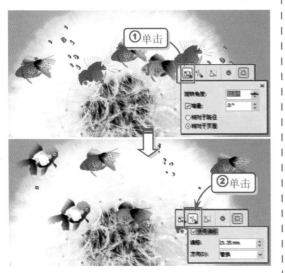

单击工具属性栏上的【浏览】按钮，还可以自定义喷涂，首先需要准备喷涂图形或导入素材，单击【艺术笔工具】工具属性栏上的【增加到喷涂列表】按钮即可保存。在【喷射图样】下拉列表中选中刚刚保存的喷涂图案，单击【喷涂列表选项】按钮，打开【创建播放列表】对话框并对喷涂图案进行编辑。

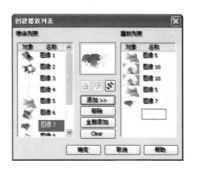

提示

在喷涂工具栏选择【喷涂顺序】下拉选项中的选项，可以为绘制的图形对象选择适当的排列顺序。

4．书法模式 ▶▶▶▶

【书法】模式可以绘制出类似书法笔的效果。通过设置【笔触宽度】和【书法角度】参数可以设置笔尖的宽度和角度，以绘制自己所需要的图形效果。

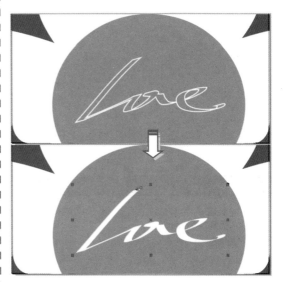

5．压力模式 ▶▶▶▶

【压力】模式可以用压力感应笔或键盘输入的方式改变线条的粗细。在工具属性栏中，设置好压力感应笔的平滑度和画笔的宽度，在绘图页面中单击并拖动鼠标进行图形绘制。

51
CorelDRAW

4.4 钢笔与三点曲线工具

【钢笔工具】可以绘制出多种精美的曲线和图形，同时还可以对绘制好的曲线和图形进行编辑和修改。

1. 绘制线段和折线 >>>>

选择【钢笔工具】，在页面中单击鼠标左键，然后拖动鼠标到合适的位置双击鼠标完成绘制。当单击鼠标时，还可继续进行绘制图形，而单击的那个点将作为锚点，直到双击鼠标或使首尾锚点重合才能完成绘制。

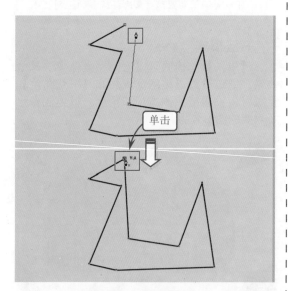

提示

使用【钢笔工具】时按Ctrl键可以绘制水平、垂直或呈角度的线段。

2. 绘制曲线 >>>>

绘制方法与贝塞尔工具类似，使用【钢笔工具】在版面上单击左键作为曲线的起始点，移动鼠标到合适位置单击并拖动，绘制出曲线。

使用【三点曲线工具】能较容易地绘制出各种曲线，在绘制时它能比手绘工具更准确地确定曲线的曲度及方向。使用【三点曲线工具】按住鼠标左键，拖动鼠标到合适的位置完成绘制。

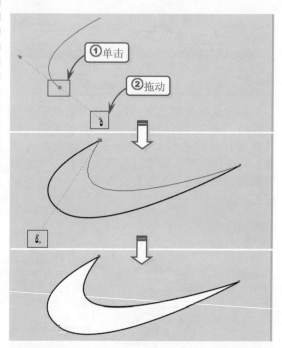

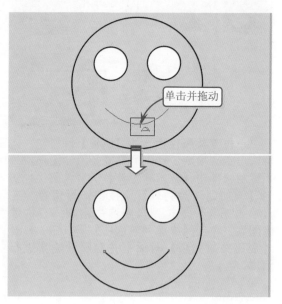

4.5 折线与B样条工具

【折线工具】是可以绘制直线、折线、曲线、多变形、三角形、四边形等复杂的图形。

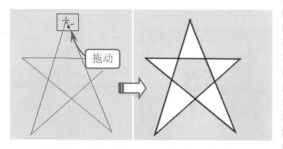

【折线工具】是一个很实用的自由路径绘制工具，它在绘制过程中始终以实线预览显示，便于用户及时做出调整。

【B样条工具】是CorelDRAW X6绘图工具，通过该工具所创造的控制点，可以轻松塑造平滑、连续的曲线。

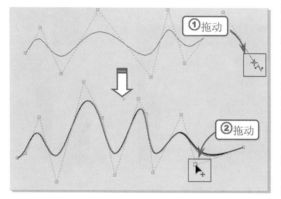

与线条接触的控制点称为夹住控制点。夹住控制点与锚点作用相同。拉动线条但不与其接触的控制点称为浮动控制点。按Enter键绘制完成曲线以后，也可以使用【形状工具】拖动浮动控制点来修改曲线形状。

提示

> 在工具属性栏中，可以将浮动控制点和夹住控制点相互转换。

使用【智能绘图工具】所绘制的笔触，可对其进行智能识别，并转换为基本形状。通过工具属性栏中的选项，可以对识别后的对象和曲线进行编辑。

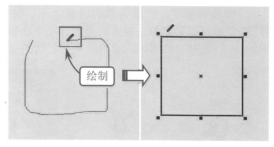

CorelDRAW X6提供了【直线连接器】、【直角连接器】和【直角圆形连接器】三种连线方式。通过这三种连接器可以绘制多彩的流程图。

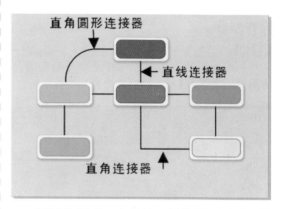

通过使用【三点标注工具】可以对图像添加标注性的解释说明文字。度量工具可以测量两点之间的距离。CorelDRAW X6为用户提供了【平行度量】、【水平或垂直度量】、【角度量】和【线段度量】四种度量工具。

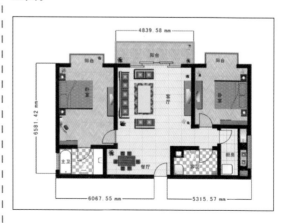

4.6	绘制T恤衫

　　T恤是春夏季人们最喜欢的服装之一，特别是烈日炎炎，酷暑难耐的盛夏，T恤衫以其自然、舒适、潇洒又不失庄重之感的优点吸引了众多人的眼球，本例中的T恤时尚、美观、大方，适合在夏季穿着。

练习要点

● 钢笔工具
● 均匀填充
● 垂直镜像
● 透明度工具
● 赛贝尔工具

操作步骤：

STEP|01 绘制矩形和T恤外形并填充。新建一个尺寸为297mm × 210mm的文档，双击【矩形工具】□并使用【渐变填充】■填充渐变颜色绘制背景使用【钢笔工具】绘制T恤外形。

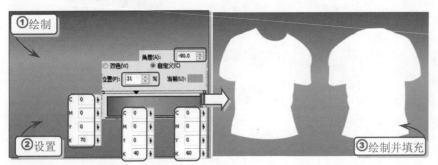

STEP|02 绘制褶皱和均匀填充。使用【贝塞尔工具】绘制T恤上的褶皱，使用【均匀填充】■为褶皱填充颜色。

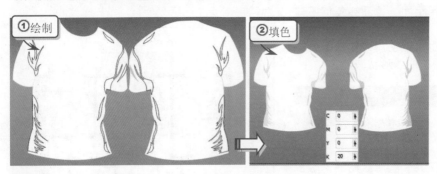

STEP|03 绘制领口和输入文字。使用【贝塞尔工具】绘制领子，在工具属性栏里设置属性，执行【排列】|【将轮廓转换为对象】命令，选择【文本工具】字输入文字。

案例欣赏

服装的穿戴讲究搭配，一套的服装穿起来更彰显风格。

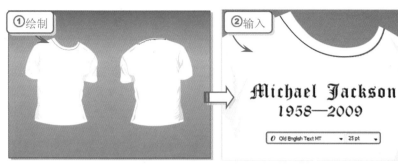

STEP|04 旋转和文字颜色并绘制人物外形。执行【排列】|【变换】|【旋转】
命令旋转文字并更改颜色，使用【贝塞尔工具】绘制T恤上的时尚人物。

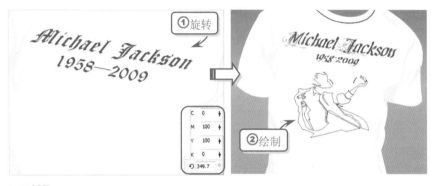

STEP|05 绘制T恤衫背面。将正面的时尚人物填充颜色后，使用【文字工
具】输入相应的文字并执行【排列】|【变换】|【旋转】命令旋转文字并
更改颜色，使用【贝塞尔工具】绘制T恤上的时尚人物并添充颜色。

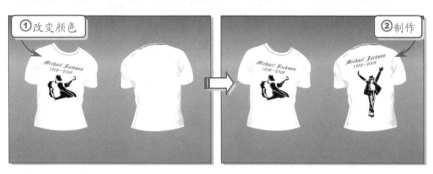

STEP|06 群组和制作倒影。选中T恤按Ctrl+G组合键群组，执行【编辑】|
【复制】命令，接着执行【编辑】|【粘贴】命令，在工具属性栏里单击
【垂直镜像】按钮后，调整位置来制作倒影，用【透明度工具】制作透
明效果。

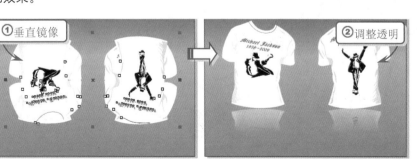

CorelDRAW

4.7 制作POP广告

在商场购物时我们会经常地看到POP促销海报，本例是为美容院制作的一幅POP广告，粉色的背景表明了本店的消费群体主要是女性，画面中活泼可爱的人物形象及字体设计能够迅速吸引消费者的眼球。

练习要点

- 贝塞尔工具
- 钢笔工具
- 形状工具

操作步骤：

STEP|01 绘制背景和人物外形。新建一个尺寸为210mm × 297mm文档，使用【钢笔工具】绘制背景图形并选择【均匀填充工具】填充颜色，选择【贝塞尔工具】绘制人物外形并填充颜色。

提示

本案例设计的POP海报是用于美容院的，众所周知美容院大多顾客是女性。所以在设计时无论是从色彩上还是图形形状上都要抓住女性的心理特征，吸引女性的眼球勾起其消费欲望。能做到这些便算是一幅比较成功的POP促销海报。

提示

在填充人物的皮肤颜色时要注意明暗变化，避免形成阴阳脸。

STEP|02 绘制皮肤暗部和头发。选择【钢笔工具】绘制人物皮肤明暗变化，选择【贝塞尔工具】绘制人物的头发部分并填充相应的颜色。

案例欣赏

STEP|03 绘制衣服和输入文字。选择【贝塞尔工具】 绘制人物衣服部分并填充颜色，完成人物的绘制。使用【文本工具】 字 输入文本并执行【排列】|【转换为曲线】命令，按F10键调节文字节点。

提示

调整文字的过程：首先使用【文字工具】 字 输入文字，然后按 Ctrl+Q 组合键将文字转换为曲线。然后选择工具箱中的【形状工具】 通过调整节点，更改文字的形状。

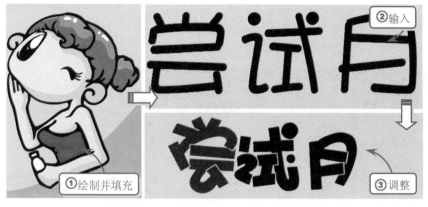

STEP|04 渐变填充。使用【选择工具】分别选中 "尝试月" 3 个字，给其分别渐变填充不同的颜色。

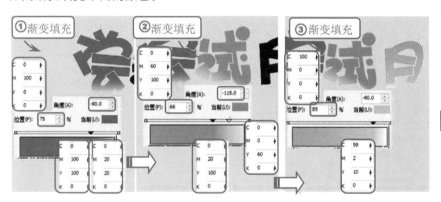

提示

绘制海报边框的过程：使用【2点线工具】 绘制线段，设置轮廓并填充颜色。

STEP|05 绘制高光和制作其他文字。使用【贝塞尔工具】 绘制文字底部图形和为文字添加高光。参照制作 "尝试月" 的方法，制作其他文字的效果。

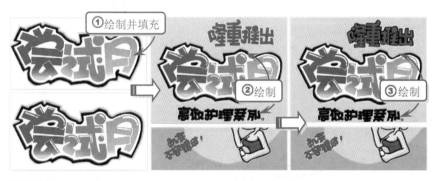

STEP|06 绘制海报边框和输入文字。选择【贝塞尔工具】 绘制POP海报的边框，使用【2点线工具】 绘制线段并设置轮廓宽度及颜色，选择【文本工具】 字 输入文本，完成POP海报的制作。

CorelDRAW

4.8 绘制休闲鞋

手绘广告的主要特点是，可以更加细腻地表现产品的细节，使产品的特征更加真实地展现在消费者眼前。首先绘制鞋子的轮廓，时尚休闲鞋的设计外观要时尚，然后绘制鞋面和鞋底，以白色为主色调的鞋子干净、自然，最后绘制鞋子上的花纹，粉红和粉绿色的花纹，彰显出青春和动感。

练习要点

- 贝塞尔工具
- 钢笔工具
- 形状工具
- 基本形状
- 置于图文框内部

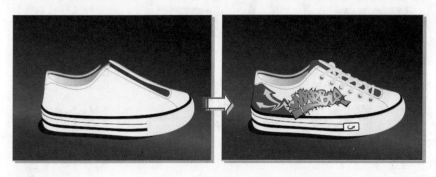

操作步骤：

STEP|01 绘制基本外形。使用【贝塞尔工具】绘制鞋子轮廓并填充颜色，使用【形状工具】，绘制鞋舌头，分别填充颜色。然后绘制鞋子内部图形，并渐变填充。选择【基本形状】绘制鞋底纹理，复制图形并群组。

提示

选择工具箱中的【基本形状】按钮后在工具属性栏中单击【完美形状】按钮，选择需要的形状绘制并填充。按 Ctrl+C 组合键复制再按 Ctrl+V 组合键粘贴并重制多个该图形排列成长方形后按 Ctrl+G 组合键将其群组。

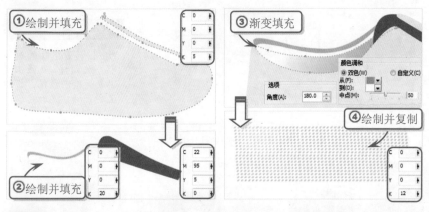

STEP|02 绘制鞋子底部和面部线。旋转鞋底纹理，使用【贝塞尔工具】绘制其所在图框形状。执行【效果】|【图框精确剪裁】|【置于图文框内部】命令。再绘制鞋上的条纹并填充颜色，最后绘制鞋面上的链接缝线。

提示

按 F12 键在弹出的【轮廓笔】对话框中设置参数后绘制鞋面上的衔接缝隙处的线段。

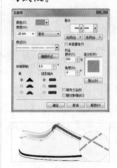

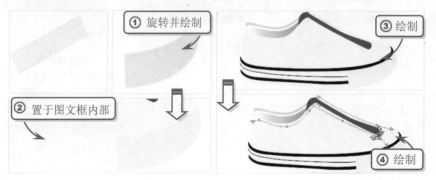

STEP|03　绘制鞋带空、鞋带及鞋后跟装饰。使用【椭圆形工具】◯分别绘制鞋带孔填充颜色，使用【贝塞尔工具】✎绘制"鞋带"和鞋后跟装饰图形，填充适当颜色。使用【箭头形状】📊，绘制箭头图形填充其颜色后，调整其形状。

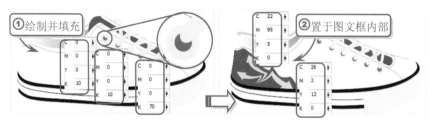

① 绘制并填充

② 置于图文框内部

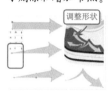

调整形状

STEP|04　使用【矩形工具】▭绘制白色长方形，并在【属性栏】中设置其参数，再绘制一个变形箭头图形，先使用【钢笔工具】✎绘制变形字母，然后使用【贝塞尔工具】✎将图形路径调整圆滑并渐变填充。

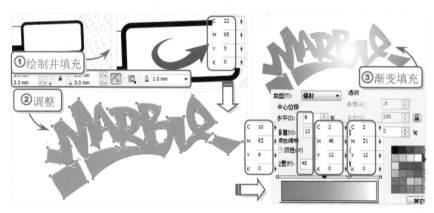

① 绘制并填充

② 调整

③ 渐变填充

STEP|05　绘制字母背景和厚度。使用【贝塞尔工具】✎绘制"字母"黑色背景，将图层放置字母后一层，再绘制"字母的厚度"图形填充颜色，单击【属性栏】中的【焊接】按钮。复制黑色"字母背景"渐变填充。

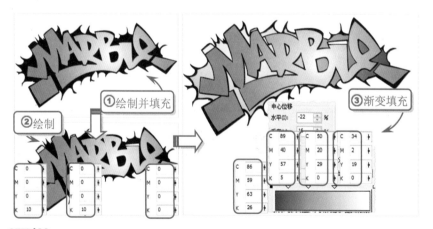

① 绘制并填充

② 绘制

③ 渐变填充

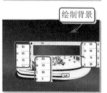
STEP|06　调整字母位置和绘制渐变背景。将绘制好的鞋面装饰图形移动到适当位置，在最后一层绘制矩形背景，并填充渐变。

4.9 高手答疑

问题1：为什么我每次画出的线条总是那么粗？

解答：画粗线条的原因有两种：一是设置的默认轮廓线参数过大；二是整个文档的缩放级别比较大。

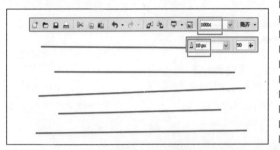

问题2：【智能绘图工具】 是做什么用的？

解答：使用【智能绘图工具】 可以智能识别绘制的笔触，并进行自动组合。通过工具属性栏中的选项，可以对识别后的对象和曲线进行编辑。

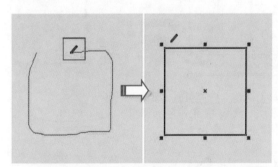

问题3：【压力】 模式是做什么用的？

解答：【压力】 模式可以用压力感应笔或键盘输入的方式改变线条的粗细。在工具属性栏中，设置好压力感应笔的平滑度和画笔的宽度，在绘图页面中单击并拖动鼠标进行图形绘制。

单击

提示

在使用鼠标拖动绘制图形的过程中，用户可以通过键盘上的方向键控制画笔的宽度。选择向上的方向键将增加压力效果，使画笔变宽。选择向下的方向键将减少压力效果，使画笔变窄。使用多次上面的方法就可以绘制出书法字的效果。

问题4：如何绘制曲线？

解答：选择工具箱中【钢笔工具】 ，在绘图页面单击作为曲线的起始点，移动鼠标到绘图页面任意一点单击鼠标并拖动，绘制出曲线。

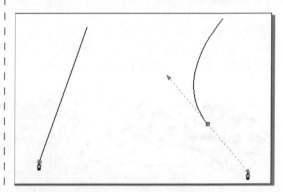

提示

在绘制曲线的同时，如果想要加入直线。用户可以在节点上面单击鼠标左键，然后释放鼠标，在绘图页面中任意一点，单击鼠标左键，释放鼠标。

4.10 高手训练营

练习1：制作服装海报

在大的购物广场中，由矢量图形制作出来的服装海报显得格外引人注目，它不但可以作为宣传产品的方法，而且还起了一定的装饰效果。下面就为读者介绍一种制作服装海报的简单方法。

提示

使用【贝塞尔工具】 ，绘制出人物的轮廓，并将人物放置到矢量图的最上层。

练习2：绘制时尚部落海报

矢量图的应用比较广泛，大至户外广告，小至插画设计。下面就为读者介绍一种制作时尚部落海报的简单方法。本练习主要使用了交互式透明工具、渐变填充，轮廓画笔对话框等工具来实现其效果。

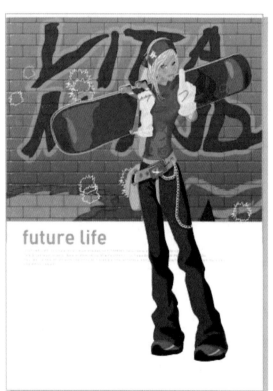

提示

使用【钢笔工具】 ，绘制墙壁上的装饰性的图形，按F12键打开【轮廓笔】对话框，在【颜色】选项中设置颜色为白色，在【宽度】中设置为0.353mm。

练习3：精品画轴

卷轴是中国画装裱的一种常见形式，因装有"轴杆"而得名，本例是一幅卷轴画，采用传统国画的形式，加入书法字体和古老的中国印在里面，特别具有中国传统特色，卷轴两端采用金银色同时也不失高贵的特点。在绘制过程中，主要使用【网状填充工具】 来制作背景，使用【渐变填充工具】 及【钢笔工具】 来绘制花朵及叶子部分，完成绘制。

提示

选择【钢笔工具】📝绘制图形，填充颜色后单击【网状填充工具】🔲填充网格颜色并设置其透明度，来制作卷轴残旧效果。

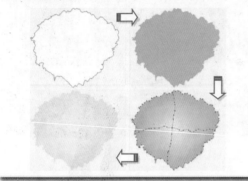

练习4：POP广告

POP广告的概念，指凡是在商业空间、购物场所、零售商店的周围、内部以及在商品陈设的地方所设置的广告物，都属于POP广告。本案例属于新产品的告知广告。当新产品出售之时，配合其他大众宣传媒体，在销售场所使用POP广告进行促销活动，可以吸引消费者视线，刺激其购买欲望。在这个五光十色的环境中，如果将全部的POP都统一使用白纸制作，那当然不会引起顾客的特别注意。请尝试使用不同颜色的纸制作POP，一定会收到不同的效果。

提示

绘制电影胶片，使用【手绘工具】✏️绘制图形，并填充颜色，然后执行【排列】|【造型】|【后减前】命令。

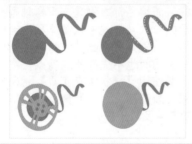

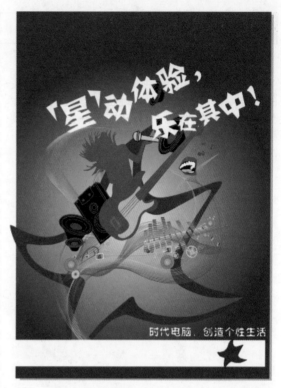

练习5：辉煌2周年

POP贴纸除了一般平面广告的基本要素外，从视觉的角度出发，为适应商场内顾客的流动视线，在设计上力求突出重点，简明扼要，便于识别，使其具有强烈的视觉传达效果。本练习中，以大幅的新颖的文字来吸引消费者，并加上一些气球和飘带做点缀，达到宣传的效果。在绘制时主要运用【钢笔工具】绘制气球，在文字处理方面，使用【互交式立体化工具】绘制POP的立体效果字体。

提示

绘制气球高光。使用【贝塞尔工具】✏️绘制图形，然后复制气球图形，调整填充的颜色，得到其他颜色的气球。

练习6：POP海报

POP的制作形式有彩色打印、印刷、手绘等方式。随着电脑软件技术的发展，在美工设计应用上更尽显其美观高效的优势，甚至可将手绘艺术字形的涂鸦效果模仿得淋漓尽致，并可以接收来自数码相机，扫描仪的LOGO图片等素材。本案例中绘制的是一张宣传摇滚节的海报，主要以暖色调为主，符合音乐摇滚热闹的特点。主题字体的也是很夸张，再加上现代音乐不可缺少的DJ和音响等图案元素，使海报更加激情。

提示

绘制花瓣。使用【钢笔工具】绘制图形，然后使用【形状工具】调整节点。

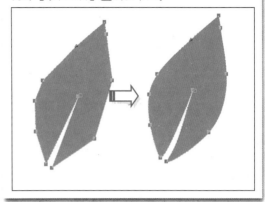

练习7：运动休闲鞋设计

本练习绘制的是时尚休闲鞋的设计，它以时尚的外观和活泼的构图，使画面充满动感。考虑到这款鞋的消费者是年轻女性，根据以上的要求来设计和制作这双鞋的样式和颜色。以白色为主色调的鞋子干净、自然，配合上粉红和粉绿色的花纹，彰显出青春和动感，这款鞋上的图案是"涂鸦"风格也比较符合现代年轻人的品位。

05

编辑图形

在CorelDRAW X6中有时不能一次性将图形绘制完整，这就需要对物体进行调整，并通过调整节点来改变对象的形状、位置等属性。对象上的节点分为尖突、平滑、对称和线条4种类型，用户可以将一个节点设置为一种类型，从而有利于调整对象的形状。

通过对本章的学习，可以使用户熟练掌握改变节点位置、添加和删除节点、连接与断开节点等图形操作。

CorelDRAW X6

5.1　编辑曲线对象

　　当对形状图形、位图及文本等一些非曲线的对象变形时，往往需要先将它们转换成曲线对象，然后才进行图形编辑。

　　选择非曲线对象，执行【排列】|【转换为曲线】命令（快捷键Ctrl＋Q），所选对象就会转换为曲线对象。

　　选择对象，右键单击，在弹出的菜单中执行【转换为曲线】命令，也可将对象转换为曲线。

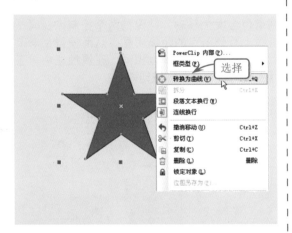

　　将对象转换为曲线以后，图形对象的每个转折点都会添加一个节点，调整节点即可改变图形的形状等属性。

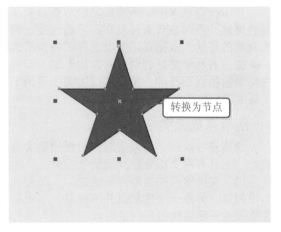

　　当选择一个对象后，在工具属性栏上单击【转换为曲线】按钮，同样可以将对象转换为曲线对象。

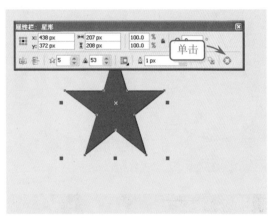

　　将对象转换为曲线后，属性栏显示为曲线。

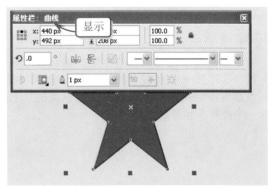

5.2 节点的类型

在CorelDRAW中，不同对象的节点具有不同的属性，不同的节点可以在不同的程度上影响对象的形状。根据具体情况选择或转换节点的类型，有利于更好的调整对象的形状。节点的类型包括以下三种：使节点成尖突、平滑节点与生成对称节点。

1．使节点成尖突 ▷▷▷▷

通常在线段转急弯或突起的时候用到尖突节点，它具有两个相互独立运动的控制点。也就是说，尖突节点的控制点是独立的，移动一个控制点，另外一个控制点并不移动，从而在改变节点一侧的线段形状的时候，可以对另外一侧的线段形状不产生影响。首先使用贝塞尔工具绘制一条曲线。

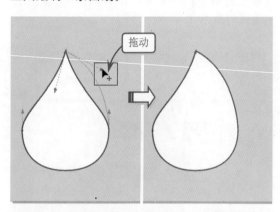

> **提示**
>
> 再使用【形状工具】选中节点，单击属性栏中的【使节点成尖突】按钮即可。

2．平滑节点 ▷▷▷▷

调节平滑节点可以生成平滑的曲线，它具有两个位于同一条直线上的控制点，这两个控制点是直接相关的，但移动一个控制点时，另外一个控制点也将随之移动。

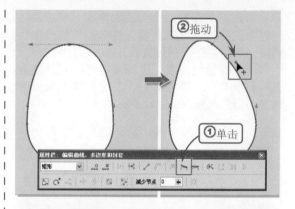

> **提示**
>
> 通过平滑节点连接的线段将产生平滑过渡，以保持曲线的形状。在属性栏中单击【平滑节点】按钮即可。

3．生成对称节点 ▷▷▷▷

对称节点可以用来连接两条曲线，并使这两条曲线相对于节点对称。这两个控制点不仅直接相关，移动其中一个控制点时，另一个控制点也会发生移动，并保持两个控制点在同一直线上且到节点的距离相等，从而使得平滑节点两边的曲线的曲率也相同。在属性栏中单击【生成对称节点】按钮即可。

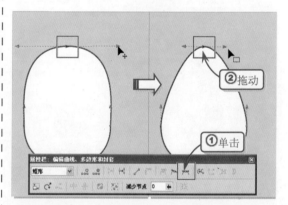

> **提示**
>
> 对称节点具有两个位于同一条直线上的到节点距离相同的控制点。

5.3　添加和删除节点

在曲线上添加或删除节点可以更加细致地改变线条的形状。其方法有两种，即通过鼠标双、单击或通过属性栏相应的按钮来完成。

1．增加节点 ▶▶▶▶

使用【形状工具】在曲线的任意位置上双击，可以直接添加节点。

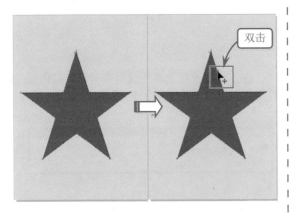

双击

提示

单击【添加节点】按钮，即可为图形添加节点，单击的次数越多添加的节点就越多。

使用【形状工具】选中图形中一个或多个节点，在工具属性栏上，单击【添加节点】按钮，可自动为图形添加节点。

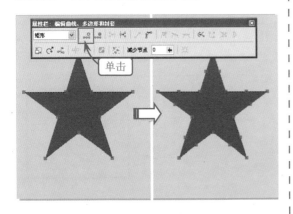

单击

提示

当使用属性栏为图形添加节点时，每个节点的添加位置会出现在两个原始节点的中点。

2．删除节点 ▶▶▶▶

选择【形状工具】，双击删除的节点，即可将节点删除，或者使用【形状工具】选中节点并按Delete键也可以将节点删除。

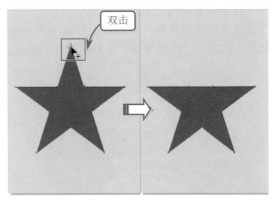

双击

提示

使用【形状工具】对准节点双击也可以将节点删除。

使用【形状工具】选中要删除的节点，在工具属性栏上，单击【删除节点】按钮，即可为图形删除节点，它还可以同时删除多个节点。

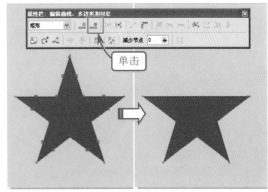

单击

提示

相对应地使用【形状工具】单击该图形要删除的节点，在工具属性栏上单击【删除节点】按钮，就可以删除图形中被选中的节点。

5.4 更改节点的位置

线条上的节点可以随意移动，通过移动节点可以改变线条的形状和方向，从而得到满意的形状。

1. 移动节点位置 >>>>

绘制一条曲线，单击【形状工具】，并把鼠标指针放到任意一个节点上，单击并拖动至其他位置，松开鼠标即可改变节点的位置。

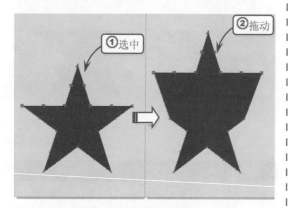

在绘制图形的过程中，用户可以在一个对象上选择一个节点，也可以选择多个节点，甚至选择对象上的全部节点进行移动。操作方法与改变一个节点的位置的方法相同。

2. 对齐节点 >>>>

选择【形状工具】，单击该对象，并拖动鼠标，框选所要对齐的节点。

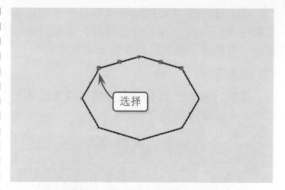

在工具属性栏上单击【对齐节点】按钮，随后会弹出【节点对齐】对话框。

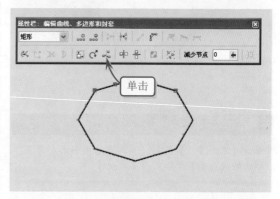

在该对话框中禁用【垂直对齐】复选框，启用【水平对齐】复选框，单击【确定】按钮。

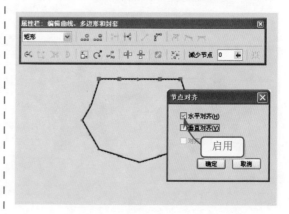

5.5 闭合和断开曲线

在图形设计的过程中，有时会需要将断开的曲线进行闭合，或将闭合的曲线进行断开等操作，以满足设计师的创作需求。

1．闭合曲线 >>>>

要想闭合曲线，必须选择要连接的两个节点，然后才能闭合曲线。

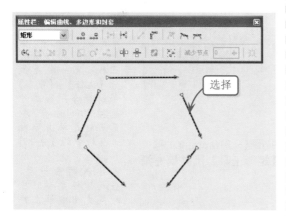

在工具属性栏上面单击【连接两个节点】按钮，所选的两个节点就可以连接为一个节点。

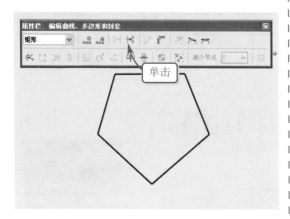

2．断开曲线 >>>>

断开曲线就是把一个节点分割成二个节点，使一条曲线断开为两条曲线，但分割以后仍然是一个整体。

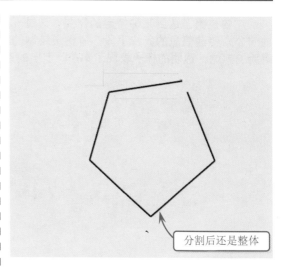

选择一个要分割的节点，在工具属性栏上面单击【断开曲线】按钮，所选择的节点就可以分割为两个节点。

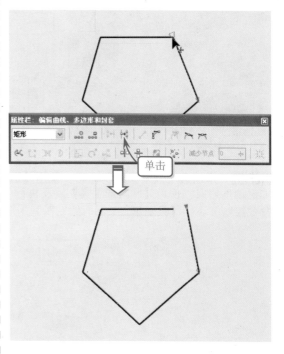

CorelDRAW

5.6 绘制茶叶广告

广告是为了达到某种特定的需要，通过一定的媒体形式，公开而广泛地向公众传递信息的宣传手段。本例子绘制的茶叶广告颜色鲜亮，给人以清新的感觉，透明的杯子表现了本茶叶泡出的茶清淡可口。

练习要点

- 贝塞尔工具
- 均匀填充工具
- 椭圆形工具
- 形状工具

提示

在 CorelDRAW X6 中导入素材的方法有三种：第一种是执行【文件】|【导入】素材命令；第二种是按 Ctrl+I 组合键；第三种是单击标准工具栏中的【导入】按钮。选择好所要导入的素材后，当光标将变为形状时在文档中单击并拖动。

操作步骤：

STEP|01 置入素材和绘制背景。新建一个尺寸为297mm×210mm的文档，执行【文件】|【导入】素材命令导入素材，双击【矩形工具】并填充渐变颜色。

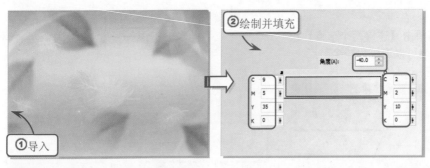

STEP|02 添加透明效果和绘制标志。使用【透明度工具】为渐变图层添加透明度效果，使用【椭圆形工具】及执行【排列】|【造型】|【修剪】命令绘制圆环，【贝塞尔工具】绘制茶叶来制作标志部分。

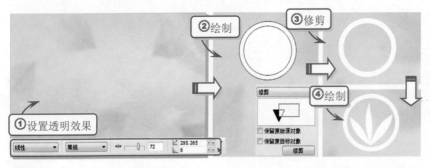

提示

给图层添加透明度效果：

STEP|03 输入文字和绘制杯子轮廓。使用【文本工具】输入文字，设置文字样式及大小完成标志绘制。选择【贝塞尔工具】绘制杯子的轮廓线。

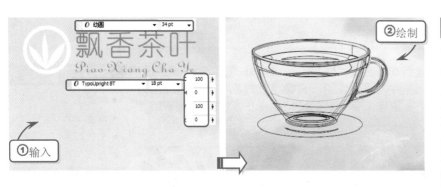

杯子手柄填充颜色
为：

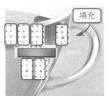

STEP|04 填充杯口部分颜色。分别使用【渐变填充工具】■和【均匀填充工具】■填充杯子的口部颜色。

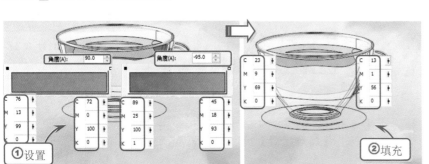

杯垫部分的颜色填充为：

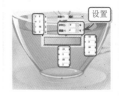

STEP|05 填充杯体和杯底部分颜色。使用【渐变填充工具】■绘制杯体部分，选择【均匀填充工具】■为杯子底部填充颜色。

叶子的颜色填充为：

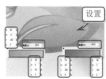

热气部分的颜色填充为：

STEP|06 渐变填充和绘制叶子及热气。同样的方法把杯子颜色填充好后，使用【贝塞尔工具】绘制叶子和杯子上方茶冒出的热气并渐变填充。

文字的制作过程：

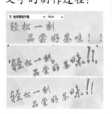

STEP|07 最后使用【文字工具】输入相应的文字，完成制作。

5.7 绘制时尚文字

文字在现代设计中起到非常重要的作用，一个良好的文字设计能吸引大众的眼球，对产品起到极好的宣传作用，文字设计时应注意文字造型的新颖、时尚、大方，也不能脱离文字原有的结构，应在文字结构的基础上进行设计。

操作步骤如下。

STEP|01 制作背景。新建一个尺寸为297mm×210mm的文档，双击【矩形工具】□填充黑色作为背景，双击【矩形工具】□并填充渐变颜色制作背景。

STEP|02 绘制正圆背景。使用【椭圆形工具】○绘制两个正圆，分别渐变填充。依照此种方法绘制不同大小的正圆，并填充不同的颜色作为正圆背景。

STEP|03 绘制水滴图形。使用【贝塞尔工具】╲绘制结合【形状工具】╽调整节点制作出水滴状的叠层图形并分别渐变填充。依照此种方法再绘制大小颜色不同的多个水滴图形。

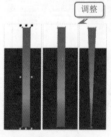

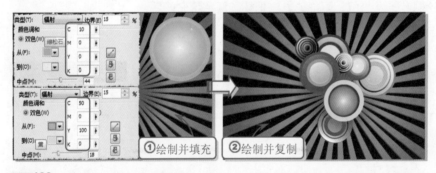

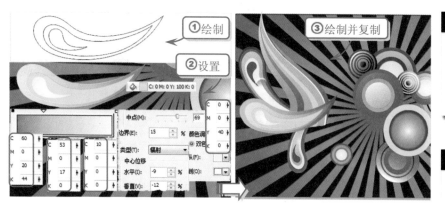

提示

正圆背景和水滴背景的颜色，可根据用户的需要随意设置，与整个画面相协调即可。

STEP|04 输入文字并调整节点。使用【文本工具】字输入文本，并对文字执行【排列】|【转换为曲线】命令。使用【形状工具】选择文字的锚点并进行调节，改变文字的外形轮廓。

提示

变形文字的制作方法：首先使用工具箱中的【文本工具】字输入文本后，按Ctrl+Q组合键将文字转换为曲线，再使用【形状工具】选择文字的锚点双击可减去锚点，选择空白曲线处可增加锚点以便更细致地调整锚点。

激情绽放
酷日一夏

激情绽放
酷日一夏

激情绽放
酷日一夏

STEP|05 复制和渐变填充。选择【渐变填充工具】为文字图层填充渐变色。复制变形的文字图层并设置描边大小，执行【排列】|【将轮廓转换为对象】命令，并填充渐变色。

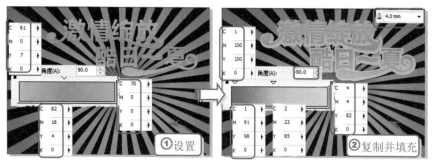

提示

高光的追至方法：首先选择【钢笔工具】并设置【轮廓宽度】为1.00mm绘制沿变形字"激情绽放"上方绘制线条填充白色。

STEP|06 绘制黑色文字背景、高光和星形。参照制作文字黄色背景的方法再制作黑色背景，使用【贝塞尔工具】为文字绘制高光，并设置透明度。使用【星形工具】同时按Ctrl键绘制正五角星，并设置填充颜色。

再绘制"夏"字上的高光并使用【透明度工具】调出托名效果。

5.8 网页设计

网页设计是当今社会较为流行的宣传手段，它不但可以宣传产品，而且还可以让客户随时了解到该企业的发展动态，因此网页设计的重要性不言而喻。下面就通过CorelDRAW为用户介绍一种简单制作网页的方法。

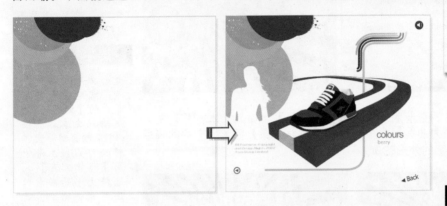

练习要点

● 矩形工具
● 椭圆工具
● 艺术笔工具
● 透明度工具
● 文字工具

操作步骤：

STEP|01 绘制矩形和正圆。新建一个大小为280mm×235mm的文档。选择【矩形工具】，绘制矩形，按F12键，打开【轮廓笔】对话框，设置各选项。使用【椭圆工具】绘制4个正圆后，分别填充颜色。

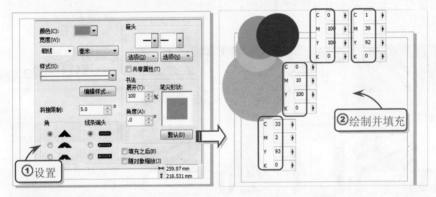

STEP|02 裁切和绘制斑点。选择【裁切工具】将绘图页面以外的圆形裁切掉。选择【艺术笔工具】在工具属性栏中设置好各选项后绘制一条直线然后按Ctrl+K组合键执行【拆分】命令，删除其路径。

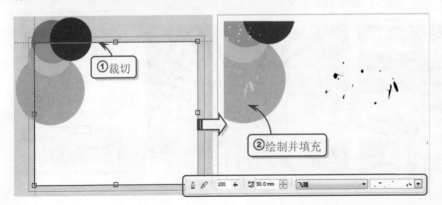

提示

详解步骤2：首先选择工具箱中的【艺术笔工具】后在工具属性栏中设置各选项。然后按住Shift键在绘图页面中拖动绘制。按Ctrl+K组合键，拆分曲线并把路径删掉。然后将拆分开的画笔更改颜色和调整好大小后放置适当的位置，最后将所有的笔触点群组（按Ctrl+G组合键）。

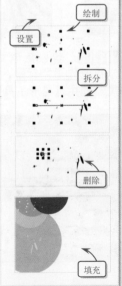

STEP|03 绘制圆形和人物。选择【椭圆工具】○分别绘制两个圆形，然后选择【粗糙笔刷】工具，对其边缘区域进行涂抹。选择【贝塞尔工具】，在绿色的图形上面绘制一个人物的轮廓，填充为白色。

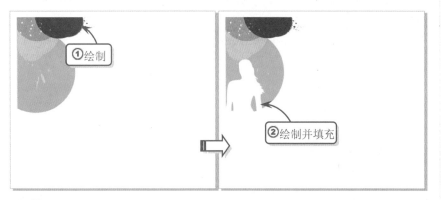

① 绘制

② 绘制并填充

提示

步骤4补充说明：
台阶上方的装饰线
的轮廓线分别为：

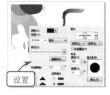

设置

设置

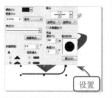

设置

STEP|04 绘制和填充台阶。使用【贝塞尔工具】和【矩形工具】□，绘制出台阶的轮廓线，并填充颜色。再在台阶上方绘制装饰线并分别选择绘制的每一条路径，选择快捷键F12，打开【轮廓笔】对话框，设置路径的宽度和设置不同的颜色后，使用【透明度工具】拉出透明效果。

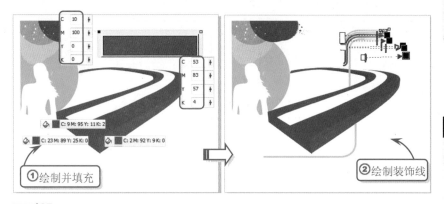

C 10 M 100 Y 0 K 0

C 53 M 83 Y 57 K 4

C: 9 M: 95 Y: 11 K: 2

C: 23 M: 89 Y: 25 K: 0   C: 2 M: 92 Y: 9 K: 0

① 绘制并填充

② 绘制装饰线

提示

图中的颜色仅供参考，用户可以根据自己的需要和色彩的搭配设置不同的颜色。

STEP|05 绘制鞋和装饰图案。选择【贝塞尔工具】，在台阶上面绘制出运动鞋的轮廓线，使用【形状工具】，对其细微的调整并填充颜色。使用【椭圆工具】○、【多边形工具】○和【贝塞尔工具】绘制装饰图形。

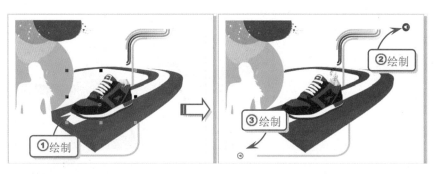

① 绘制

② 绘制

③ 绘制

提示

背景投影的制作方法：选中白色背景复制一份（Ctrl+C组合键，Ctrl+V组合键粘贴），复制将其填充为C:0 M:0 Y:0 K:10，然后向下和向左移动该矩形作为阴影部分。

STEP|06 添加背景和输入文字。最后使用制作背景投影和使用【文字工具】输入相应的文字，完成制作。

CorelDRAW

5.9 高手答疑

问题1: 形状中的节点能进行对齐吗?如果能该怎样操作?

解答: 能,首先将需要对齐的节点全部选中,在工具属性栏上单击【对齐节点】按钮,弹出【节点对齐】对话框,在该对话框中设置选项参数。

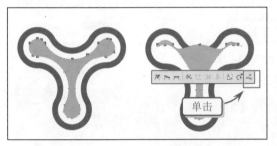

问题2: 当导入一对素材时,发现节点非常多,如何减少这些节点,以便进行编辑?

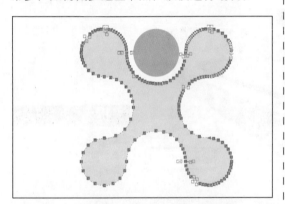

解答: 在图形中如果发现节点非常多,读者可以使用【形状工具】选中所有节点,然后在属性栏中单击【减少节点按钮】即可。

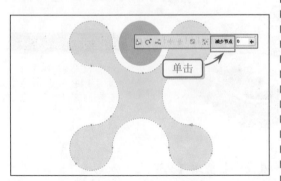

问题3: 我怎么能将一个封闭的图像划开个口子?

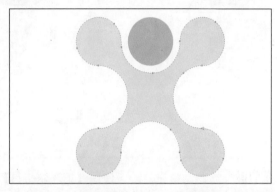

解答: 首先使用【形状工具】选中该图形,然后在需要断开的地方双击新建一个节点,然后在属性栏中单击【断开曲线】按钮。

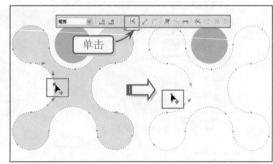

问题4: 为什么我不能将一个形状的节点断开?而且属性栏中的选项都呈灰色的?

解答: 因为你绘制的图形不是曲线,需要将形状图形转为曲线即可。

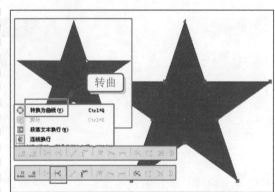

5.10 高手训练营

练习1：图标设计

本练习是一个UI界面的图标设计，随着科技产品的更新换代，产品对设计的要求也越来越高，在绘制本实例的过程中主要使用【矩形工具】绘制圆角矩形，然后使用【渐变填充工具】绘制图标的渐变颜色和光泽，并结合使用【透明度工具】和【阴影工具】绘制图标的细节。

提示

结合使用【矩形工具】和【渐变填充工具】绘制一个黄色的图标，并结合【透明度工具】绘制图标的高光部分。

练习2：绘制时尚文字

文字在现代设计中起到非常重要的作用，一个良好的文字设计能吸引大众的眼球，对产品起到极好的宣传作用，文字设计时应注意文字造型的新颖、时尚、大方，但不能脱离文字原有的结构，应在文字结构的基础上进行设计。在绘制过程中，主要使用【椭圆形工具】及【渐变填充】绘制底部图形，运用【文本工具】输入文本后用【形状工具】改变文字的外形轮廓，最终完成时尚文字的绘制。

提示

使用【贝塞尔工具】绘制一个不规则形状，并设置渐变填充。

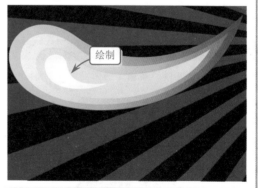

练习3：制作光盘封面

本练习主要通过CorelDRAW制作一个光盘封面。在制作过程中主要运用到【椭圆工具】以及【精确裁剪】命令。通过本案例的学习，希望读者能够熟练操作【椭圆工具】以及在制作中所应用到的各项命令。

提示

按键盘上的快捷键F8选择【文本工具】。在制作好的光盘上面输入光盘名称、类型等说明文字。

练习4：制作梦幻水晶球

通过本练习的作品绘制，希望读者可以学习到在CorelDRAW中常用高级工具和特效的实用技法。

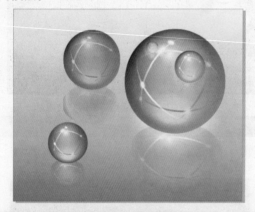

提示

复制并改变阴影的颜色、椭圆的大小方向和颜色，得到6个光点。除3个白色之外的其他蓝色光点参考值为：(R: 135、G: 216、B: 250)，(R: 199、G: 239、B: 255)，(R: 168、G: 228、B: 253)，阴影颜色与控制椭圆一致。

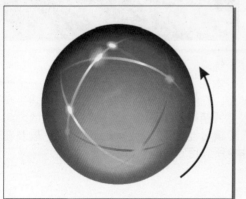

练习5：制作筷子产品宣传页

宣传页是最常见的一种宣传方式，在本设计实例中，将完成餐具用品——筷子产品的宣传广告。主要运用了CorelDRAW中的【艺术笔工具】、【复制属性自】、【精确剪裁】、【调整】等功能，希望读者能够回想前面所学的知识并且能够熟练掌握。

提示

"筷子庄"文字字体可设置为"经典细隶书繁"，大小合适于刚刚绘制的边框即可，并使用 (C: 50、M: 90、Y: 100、K: 0) 中国红颜色。制作完毕后按Shift键的同时，选择刚刚绘制的两个圆角矩形，按快捷键Ctrl+G群组后调整位置于画面的右下角，也就是视觉容易停留的画面重心位置。

练习6：绘制糖果包装盒

本练习是通过对"啪啦糖"包装的设计，使读者对包装的制作有所了解，同时对【形状工具】、【交互填充工具】、【艺术笔工具】、【调整】、【精确剪裁】等这些工具和命令熟练掌握，为以后绘制复杂图形打下良好的基础。包装采用桔黄色调，主要是为了使消费者看到此包装的同时想到糖果的"香橙口味"，吸引消费者的购买力，而采用【艺术笔工具】自由手写产品名称"啪啦糖"是为表现青少年追求自由、个性的特性，渲染包装的视觉氛围。

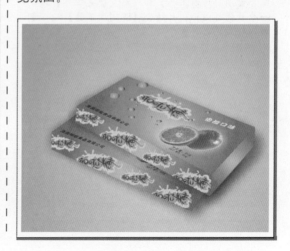

提示

选择【椭圆工具】，按Ctrl键不放绘制一个正圆并对其进行渐变填充，按数字键盘的"+"键，对其进行多重复制，并进行等比例的放大与缩小。选择【文本工具】，输入"香橙口味"文字内容，调整大小并旋转。

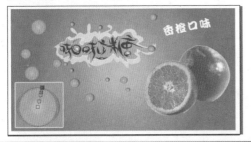

练习7：VI设计

VI设计是CI设计中的一部分，也就是视觉设计。它包括的内容很广泛，企业标识的设计以及企业各个部门的标识。VI运用的范围很广，大到汽车等运输工具，小到一个标签、一张信纸。这里主要讲的是标志、信封、名片、手提袋、包装、海报、工作证，以及VI手册的版面设计。

提示

选择【矩形工具】，对r上方进行修剪，并删除矩形。选择【形状工具】进行调整，然后选择【贝塞尔工具】绘制"凤尾"形状，选择【填充颜色对话框】对刚刚绘制的形状进行颜色（C：91、M：31、Y：1、K：0）填充，并为其他字母填充颜色（C：80、M：45、Y：11、K：0）。

修整对象

随着读者对CorelDRAW X6的深入学习，简单的图形操作已不能满足创作要求。为此，本章将讲述图形的修整操作以及相关命令，以实现设计的多元化。

通过对本章的学习，可以使读者在设计过程中深刻地了解裁剪、刻刀、橡皮擦以及图形的焊接、修剪、相交、简化等工具和命令的相关技法，并在图形设计的实际工作中将这些工具和命令的特性发挥到极致。

6.1 裁剪与切割对象

使用【裁剪工具】可以移除对象或导入的图形中不需要的区域，在操作过程中无需取消对象分组、断开链接的群组部分或将对象转换为曲线。

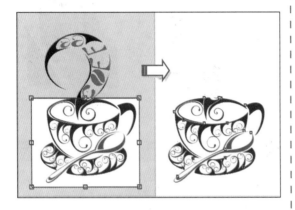

提示

在使用【裁剪工具】裁切对象的过程中，受影响的文本和形状对象将自动转换为曲线。

使用【刻刀工具】可以沿直线或锯齿线拆分闭合的对象。刻刀工具为用户提供了两种模式：【保留为一个对象】和【剪切时自动闭合】。

▶▶ **保留为一个对象**　该模式可以在对象上保留一条线段，但对象没有被剪切。

▶▶ **剪切时自动闭合**　该模式将一个对象剪切为两个对象。

1. 分割位图 ▶▶▶▶

导入一张位图，选择【刻刀工具】，并在其属性栏中单击【剪切时自动闭合】按钮，将鼠标光标放置在图片边缘单击左键。并移动鼠标，在图片的另一侧再次单击，被分割的位图就会沿着分割线分成两部分。

按Shift键使用【刻刀工具】，还可以沿贝塞尔曲线切割图形。

2. 分割路径 ▶▶▶▶

使用【刻刀工具】，也可直接分割形状图形，其方法与分割位图相似。

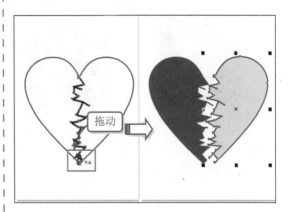

6.2　擦除与虚拟段删除

使用【橡皮擦工具】☑可以擦除位图和矢量对象不需要的部分，受到影响的文本或形状，会自动转换为曲线。

1．擦除对象 ▶▶▶▶

导入位图，使用【橡皮擦工具】☑在图形上单击鼠标左键作为起点，释放左键并拖动鼠标到适当位置，再次单击鼠标，即可沿直线进行擦除。

使用【橡皮擦工具】☑不但可以沿直线擦除，而且还可以进行曲线擦除，之后还可以运用【形状工具】☑，对图形进行调整。

如果将图像擦成两部分，这两部分的图形还是一个整体，执行【排列】|【拆分位图】命令后，可使这两部分各自独立。

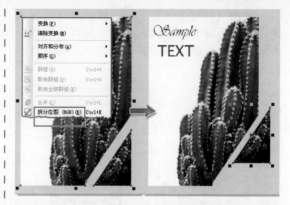

提示

使用【橡皮擦形状】按钮□为方形的方法，与圆形相同。

2．虚拟段删除工具 ▶▶▶▶

【虚拟段删除工具】☑可以删除图形中不需要的线段，当图标显示为 ▮ 时，即可对线段进行删除操作。在要删除的所有线段周围拖出一个选取框，可以同时删除多个线段。

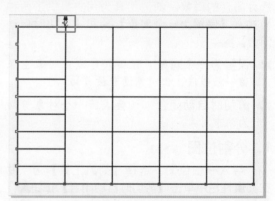

提示

虚拟段删除工具对链接的群组（如阴影、文本或图像）无效。

6.3 焊接、相交与修剪对象

1. 焊接对象 >>>>

　　【焊接】命令是将多个对象焊接成一个单独的对象。打开造型泊坞窗，选择【焊接】选项后，选择其中一个对象作为来源对象，然后单击【焊接到】按钮 焊接到 ，再选择一个对象作为焊接的目标对象单击即可。

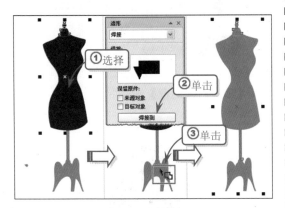

提示

如果用户在焊接之前需要保留来源对象或者焊接对象，那么可以在【修整】对话框的【保留对象】中选择【来源对象】或者【保留对象】。

2. 修剪对象 >>>>

　　【修剪】命令多用于绘制标志或图标的设计中，它可以将一个对象中的多余部分剪掉。但在修剪对象前，必须确定要修剪目标对象以及来源对象的前后顺序。

　　在修剪图像之前，打开造型泊坞窗，选择【修剪】选项后，选择来源对象，并设置需要保留原文件的选项后，选择【修剪】按钮 修剪 ，然后再单击目标对象即可。

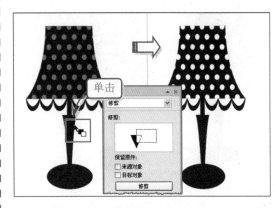

技巧

它除了不能修剪段落文本、尺度线或克隆的主对象，其余的任何对象都可以进行修剪，包括克隆、不同图层上的对象，以及带有交叉线的单个对象。

　　【相交】命令就是由两个或者多个对象重叠的区域创建对象，使它成为一个单独的新对象，其使用方法与其他修剪命令类似。

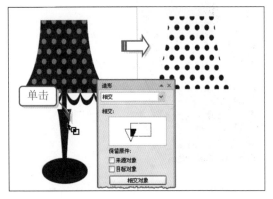

提示

要执行【相交】命令，同时要选中两个或更多对象，进行创建，选择一个对象，无法创建。

6.4 对象的简化与边界命令

【简化】命令可以修剪图框精确剪裁对象的控制对象，以便图框精确剪裁对象内的对象呈现新形状，它与相交的功能相似。

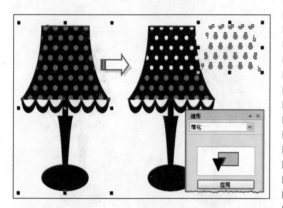

提示

在执行【简化】命令时，需要同时选中两个对象才能进行操作。

链接的对象（如阴影、路径上的文本、艺术笔、调和、轮廓图和立体模型）在修剪前会转换为曲线对象。

【边界】命令可以将所选对象的整体外轮廓以线描的方式进行显示。

【移除后面对象】选项指从前面的对象移除后面的对象。

【移除前面对象】指从后面的对象移除前面的对象。

6.5 放置在容器内

【图框精确剪裁】命令实际上就是把一个对象作为物品，另一个对象作为容器，并把物品放置到容器中。容器可以是任何对象，如文字或形状。

1. 创建"精确剪裁"效果 »»»

用户可以使两个或两个以上的对象进行融合，一个作为容器，而另外一个或多个对象则是容器中的内容。

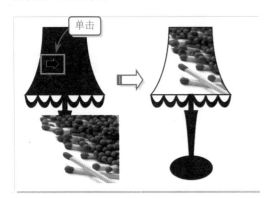

用户还可以通过使用鼠标右键将目标对象拖曳至容器对象上，当光标变为 A 或 ⊕ 形状时松开，在弹出的快捷菜单中选择【图框精确剪裁内部】选项即可将所选择的对象置于容器内。

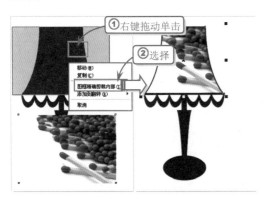

2. 调整"精确剪裁"效果 »»»

创建图框精确剪裁对象后，可以修改内容和容器。也可在保持内部的对象不受影响的情况下，对容器的外形进行编辑处理。选择剪裁过的对象，执行【效果】|【图框精确剪裁】|

【编辑内容】命令，容器中的内容会全部显示出来。

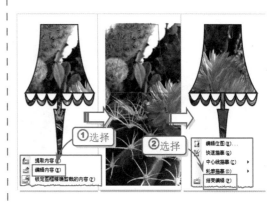

还可以在容器对象上右击鼠标，在弹出的快捷菜单中选择【锁定图框精确剪裁的内容】选项，即可取消其锁定，这时就能在保持被置入的对象不受影响的情况下，对容器对象的外形和位置进行调整。

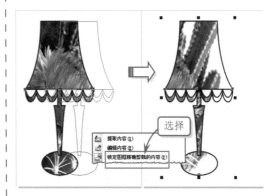

CorelDRAW **6.6** 绘制会员卡

　　当我们在商场购物、酒店消费等经常会遇到办理或赠送会员卡，会员卡可以提高顾客的回头率，提高顾客对企业忠诚度。本例中采用金黄色调，表达了顾客身份的尊贵及公司对顾客的尊重。

练习要点

● 矩形工具
● 焊接命令
● 修剪命令
● 椭圆工具
● 阴影工具

操作步骤：

STEP|01 　绘制和填充。新建尺寸为87mm×55mm的文档，双击【矩形工具】绘制会员卡的外形，并设置【圆角半径】参数。再使用【渐变填充】绘制会员卡背景色。

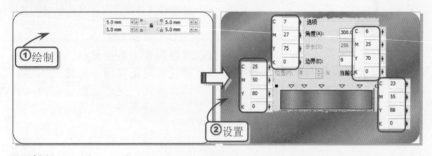

STEP|02 　绘制和排列正圆并增加透明度。使用【椭圆形工具】绘制正圆，执行【排列】|【变换】|【位置】命令移动并复制正圆，按Ctrl+D组合键重制。选中全部圆形按Ctrl+G组合键群组，使用【透明度工具】为圆形增加透明效果，在工具属性栏里设置参数。

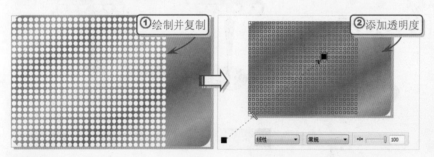

STEP|03 　绘制装饰图案。按Ctrl键同时选择【椭圆形工具】绘制正圆，使用【钢笔工具】绘制直线，并使用【透明度】命令添加透明效果。绘制并执行【排列】|【造型】|【相交】命令，与背景层相交，并重新填充颜色。

提示

椭圆装饰的制作过程如下。

1. 使用【椭圆形工具】同时按住 Ctrl键绘制正圆。

2. 执行【排列】|【变换】|【位置】命令移动并复制正圆，使其形成横排排列，按 Ctrl+G 组合键将其群组。

3. 再次执行【排列】|【变换】|【位置】命令垂直复制正圆。

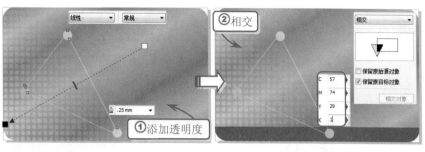

执行【排列】|【造型】命令后其选项栏中有多种造型供用户选择使用。

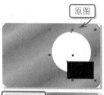

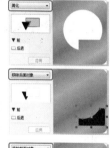

STEP|04 绘制标志和金卡图形。使用【矩形工具】□绘制矩形，并设置【圆角半径】参数，使用【文本工具】字输入文字，执行【焊接】命令，把文字焊接为一体。然后绘制会员金卡图形，并设置【轮廓宽度】命令。

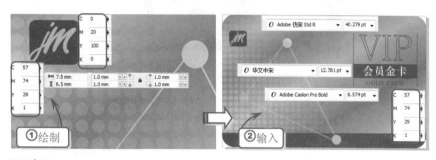

STEP|05 输入文字和添加阴影。使用【文本工具】字输入文字，设置文字样式及大小并使用【阴影工具】□分别对文字添加阴影，选中那个底部文字执行【排列】|【造型】|【修剪】命令，修剪底部色条。

STEP|06 绘制会员卡的背面。参照绘制正面的方法绘制背面并渐变填充，使用【矩形工具】□绘制会员卡背面磁条，并使用【渐变填充】填充渐变色。再绘制白色矩形作为签名处。

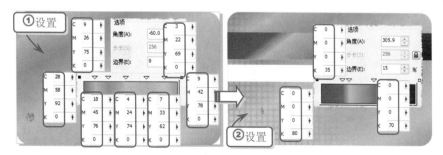

STEP|07 使用【文本工具】字输入文字，设置文字样式及大小。

6.7 制作邮票

本案例将与大家一起设计制作一张邮票，希望通过该实例的绘制过程，可以加深读者对多重复制、对齐、分布、修剪等基本操作方法的印象，并了解如何快速地制作一张邮票。

练习要点

- 复制命令
- 对齐命令
- 分布命令

提示

在标准工具栏中单击贴齐按钮 贴齐(P) ▪ 在其子菜单中选择"贴齐辅助线"后绘制使用【矩形工具】绘制矩形时就可以使轻松使矩形的4个角点分别与辅助线的交点重合。

操作步骤：

STEP|01 绘制矩形和正圆。新建一个文件，执行【视图】|【标尺】命令，拖出四条辅助线作为邮票的大小，选择【矩形工具】，在属性栏中选择"贴齐辅助线"绘制矩形使矩形4个角点分别与辅助线的交点重合。使用【椭圆形工具】在矩形的左上角绘制一个正圆。

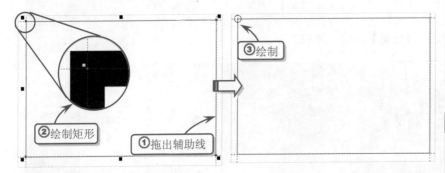

STEP|02 复制圆。复制小圆并使它们的圆心分别在矩形其他3个角点上。选择矩形左上角的圆，执行【编辑】|【步长和重复】命令，在打开的【步长和重复】对话框中，设置【复制份数】、【水平设置】中的【偏移】、【距离】等参数。

提示

选择【椭圆工具】，按Shift和Ctrl键，以矩形左上角点为圆心，绘制一个适当大小的正圆，要确定所绘制的圆心与矩形左上角的角点完全重合，以方便以下操作。

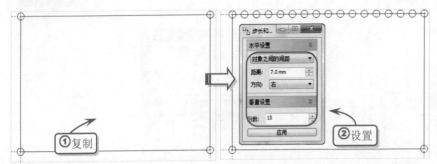

STEP|03 复制和修剪圆。参考复制左上角小圆的操作步骤，在矩形的其他三条边上同样复制多个圆形。执行【窗口】|【泊坞窗】|【造型】命令，在该对话框中禁用各项后，全部选择，单击【修剪】按钮，鼠标在矩形中间单击。

提示

按住Ctrl键，向下移动小圆，其圆心会自动与矩形左下角点重合。此时选择鼠标右键进行复制，使用同样的方法绘制另外两个小圆。它们的圆心分别在矩形其他3个角点上。

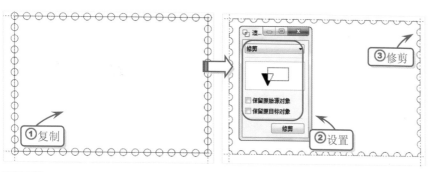

① 复制

③ 修剪

② 设置

修剪
保留原始源对象
保留原目标对象
修剪

STEP|04 绘制矩形和导入素材。使用【矩形工具】 □，绘制一个形状小于邮票的矩形作为图片框并以邮票轮廓为基准进行水平中央对齐。导入素材，执行【效果】|【图框精确剪裁】|【置于图文框内部】命令。

① 绘制

② 置入

STEP|05 按Alt键，将位图图片选中，接着按组合键Ctrl+Q将图片四周的矩形转换为曲线，选择工具箱中的【形状工具】 ⬚，拖动鼠标选择图片下面的两个节点，然后略微向上移动。

① 转换

② 调整

STEP|06 输入文字和绘制矩形。使用【文本工具】 字，输入文字。双击【矩形工具】 □，选择黑色对其进行填充。并对锯齿状形状的矩形进行白色填充。

① 输入

② 绘制

6.8 制作齿轮

CorelDRAW

本例为一张公司会议广告，蓝色的色调符合机械类广告的特征，一双捧起的手表达了本公司对产品及客户的重视以及对客户的真诚，选用齿轮作为画面形象，充分表达了本公司的性质，使大家能够过目不忘。

练习要点

- 椭圆工具
- 【修剪】命令
- 【合并】命令
- 【置于图文框内部】命令

操作步骤：

STEP|01 绘制矩形和不规则图形。新建一个尺寸为297mm×210mm的文档，双击【矩形工具】☐绘制矩形并填充渐变颜色。使用【贝塞尔工具】╲绘制图形，并填充为白色。

提示

绘制好正圆和矩形后，选择矩形按Ctrl+C组合键复制和Ctrl+V键粘贴后，双击使对象处于旋转状态，并确定以圆心为旋转中心进行旋转。

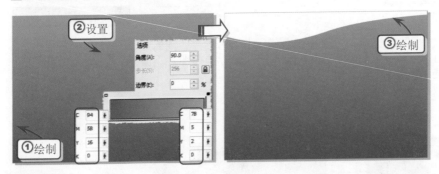

STEP|02 使用【椭圆形工具】◯绘制正圆。【矩形工具】☐绘制矩形，执行【排列】|【变换】|【旋转】命令，使矩形绕圆型排列，并进行合并绘制齿轮内部。如上所述，绘制其他齿轮边齿并修改齿轮形状。

使矩形绕圆型排列后，选中所有矩形和正圆，单击工具属性栏中的【合并】按钮☐将其合并。

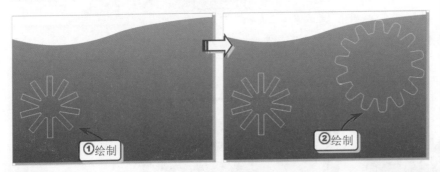

STEP|03 绘制和焊接。使用【多边形工具】◯绘制正十边形，并执行【排列】|【造型】|【修剪】命令对齿轮外部进行修剪，执行【排列】|【造型】|【焊接】命令，使齿轮内部和外部进行焊接。

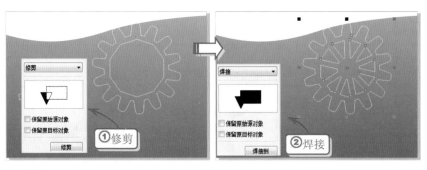

齿轮的绘制方法：首先绘制正圆和矩形并在工具属性栏中设置矩形的圆角参数，按Ctrl+Q组合键将矩形转换为曲线使用【形状工具】调整其形状。然后使其绕正圆排列，并执行【排列】|【造型】命令在该对话框中选择【焊接】选项，单击【焊接到】按钮 焊接到 完成该齿轮的制作。

STEP|04 将齿轮均匀填充为白色后，复制并选择【透明度工具】为齿轮添加透明效果。参照上面绘制齿轮的方法，绘制齿轮并进行渐变填充。

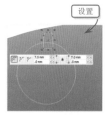

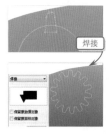

STEP|05 立体化和复制齿轮。使用【选择工具】将齿轮选中按Ctrl+G组合键，将其群组后。选择【立体化工具】，对齿轮添加立体效果。然后复制两个齿轮并调整大小和位置。

STEP|06 导入素材和输入文字。选择【文件】|【导入】命令，导入素材，调整大小后放置适当位置。使用【文本工具】输入相应的文字。

文本属性可在工具属性栏中设置。

CorelDRAW

6.9 高手答疑

问题1：为什么我不能使用【刻刀工具】 ✍ 进行裁切位图？

解答：如果不能使用【刻刀工具】 ✍ 进行裁切位图，用户可以执行【位图】|【转换为位图】命令，将其再次进行转换为位图，然后就可以对位图进行裁割了。

问题2：如何沿贝塞尔曲线裁割位图？

解答：当需要沿曲线裁割位图的时候，需要按Shift键使用【刻刀工具】 ✍ ，就可以沿贝塞尔曲线切割位图。

问题3：当我执行精确剪裁命令之后，怎么能修改图框的路径？

解答：选择该对象，然后右键单击，在弹出的菜单中选择【锁定图框精确剪裁的内容】选项，然后就可以对图框进行编辑了。

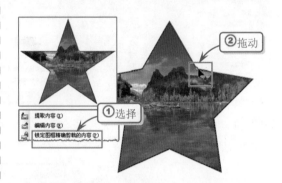

问题4：当使用【焊接】命令焊接对象时，如果我需要保留原始的对象，该如何操作？

解答：如果用户在焊接之前需要保留来源对象或者焊接对象，那么可以在【造形】对话框的【保留原件】中启用【来源对象】和【目标对象】，然后进行焊接即可。

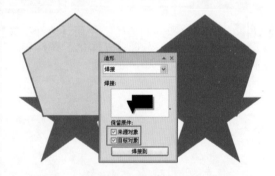

问题5：如何提取容器内容？

解答：用户可以在精确剪裁后提取容器的内容，以便后期的编辑与操作。选择对象后，执行【效果】|【图框精确剪裁】|【提取内容】命令。

> **注意**
>
> 如果在应用【图框精确剪裁】效果的过程后对"容器"进行了改动，如修改颜色、改变形状等，那么取消【图框精确剪裁】效果之后不能恢复"容器"的属性。

6.10 高手训练营

练习1：绘制玻璃杯

本练习主要运用【矩形工具】、【渐变填充】、【贝塞尔工具】、【椭圆工具】等实现玻璃杯的透明效果。

提示

选择玻璃杯的大轮廓，填充为灰色，然后单击【填充工具】后面的三角按钮，在弹出的展开工具栏中选择【渐变填充】，打开【渐变填充方式】对话框，在【类型】的下拉菜单中选择【射线】。

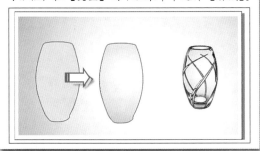

练习2：绘制时尚Model

在各种风格与主义的交替变化中，一种矢量风格的插画渐渐受到个性设计师们的钟爱。对于基于矢量绘图的CorelDRAW来说，这也是它绽放光彩的舞台所在。本练习主要运用【钢笔工具】、【形状工具】、【精确剪裁】、【焊接】、【修剪】等来完成时尚Model尽情歌唱这一插画，希望读者能够耐心地看下去并跟着做下来，相信你会得到意想不到的收获。

提示

选择【钢笔工具】绘制出女孩的裤子外形，选择颜色（C：4、M：98、Y：93、K：0）进行填充，需要注意的是裤子褶皱处的绘制要尽量的平滑，读者可以选择【形状工具】，并通过工具属性栏中的【平滑节点】选项进行平滑度的调整。

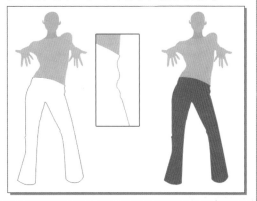

练习3：绘制兰花图

本练习通过CorelDRAW为读者介绍一种制作国画的方法。本练习主要通过【贝塞尔工具】、【艺术笔工具】、【交互式网格填充】、【封套】等实现国画——兰花图。

选择【贝塞尔工具】在绘图页面中绘制出竹叶及枝干的轮廓线，使用【形状工具】对轮廓线进行细微的调整。

提示

使用【封套】，对复制的笔触进行变形，在色板上面选择不同的颜色进行填充。将它们放置在不同的位置上。

练习4：绘制竹叶

　　彩色系的图形可以给人以兴奋的感觉，而灰色系的图形可以实现幽静、唯美的图像。本案例就是通过黑、白、灰三大色调来实现特殊的黑白效果，通过本案例的学习希望读者合理运用颜色的搭配，从而使自己的作品达到最佳效果。

练习5：制作少儿娱乐中心海报

　　在制作矢量图形时经常用到【交互式调合工具】，它可以实现一个图形向另外一个图形转变，从而起到调合作用。下面就通过制作少儿娱乐中心海报的案例为读者介绍【交互式调合工具】的应用。

继续选择【贝塞尔工具】在绘图页面中绘制出类似于花蕊的图形。然后在心形图形下方再绘制一条曲线，设置曲线的颜色为浅绿色。

练习6：标志设计

设计过程中构思须慎重推敲，力求深刻、巧妙、新颖、独特，表意准确，能经受住时间的考验。我们通过对简单的图形进行巧妙的组合、修剪使其图形附有寓意，使图形与公司的业务性质相互呼应。本练习是一个网络科技公司的标志设计，因为公司的业务主要是互联网用品，所以标志的主体类似于网状，象征着互联网。圆形代表计算机终端，直线部分则代表四通发达的网络连接，因而两点之间用直线连接。

绘制完"标志"图形后，要将图形群组在一起，最好将图形焊接在一起，选择所有图形执行【焊接】命令。

练习7：VI设计

在当今资讯和媒体发达的信息时代，独特、规范、统一的VI视觉系统规范的形象，其重要性不言而喻。本练习中制作的是一家以休闲饮食为主的公司VI手册，其中公司标志的设计为重点内容。从公司的性质和产品来决定标志设计的风格和颜色。标志的主体部分是两个缩写字母，颜色的搭配很绚丽使标志不仅醒目，而且体现了现代和时尚的感觉，然后依次完成桌牌、工作服、餐具、杯具，以及VI手册的版面等相关设计。

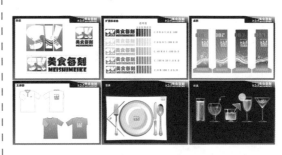

标志的图形和文字在缩放时，长度和宽度的比例不会改变，只能等比例缩放。

编辑轮廓线

在图形设计过程中，通过对轮廓的颜色、宽度以及样式等属性进行编辑，可以使图形设计多样化、多彩化，提高作品的设计水平。这些属性在图形与图形之间可以进行复制，也可以将外轮廓转换为曲线进行编辑。

本章主要讲述通过CorelDRAW中提供的工具和命令对图形的轮廓线进行编辑或填充颜色，还可以改变美术字和段落文本的轮廓颜色，丰富设计作品的内容。

7.1　改变轮廓线的颜色

　　轮廓线的设置可以使图像与周边的图形区分开来，也可以更改其颜色以丰富图像效果，其方法主要有三种：一是通过【轮廓色工具】；二是通过软件右侧的默认调色板；三是通过【颜色】泊坞窗。

1. 轮廓色工具 ▶▶▶▶

　　选择对象，单击【轮廓色工具】按钮，并自动弹出【轮廓颜色】对话框，在该对话框中，用户可以随意地更改对象的轮廓颜色。

　　在【轮廓颜色】对话框中单击【混合器】也可以改变其颜色。

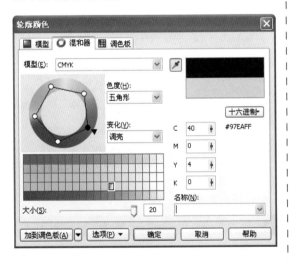

2. 通过默认的调色板 ▶▶▶▶

　　右键单击软件右侧的调色板可以快速改变

轮廓线颜色。对象在选中状态下，直接在调色板中右键单击需要的颜色即可完成操作。

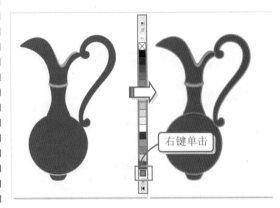

右键单击

3. 通过【颜色】泊坞窗 ▶▶▶▶

　　单击工具箱中的【彩色工具】，打开【颜色】泊坞窗，选中对象，在该泊坞窗中单击【轮廓】按钮即可为对象轮廓添加颜色。

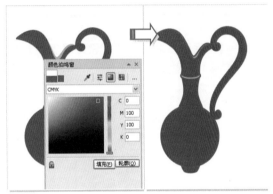

提示

在颜色泊坞窗中单击【显示颜色滑块】按钮，会显示颜色滑块。

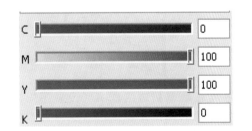

7.2 轮廓线的宽度

更改对象轮廓的宽度可以绘制更加丰富的图形效果,选择需要更改的对象,在工具箱中选择【轮廓笔工具】,打开【轮廓笔】对话框。

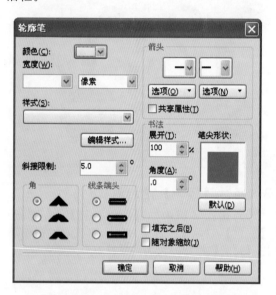

在【轮廓笔】对话框中,设置【宽度】为8,能增加轮廓线的宽度。

在【轮廓笔】对话框中,设置不同的宽度,轮廓线的粗细会根据用户设置的大小而改变。

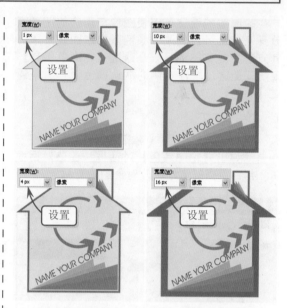

单击【选择工具】,在属性栏中的【轮廓宽度】微调框中也可快速调整对象的轮廓宽度。

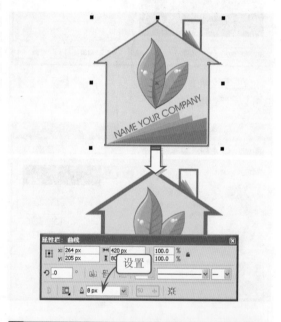

提示

在属性栏中设置跟在【轮廓笔】对话框中设置宽度效果是一样的。

7.3 轮廓样式和线角、端头

通过CorelDRAW不但可以改变轮廓线的颜色和宽度，还可对轮廓线的样式属性进行修改。在工具箱中选择【轮廓笔工具】，打开【轮廓笔】对话框。

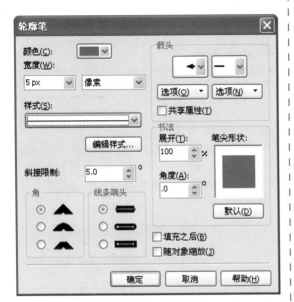

在该对话框中单击【样式】选项可以选择所需要的轮廓线样式。

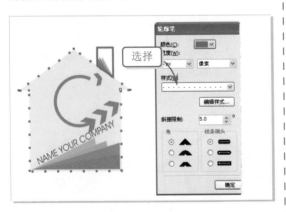

提示

选中更改对象，在【轮廓线】对话框中，单击【编辑样式】按钮，可以进一步调整轮廓线的显示状态。

运用【轮廓笔工具】也可以绘制一些特殊的形状，CorelDRAW X6为用户预设了几十种不同形状的箭头。

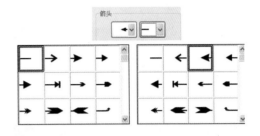

在【轮廓笔】对话框中单击箭头按钮可为直线或者曲线添加箭头。

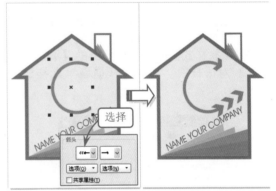

在【轮廓笔】对话框中，单击【选项】按钮既可以新建没有预设的箭头形状，也可以调整或删除已经预设好的形状。

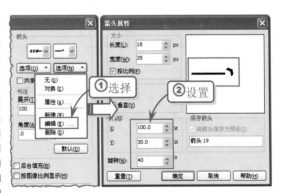

7.4 自定义轮廓线

在默认状态下，CorelDRAW X6为我们提供的是CMYK调色板，轮廓线为黑色，宽度为2像素，我们也可以进行自定义设置，方便在设计过程中对其直接运用。

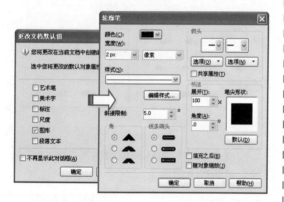

自定义轮廓线样式可以帮助我们任意修改轮廓线的样式，在【轮廓笔】对话框中，通过选择【编辑样式】按钮，在弹出的【编辑线条样式】对话框中，拖动滑杆调整单元样式的长度。

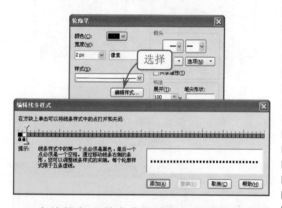

在编辑条上单击或拖动可以编辑出新的线条样式，下面的两个锁型图标🔒分别表示起点循环位置。线条样式的第一个点必须是黑色，最后一个点必须是一个空格。线条右侧的是滑动标记，是线条样式的结尾。

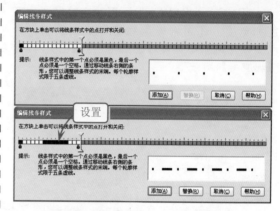

单击编辑条上的色块，可反转颜色。编辑好需要的线条样式后，单击【添加】按钮，就可以将新编辑的线条样式添加到【样式】下拉列表中。

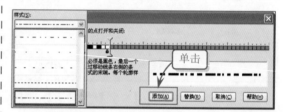

将轮廓转换为普通对象可以使其具有普通曲线相同的属性并进行有效的图形编辑，选择对象，执行【排列】|【将轮廓转换为对象】命令，即可将轮廓转换为普通对象，并对其进行颜色、轮廓的设置。

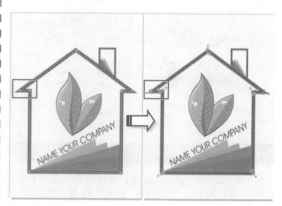

7.5 绘制木质相框

相框通常是用来储存照片及保护照片的，还可以防相片变形、发黄等。本例中绘制的是一款木质的相框，木质的相框看上去更有档次也更加美观，也更能突显照片，同时也能够很好地装扮你的生活空间。

练习要点

● 矩形工具
● 渐变填充
● 轮廓笔
● 透明度工具
● 赛贝尔工具

操作步骤如下。

STEP|01 导入素材和绘制矩形。新建一个尺寸为297mm×210mm文档，执行【文件】|【导入】命令导入素材。使用【矩形工具】绘制矩形，并选择【底纹填充工具】填充底纹。

提示

在工具箱中选择【底纹填充工具】后在弹出的对话框中选择和设置各选项。

选择不同的底纹库就有不同组的底纹供用户选择使用，而且可以通过设置【窗帘】组以达到更精确的底纹。

①导入素材　②绘制并填充

STEP|02 绘制边框和设置其透明效果。使用【矩形工具】绘制相框边缘部分图形并使用【透明度工具】为其添加不透明效果。选择【贝塞尔工具】绘制相框边框并设置其透明度。

提示

绘制相框边缘部分图形过程，首先使用【矩形工具】绘制两个矩形，设置其【圆角】参数后将其中心对齐，执行【排列】|【造形】|【移除前面对象】命令得到相框边缘部分图形。

①绘制并添加不透明效果　②绘制并添加不透明效果

STEP|03 绘制矩形。选择【矩形工具】绘制矩形，并设置填充颜色，再次使用【矩形工具】绘制矩形，按F12键设置轮廓属性。

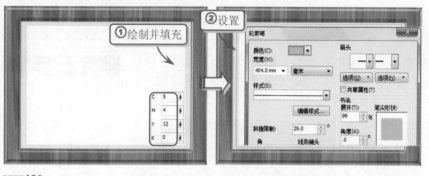

STEP|04 置入照片和添加阴影。执行【导入】命令导入文件，对其执行【效果】|【图框精确剪裁】|【置于图文框内】命令来完成照片的制作。选择【阴影工具】 ☑ 为相册添加阴影效果。

STEP|05 绘制竖相框。如上所述，绘制另外一个相册同样选择【阴影工具】 ☑ 为相册添加阴影效果，并使用【选择工具】双击将其倾斜放置。

STEP|06 添加文字。使用【文本工具】 字 分别输入文本，完成相框的绘制。

提示

在工具箱中选择【轮廓笔】（按F12键），弹出的【轮廓笔】对话框可设置轮廓的属性。

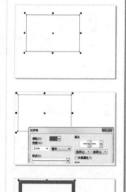

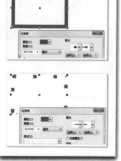

7.6　绘制鞋子海报

在本例中使用鞋子占据画面的中心，起到突出主题的作用，页面中选用鲜艳明亮的颜色作为主色，能够很好地吸引消费者的眼球，使本产品迅速为大众所接受。在绘制过程中，主要使用【贝塞尔工具】绘制鞋子填充鞋子颜色并在工具属性栏里设置线条的样式，完成最终的制作。

练习要点

● 贝塞尔工具
● 渐变填充
● 轮廓样式
● 钢笔工具
● 调和工具

操作步骤：

STEP|01　绘制矩形和鞋子轮廓线。新建一个文档，绘制一个尺寸为320mm×210mm的矩形并填充渐变颜色。使用【贝塞尔工具】绘制鞋子轮廓线。

提示

使用【贝塞尔工具】绘制了控线后按F12键在弹出的【轮廓笔】对话框中设置线条的样式。

在【轮廓笔】对话框中样式的下拉菜单中有很多种样式供用户选择使用。

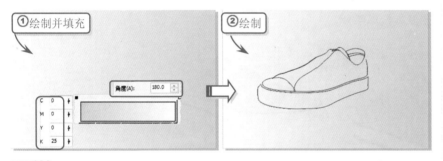

STEP|02　填充颜色和绘制扎线。选择【渐变填充】为鞋子填充颜色，使用【贝塞尔工具】绘制鞋子的扎线并设置线条样式。

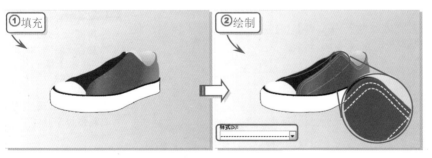

STEP|03　绘制纹理和鞋前舌部分。制作鞋子纹理图形并添加投影效果，执行【排列】|【拆分阴影群组】作为鞋子前部纹理，选择【贝塞尔工具】绘制鞋子前舌部分并设置其透明度。

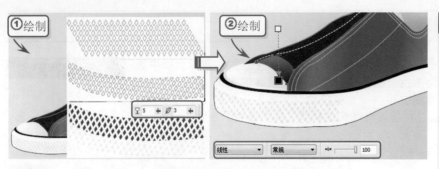

在绘制鞋带的投影
是要使用【透明度
工具】 为其添加
透明效果。

STEP|04 绘制鞋眼部分。选择【椭圆形工具】 绘制出椭圆并填充好颜色
后使用【调和工具】 绘制鞋眼部分使其有立体效果。

绘制鞋带是为了使
鞋带有立体感，这
里绘制了两层，首
先使用【贝塞尔工
具】 绘制好形状
后渐变填充。

复制鞋带图形并填
充白色。

STEP|05 复制鞋眼和绘制鞋带。对鞋眼进行复制并放到适当位置。选择
【钢笔工具】 绘制鞋带及其投影部分。

使用【文本工具】
 输入文字后按
Ctrl+Q组合键将文字
转换为曲线后使用
【形状工具】对节点
进行调整以做出自
己需要的变形文字。

STEP|06 导入素材和输入文本。执行【文件】|【导入】命令导入素材。使
用【文本工具】 输入文本并设置文本属性。

7.7　绘制牛仔帽

近些年来牛仔衣物在人们生活中占据了不可取代的位置，特别是年轻人和小孩尤其地青睐。本案例通过绘制一顶牛仔帽子，让大家了解轮廓线的用法。

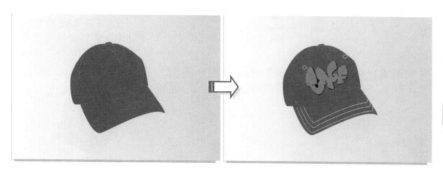

操作步骤：

STEP|01　绘制帽子轮廓并填充颜色。使用【贝塞尔工具】绘制帽子的外轮廓并使用【形状工具】调整节点使轮廓更加精确，然后使用【均匀填充】工具填充颜色。

提示

绘制帽体上面部分时要注意和下面的黑色帽体的衔接。根据现实中的实际形状绘制，下面的黑色部分不规则地露出来，使帽子看起来有立体感，更加逼真。

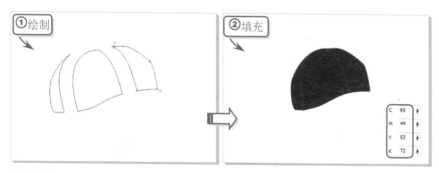

STEP|02　绘制帽檐和帽子顶部。使用【贝塞尔工具】绘制帽檐轮廓图形，然后再填充颜色。单击【无填充】按钮×使图形无轮廓。使用【贝塞尔工具】和【椭圆形工具】分别绘制帽子顶部图形和帽体，然后填充颜色，无轮廓。

提示

绘制帽子顶部的小圆柱时可以用【椭圆形工具】绘制出椭圆后转换为曲线，再使用【形状工具】进行调整，也可以使用【贝塞尔工具】直接绘制出其形状。

STEP|03　绘制气孔和帽檐上装饰线。使用【椭圆形工具】绘制帽子上的透气孔，然后在【对象属性】泊坞窗中设置轮廓宽度和颜色。使用【手绘工具】分别绘制3条路径，然后在【轮廓笔】对话框中设置其参数。

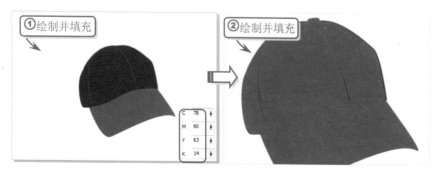

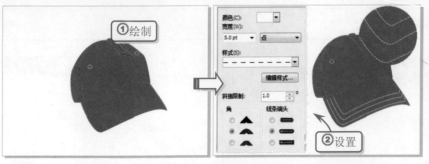

绘制帽子上的透气孔，首先使用【椭圆形工具】根据帽子的形状绘制出具有透视感的两个同心椭圆，然后单击工具属性栏中的【修剪】按钮使其形成圆环，作为透气孔。

对齐

修剪

STEP|04 绘制帽子上的装饰图案。使用【钢笔工具】绘制图形轮廓，并填充颜色。使用【形状工具】，调整节点和调节杆位置，使图形轮廓变得圆滑。

STEP|05 绘制帽子上面的装饰图案。使用【贝塞尔工具】在橙色图形的后面再绘制一个图形，并填充为黑色，将前面绘制的图形群组，然后选择【封套工具】，并调整节点。

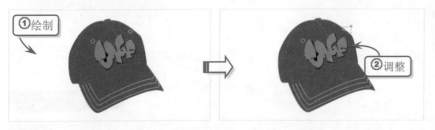

按 Ctrl+Q 组合键可将对象转换为曲线。使用【形状工具】在曲线上单击可添加节点，在节点上单击可删除此节点。

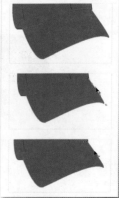

STEP|06 绘制背景。双击工具箱中【矩形工具】绘制一个与文档大小相同的矩形，使用渐变工具进行渐变填充作为背景。

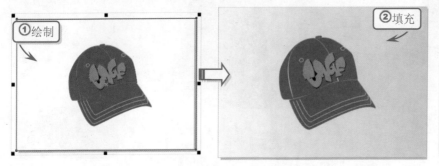

7.8　高手答疑

问题1：为什么我每次创建图形后，就会自动生成一个红色的描边？如何能更改？

解答：如果读者想要更改原始的轮廓属性，可以在任何对象都没有选中的状态下，右键单击【调色板】中的色块可以更改默认的轮廓颜色，在属性栏中的【轮廓宽度】参数栏中输入参数，可以更改轮廓的粗细程度。

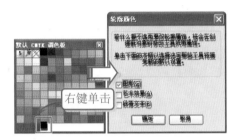

问题2：如何将一条曲线的末端加上箭头图形？

解答：使用【选择工具】选择该曲线，然后在【终止箭头】选项中，选择一种合适的箭头即可。

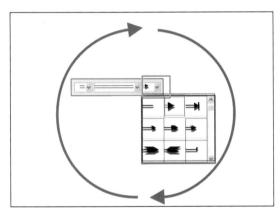

问题3：我能将一段轮廓线像普通对象那样进行编辑吗？如果能，该如何操作？

解答：能，将轮廓转换为普通对象可以使其具有与普通曲线相同的属性并进行有效的图形编辑，选择对象，执行【排列】|【将轮廓转换为对象】命令，即可将轮廓转换为普通对象，还可以对其进行颜色、轮廓的设置。

问题4：如何将线段较为生硬的端头，修整得较为平滑？

解答：在工具箱中选择【轮廓笔工具】，打开【轮廓笔】对话框，并分别启用【角】和【线条】的圆角图标选项。

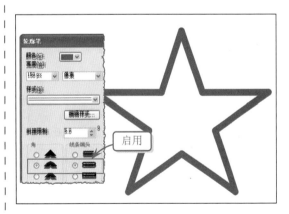

7.9 高手训练营

练习1：商场促销广告

本练习是一个商场促销广告设计，通过形象的卡通设计，并结合较为突出的红色和黄色为主色调，使整个宣传设计在内容上突出主题，在形式上美观大方。在绘制的过程中主要使用【贝塞尔工具】绘制卡通图案的各种形状，并使用【均匀填充工具】分别填充颜色，最后使用【矩形工具】和【椭圆形工具】绘制宣传广告的细节部分。

提示

使用【星形工具】绘制一个白色星星，然后使用【形状工具】调整星星的形状。

练习2：绘制大红灯笼

使用CorelDRAW绘制灯笼十分简单，主要是通过再制绘制出灯笼的骨架，通过【交互式

填充工具】、【渐变填充】对其填充，运用【交互式阴影工具】、【交互式透明工具】等对灯笼图形进行调整与修饰。

提示

选择【矩形工具】，在下端灯笼口下方绘制小的长方形，按快捷键Shift+PageDown将其移动到最下层，右击【默认CMYK调色】中的☒将它的轮廓设为无填充，选择【渐变填充工具】，并设置从黄色到土黄色的线性渐变，按快捷键Ctrl+Q将其形状转化为曲线，使用【形状工具】对其形状进行调整。

练习3：绘制海底世界

本练习主要是通过【图案填充对话框】、【纹理填充对话框】、【交互式透明工具】以及【艺术笔工具】的运用来实现的。

提示

选择【艺术笔工具】，选择【喷罐】选项，在【喷涂列表文件列表】下拉列表中选择"水泡"图案，然后在视图中绘制。按快捷键 Ctrl+K 将其拆分，删除拆分后的路径，并对图案的位置和大小进行调整。

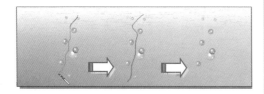

练习4：女子美容会所宣传广告

本练习主要通过矩形工具、椭圆工具、渐变填充工具、交互式透明工具、交互式阴影工具等实现女子美容会所宣传广告。通过本案例的学习希望读者熟练操作这几个工具以及在制作案例过程中所应用到的各项命令。

提示

使用【矩形工具】和【椭圆工具】绘制，在椭圆上面绘制一些图形。在绘制的过程中用户可以使用【形状工具】对其进行细微的调整。

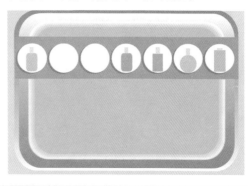

练习5：舞姬

在 CorelDRAW 中【交互式变形工具】可以实现很多图形效果，它可以将规则的图形经过变形演变为另一种形状。通过制作"舞姬"为用户详细介绍【交互式变形工具】的作用，以及在制作案例过程中所应用到的其他工具与命令。

提示

在【颜色调和】选项中启动【自定义】复选框，设置起始渐变为 C：3、M：60、Y：42、K：0，终止为白色。

08

调整图形颜色

在CorelDRAW X6的【效果】菜单栏中，灵活运用【调整】中的各个选项可以快速调整位图的颜色和明暗度，使用【变换】和【校正】功能可以恢复或修整位图图像中由于曝光过度或感光不足而出现的问题，该功能在图形设计中也运用得比较广泛。

本章主要讲述【调整】选项在图形设计中的使用方法和技巧，通过对本章的学习，使读者对图像的颜色把握得更加准确、细腻。

CorelDRAW X6

8.1 色彩调整

【效果】菜单中的调整功能，对图像色彩的色调、亮度、对比度、饱和度等特性进行调整，极大地方便了读者对位图和一些矢量图形色彩的把握。

1．【高反差】命令 >>>>

【高反差】命令用于在保留阴影和高亮度显示细节的同时，调整色调、颜色和位图对比度。选择位图，执行【效果】|【调整】|【高反差】命令，在弹出的【高反差】对话框中，可以设置各选项的参数来调整位的明暗关系。

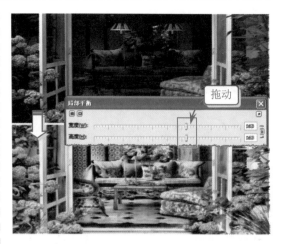

2．【局部平衡】命令 >>>>

【局部平衡】命令用来提高边缘附近的对比度，以显示明亮区域和暗色区域中的细节。执行【效果】|【调整】|【局部平衡】命令，该命令通过提高位图相邻边界的对比度，从而形成强烈的明暗对比。

3．【取样/目标平衡】命令 >>>>

【取样/目标平衡】命令只适用于位图，可以从图像的黑色、中间色调以及浅色部分选取色样，并将目标颜色应用于每个色样。也可以通过【通道】中的红色通道、绿色通道、蓝色通道来对图像进行单个通道的调整。

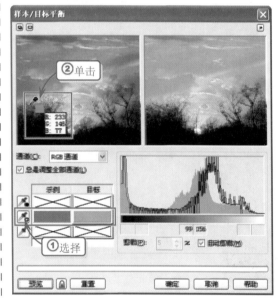

4．【调合曲线】命令 >>>>

通过【调合曲线】可以对位图进行亮部、暗部和灰度的调整，并通过对曲线的编辑来调整位图的颜色。用户可以在【曲线样式】选项中选择直线、曲线等样式，并在曲线上添加锚点进行细节处的调整。

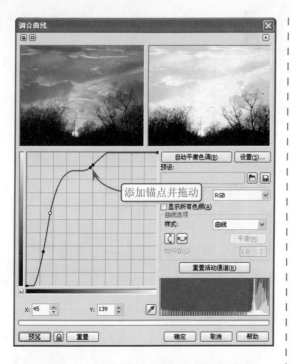

添加锚点并拖动

5. 【亮度/对比度/强度】命令 ▶▶▶

通过【亮度/对比度/强度】命令可以直接调整图像的明暗关系，使图像产生比较清晰的效果。

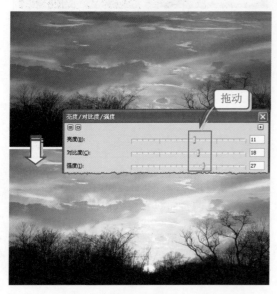

拖动

各个属性的作用如下所示。

▶▶ 【亮度】滑块可以调整图形对象颜色的深浅

变化，也就是增加或者减少所谓像素值的色调范围。

▶▶ 【对比度】滑块可以调整图形对象颜色的对比，也就是调整最浅和最深像素值之间的差。

▶▶ 【强度】滑块可以调整图形对象浅色区域的亮度，同时不降低深色区域的亮度。

6. 【颜色平衡】命令 ▶▶▶

【颜色平衡】中的范围区域包括阴影、中间色调、高光、保持亮度。通过对位图图像色彩的控制，改变图像颜色的混合效果，从而使图像的整体色彩趋于平衡。

设置

各个属性的作用如下。

▶▶ 【阴影】选项用于调节暗色调的像素。

▶▶ 【中间色调】选项用于调节中间色调的像素。

▶▶ 【高光】选项用于调节亮色调的像素。

▶▶ 【保持亮度】选项可在进行颜色平衡调整时，维持图像的整体亮度不变。

也可以在【颜色通道】选项区域中，通过调整滑块或者在文本框中输入数值控制RGB色彩的变化。

8.2 调整颜色

1. 【伽玛值】命令 >>>>

　　【伽玛值】用来在较低对比度区域强化细节而不会影响阴影或高光，它主要调整对象的中间色调，对图像中的深色和浅色影响较小。

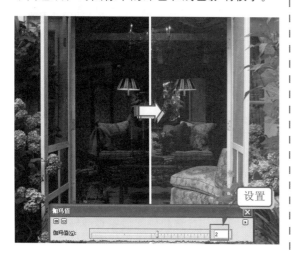

提示

通过拖动滑块或在文本框中直接输入数值可调整所选对象的颜色，它将在很大程度上恢复缺乏生动色彩和高光\暗部的低对比度图像的细节，它可作用于位图图像和矢量图形。

2. 【色度/饱和度/亮度】命令 >>>>

　　【色度/饱和度/亮度】命令用来调整位图中的颜色通道，并更改色谱中颜色的位置。也就是说可以更改颜色及其浓度，以及图像中白色所占的百分比。

　　各个属性的作用介绍如下。

>> 【色度】滑块改变对象的颜色。

>> 【饱和度】滑块可以改变对象颜色的深浅
　　程度。

>> 【亮度】滑块改变对象的明暗程度。

提示

在对话框中显示两个色谱，它们以各自的顺序表示色轮中的颜色。下方的状态色谱根据不同选项和设置情况而改变，上方的固定色谱则起到参照作用。

3. 【所选颜色】命令 >>>>

　　【所选颜色】命令的作用在于校正图像颜色的不平衡问题和调整颜色。在【调整】区域调整青色、品红、黄色、黑色四色，也可以通过选择【颜色谱】选项中的【红】、【黄】、【绿】等单选项来进行颜色的调整。

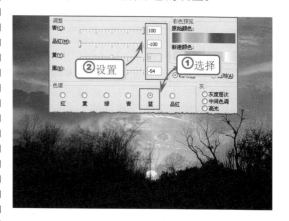

4．【替换颜色】命令 ►►►►

【替换颜色】命令可以使用一种位图颜色替换另一种位图颜色。根据设置的范围，可以替换一种颜色或将整个位图从一个颜色范围变换到另一颜色范围。还可以为新颜色设置色度、饱和度和亮度。

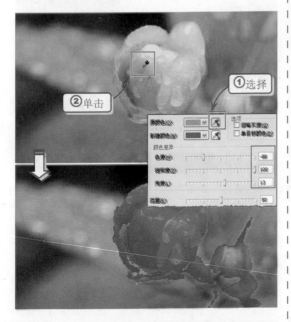

5．【取消饱和】命令 ►►►►

【取消饱和】命令通过减少每种颜色的饱和度至零、移去色调构成并反转每种颜色的灰度值来达到去除图像颜色的目的，并只适用于位图。执行【效果】|【调整】|【取消饱和】命令。

6．【通道混合器】命令 ►►►►

【通道混合器】命令可以将当前颜色通道中的像素与其他颜色通道中的像素按一定程度混合，以平衡位图的颜色。

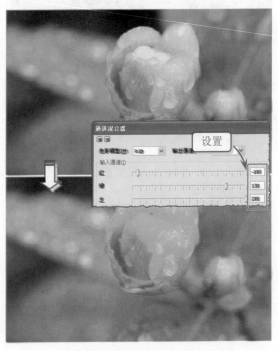

8.3 色彩变换与校正颜色

　　【变换】命令可以变换图像的颜色和色调以产生特殊效果。

　　【去交错】命令可以从扫描或隔行显示的图像中移除线条。

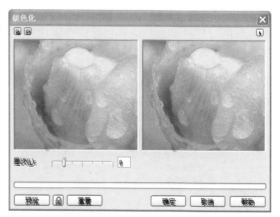

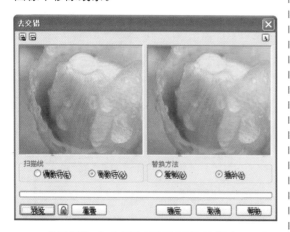

　　【反显】命令可以反显图像的颜色，反显后的图像会形成摄影负片的外观。

　　【极色化】命令可以减少图像中的色调值数量，去除颜色层次并产生大面积缺乏层次感的颜色。

　　【校正】命令能够修正和减少图像中的色斑，减轻锐化图像中的瑕疵。打开【蒙尘与刮痕】对话框，通过拖动【蒙尘与刮痕】选项滑块或者在文本框中输入数值，可以更改图像中相异的像素来减少杂色。

8.4 个性化【调色板】

【调色板管理器】可以包含所有颜色模型中的颜色（包括专色）或调色板库中调色板的颜色。用户也可以创建一个自定义调色板来保存当前项目或将来项目需要使用的所有颜色，提高工作效率。执行【窗口】|【泊坞窗】|【调色板管理器】命令，打开【调色板管理器】对话框。

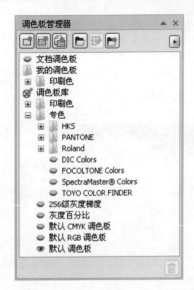

1.查看调色板 >>>>

在【调色板管理器】对话框中，单击每个选项前的图标 ● 时，软件右侧会自动弹出一组调色板，然后就可以使用其中的颜色进行各种图形编辑。

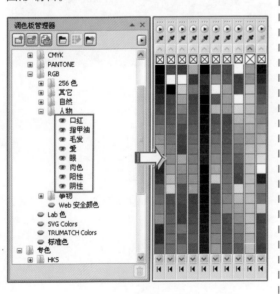

2.自定义调色板 >>>>

在【调色板管理器】对话框中，单击【创建一个新的空白调色板】按钮 ，自定义文件名并保存。

选中刚创建的空白调色板选项，单击【打开调色板编辑器】按钮 ，打开【调色板编辑器】对话框，单击【添加颜色】按钮，为调色板添加颜色。

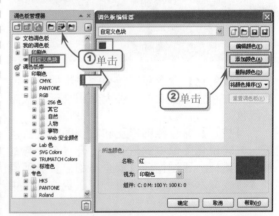

提示

在【自定义色块】面板中，直接单击【添加颜色到调色板】按钮 吸取页面中的颜色，也可将吸取的色值添加到【自定义色块】面板中。

8.5 产品宣传

在本例中使用土黄色作为背景能够使画面看上去更加的稳重，使用耳机线环绕成为舞动的人形体现了本产品音乐效果的震撼，画面中使用矢量的MP3图形能够更好的表现出产品的质感。

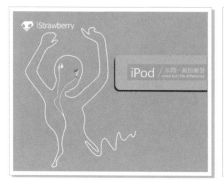
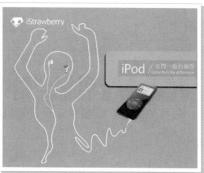

练习要点

- 网格填充工具
- 渐变工具
- 钢笔工具
- 调和工具
- 贝塞尔工具

提示

在绘制圆角矩形时复制一份并填充为黑色后放置黄色矩形下一层作为投影部分。

输入文字前在文字的底部绘制一个颜色加深的矩形做衬托。

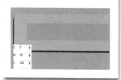

操作步骤：

STEP|01 绘制矩形和圆角矩形。新建一个尺寸为297mm×240mm的文档，使用【矩形工具】□分别绘制矩形和圆角矩形并填充颜色。

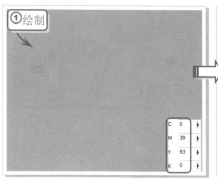
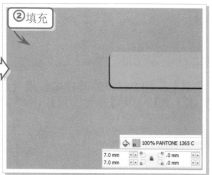

STEP|02 输入文字和绘制标志。选择【文本工具】字输入文本并设置样式及大小，使用【贝塞尔工具】及【修剪】命令绘制标志部分。

提示

绘制标志时首先使用【贝塞尔工具】绘制好整个外形后再绘制中间的镂空部分最后执行【排列】|【造型】命令选择修剪选项单击确定即可。

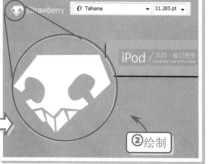

STEP|03 绘制人体轮廓和耳机线。选择【钢笔工具】绘制人体轮廓后，再绘制耳机线部分并使用【调和工具】完成耳机线的绘制。

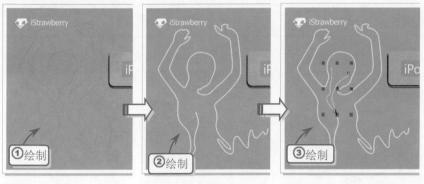

STEP|04 绘制耳机部分。使用【贝塞尔工具】 绘制耳机外轮廓后，使用
【网状填充工具】 绘制耳机部分。选择【椭圆形工具】 及【渐变填充
工具】 绘制细节及高光。同样的方法，绘制另外一只耳机。

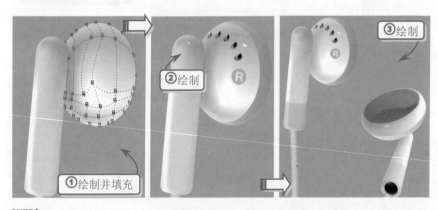

STEP|05 选择【贝塞尔工具】 绘制MP3外形轮廓使用【渐变填充工具】
对其进行填充。使用【文本工具】 及【矩形工具】 绘制屏幕。

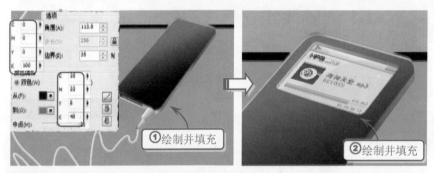

STEP|06 绘制按键和高光部分。使用【椭圆形工具】 及【多边形工具】
制作按键使用【渐变填充工具】 对其进行填充。使用【贝塞尔工具】
添加高光，完成绘制。

提示

耳机部分的填充要
注意光线的现实变
化及添加高光。另
外使用【椭圆工具】
绘制上面的音孔并渐
变填充和复制排列。
注意其透视关系。

绘制注册商标是先
使用【椭圆工具】
绘制圆形和使用【文
本工具】输入字母
后执行【排列】|【造
型】命令选择焊接
选项。

提示

由于MP3使用的材
质比较光滑，绘制
时候要注意其反光
和高光的位置。
屏幕部分如果觉得
案例中的比较麻烦
的话也可以绘制成
关机状态。

8.6 制作包装盒平面图

在我们日常生活中经常接触到产品的包装盒，包装盒能够对产品起到说明及保护的作用。本例是一个手机包装平面图，是以时尚大方的手机图形作为画面主体，能够直接地说明本手机的性能及内部功能。同时又能吸引住顾客的眼球，刺激其购买欲望。

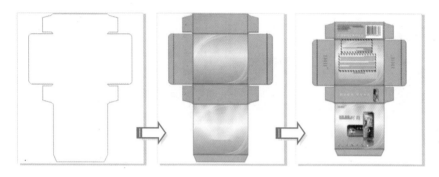

操作步骤：

STEP|01 绘制平面图和填充。新建一个文档，使用【折线工具】△绘制手机包装盒平面图。使用【均匀填充工具】■和【渐变填充工具】■为其填充颜色。

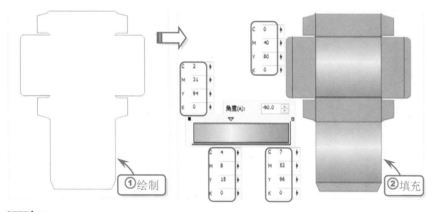

STEP|02 导入素材输入文字和绘制图标。执行【文件】|【导入】命令导入手机素材，选择【文本工具】字输入文本制作标志。使用【矩形工具】□绘制圆角矩形，并选择【渐变填充工具】■为图形填充颜色绘制图标。

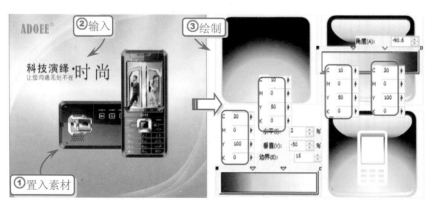

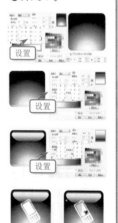

STEP|03 绘制图标和制作投影。如上所述，绘制其他图标，使用【选择工具】按住Ctrl键选择横向的手机并拖动复制一份，后单击工具属性栏中的【垂直镜像】按钮并使用【透明度工具】为其添加透明效果，作为投影。

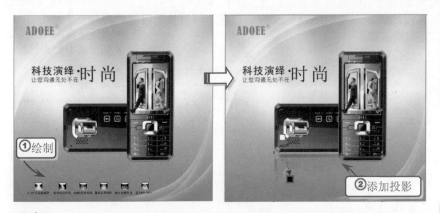

STEP|04 制作投影和输入文本。参照制作横向手机投影的方法制作竖直手机的投影后，选择【文本工具】在画面上拖动出一个矩形输入相应的段落文本。

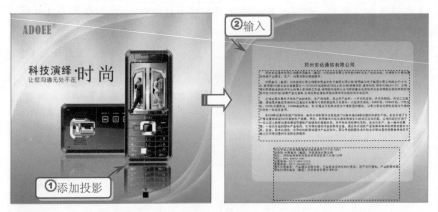

STEP|05 绘制条形码和输入文本。使用【2点线工具】绘制直线并在工具属性栏里设置轮廓宽度来制作条形码。选择【文本工具】输入文本完成平面图的制作。

　　星瓢虫可捕食麦蚜、棉蚜、槐蚜、桃蚜、介壳虫、壁虱等害虫，可大大减轻树木、瓜果及各种农作物遭受害虫的损害，被人们称为"活农药"。而且七星瓢虫外形漂亮，鲜红的底色加上些许的黑点，真是美不可言，许多女士衣服以此图案制作。本案例将通过CorelDAW绘制七星瓢虫。

练习要点

- 椭圆工具
- 形状工具
- 渐变填充工具
- 贝塞尔工具
- 底纹填充工具

提示

在工具箱中选择【渐变填充】■后会弹出【渐变填充】对话框，在该对话框内可设置渐变类型。本案例中使用的是【辐射】渐变类型。

操作步骤：

STEP|01　绘制和填充身体部分。新建一个文件，选择【椭圆工具】◯，绘制一个椭圆，按Ctrl+Q组合键转换为曲线后，使用【形状工具】和【刻刀工具】，对椭圆进行调整将形成身体雏形。然后选择【渐变填充】■渐变填充。

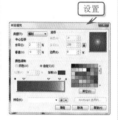　设置

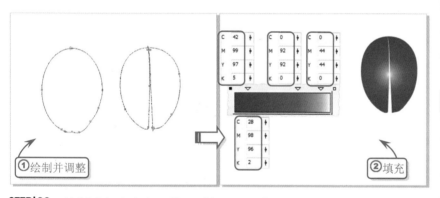

①绘制并调整　②填充

提示

选中对象后按下数字键盘上的"+"键可原位复制对象。(和按Ctrl+C和Ctrl+V组合键效果相同)。

STEP|02　绘制头部和斑点。使用【矩形工具】绘制一个矩形并在工具属性栏中设置其【圆角半径】参数后，填充黑色。复制并缩小后放置合适位置。使用【椭圆工具】◯绘制椭圆并转换为曲线然后使用【形状工具】对其调整，填充黑色作为身体上的斑点。

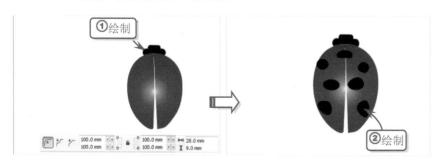

①绘制　②绘制

提示

制作斑点的方法同制作身体部分的方法相同，使用【椭圆工具】◯绘制椭圆后按Ctrl+Q组合键将对象转换为曲线后使用【形状工具】可以对其进行调整。(双击节点将删除节点，双击曲线将添加节点)。

STEP|03 绘制触角。选择【贝塞尔工具】，绘制七星瓢虫头部触角。选择绘制好的触角，按住Ctrl键的同时拖拉到合适位置并右击进行复制，然后单击【水平镜像】按钮。利用上述方法制作出七星瓢虫的其他脚。

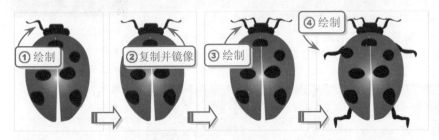

① 绘制　② 复制并镜像　③ 绘制　④ 绘制

提示

由于七星瓢虫的触角左右是对称的，因此只要绘制好一边后，进行复制和水平镜像即可。

STEP|04 绘制翅膀。绘制椭圆，然后选择【底纹填充】按钮，在【底纹库】下拉列表中选择【样本8】，再选择【镀铬帷幕】，将它的【第1色】改为60%黑，为椭圆填充上底纹并放置于身体的下层作为翅膀，复制并水平镜像制作另一个翅膀。

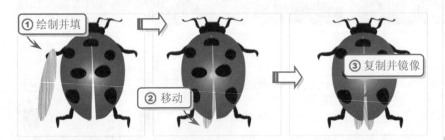

① 绘制并填　② 移动　③ 复制并镜像

提示

在工具箱中选择【底纹填充】按钮后会弹出【底纹填充】对话框，本案例是使用底纹库中的【样本8】并设置各项参数。

选择　设置

STEP|05 绘制眼睛。选择【椭圆工具】绘制一个小椭圆，选择【渐变填充工具】，渐变填充后右击【默认CMYK】按钮。然后复制图形，将它们放置到七星瓢虫头部的眼睛处。

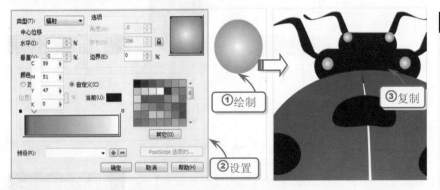

① 绘制　② 设置　③ 复制

提示

对象有时会不需要轮廓，那么使用【选择工具】选中对象后在【默认 CMYK】中右击按钮可使对象无轮廓。在其他色块上右击可改变轮廓颜色。

STEP|06 将绘制的所有对象群组后使用【阴影工具】为其添加阴影效果，然后导入背景素材。调整七星瓢虫的大小和位置方向。

① 添加阴影　② 置入素材　③ 调整大小

8.8 高手答疑

问题1：为什么在调整图形颜色时，许多调整命令不能用？而且都是灰色的？

解答：当调整对象为矢量图形时，色彩调整中的部分命令显示为灰色，为不启用状态，如果将矢量图形转换为位图，其将都会被激活，为启用状态。

问题2：为什么当我在【高反差】对话框中设置参数时，图像没有反应？

解答：如果在调整过程中也需要同时观察图像的变化，需要单击【高反差】对话框左下角的【预览】按钮。

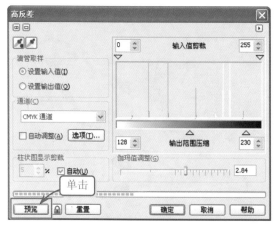

问题3：当通过【调合曲线】对位图进行亮部、暗部和灰度的调整时，为什么每次拖动锚点时，它总是以直线状态显示？并不是曲线？

解答：在【调合曲线】对话框右侧中的【样式】选项栏中选择【曲线】选项，则该对话框就会以曲线形式进行显示。

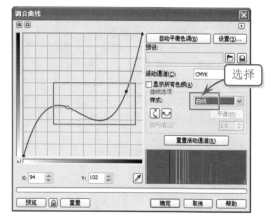

问题4：在CorelDRAW中，我能将彩色位图变成黑白色的吗？如果能，该如何操作？

解答：能，执行【效果】|【调整】|【取消饱和】命令。【取消饱和】命令通过减少每种颜色的饱和度至零、移去色调构成并反转每种颜色的灰度值来达到去除图像颜色的目的，并只适用于位图。

8.9 高手训练营

练习1：制作商店活动海报

本练习主要通过【封套】、【贝塞尔工具】、【文本工具】、【交互式透明工具】、【星形工具】等工具实现其效果。本练习主要体现【封套】工具的使用方法，下面就通过CoreIDRAW制作商店活动海报的练习，为用户讲解【封套】的使用方法。

提示

选择【文本工具】，在绘图页面中输入文本BOOM，调整文本的大小，将其放置在人物的上衣上面，选择【封套】工具，对文字进行变形。

练习2：灵异乐园

在图形制作过程中，【透镜】命令可以实现很多种效果，包括【色彩限度】、【自定义彩色图】、【放大】、【鱼眼】等。

提示

选择【贝塞尔工具】在绘图页面右下方绘制图形，填充为红色，调整其不透明度。然后使用【轮廓颜色对话框】更改图形轮廓的颜色。

练习3：仕女图

本练习将使用CoreIDRAW绘制一幅国画仕女图。在绘制过程中，主要运用【贝塞尔工具】、【交互式网格填充】、【交互式调合工具】、【渐变填充】、【交互式阴影工具】、【交互式透明工具】等功能。

选择【形状工具】对手的轮廓进行细致的调整。在调色板上面单击比较接近于肤色的颜色单击填充。选择【无轮廓】将轮廓去除。

练习4：制作宇宙星空

该练习将使用CorelDRAW制作星空图形，其中主要运用了【纹理填充对话框】，【交互式阴影工具】，【交互式透明工具】，【交互式立体化工具】以及【精确剪裁】等功能。

提示

制作星体的方法为这条光带添加阴影，同样将其阴影和"光带"分离，并选择【交互式透明工具】对光带添加透明效果，在工具属性栏中设置【透明中心点】为70。

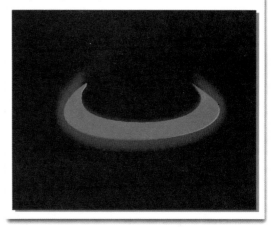

练习5：制作商业插画

插画中立体感的表现有多种方法，例如在本练习中制作路牌部分应用了【交互式调合工具】来突出立体感，帽子部分应用了【交互式网格填充】工具突出立体感。下面就通过制作商业插画，为用户详细介绍这两项工具的应用。

提示

选择【贝塞尔工具】，绘制出类似于藤条的轮廓
线。在绘制叶子部分时，首先绘制一个叶子，然
后，复制该图形，调整其大小即可。

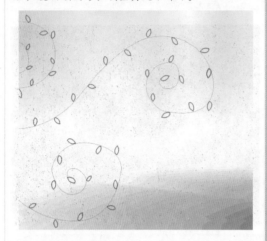

练习6：制作装饰画

　　装饰画作为装饰物品悬挂在墙壁上或其
他物体上，可以点缀一个场景（卧室、客厅或
者广场等），从而在原本美丽的基础上锦上添
花。下面就通过CorelDRAW为用户介绍一种制
作装饰画的方法。

提示

使用【贝塞尔工具】，绘制出不用样式鞋的轮廓
线，使用【形状工具】对轮廓线进行细微的调整。

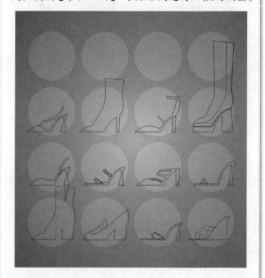

填充对象颜色

任何的图像设计都离不开图形的填充，在CorelDRAW X6中，用户不仅可以对各种封闭矢量图形或文本进行所需颜色的填充，还可以进行渐变、纹理、图案等属性的填充，其中纹理填充又包括位图底纹和PostSript底纹。用户可以选择预设的填充样式，也可以自己创建样式，包括渐变样式、图案样式和底纹样式。

本章将通过CorelDRAW中提供的工具和命令对图形进行填充颜色，并详细讲述各种填充的方法与技巧。

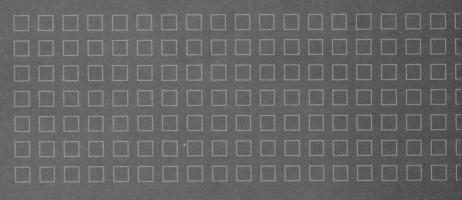

CorelDRAW X6

9.1 均匀与混合颜色填充

均匀填充是使用颜色模型和调色板来选择或创建的纯色。其填充方法有多种，单击工具箱中的【均匀填充工具】■、打开【颜色】泊坞窗或在调色板中的颜色上单击等，均可对目标对象进行填充颜色。

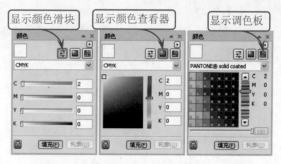

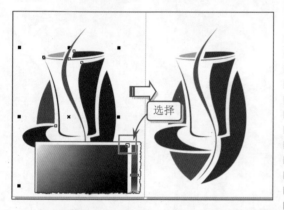

打开【颜色】泊坞窗，单击【填充】按钮，将会对对象内容进行填充。在单击【填充】按钮之后，再单击【颜色】面板左下角的【自动应用颜色】按钮，用户在选择颜色后就不必再次单击【填充】按钮，即可对对象的内部进行自动应用颜色填充。

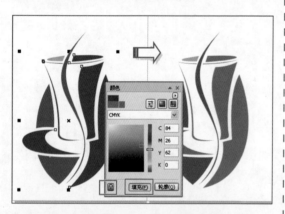

提示

CoreIDRAW 中的【颜色】泊坞窗默认色彩模式为
CMYK，但是用户可以通过【颜色】模式下面的下
拉☑按钮选择其他色彩模式，并且可以通过上面
的 3 个按钮让颜色显示不同的样式。

填充混合颜色可以在原来颜色的基础之上添加颜色，属于微调方式的一种，此方式所调的色彩更加细腻。

选择填充对象，打开【默认CMYK调色板】，按Ctrl键的同时，单击【默认CMYK调色板】中所需混合的颜色。

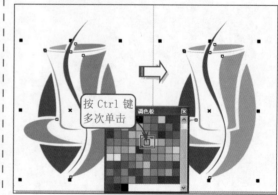

9.2 渐变填充

渐变填充是增加深度感的两种或更多种颜色的平滑渐进。CorelDRAW X6中为用户提供的线形、辐射、圆锥和正方形等四种渐变填充方式。

1．预设渐变填充 >>>>

CorelDRAW X6中的预设渐变类型可以快速绘制各种特殊渐变效果。当对某一对象进行渐变填充时，首先选择该对象，在工具中选择【渐变填充】■，打开【渐变填充】对话框，在【类型】中选择所需样式，基本概述如表9-1所示。

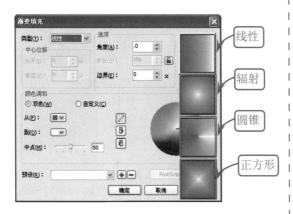

表9-1　渐变工具一览表

渐变工具名称	基本概述
【线性渐变】工具	线性渐变填充沿着对象作直线流动
【辐射渐变】工具	创建一种从圆心开始，并向外边缘辐射的渐变
【圆锥渐变】工具	此渐变类似于雷达网一样扫过一个圆
【正方形渐变】工具	类似于菱形渐变，它从中心以正方形向外渐变，感觉像观察球体时的视觉效果

在【渐变填充】对话框中，通过设置【角度】选项，可以绘制任意角度的渐变效果，其渐变的角度范围在-360°～360°之间。

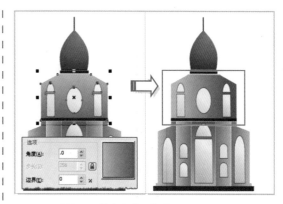

通过设置【步长】选项，可以绘制一些层层渐变的特殊效果。数值越大，渐变的层次越多，对渐变颜色的表现就越细腻，反之表现就粗糙。

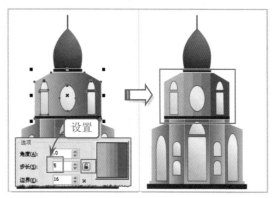

注意

在设置【步长】选项前，需要单击【解锁】按钮■，才能进行设置步长数值。

【边界】选项用于调整渐变过渡的宽度，其取值范围在0～49之间有效。

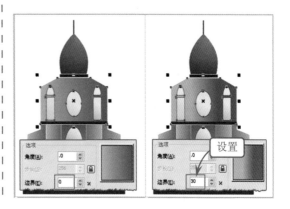

当使用辐射、圆锥或正方形渐变类型进行填充对象时，可以在【中心位移】选项栏中的【水平】和【垂直】数值框输入所需数值，来改变渐变中心的位置。

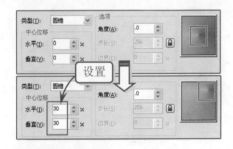

2．自定义渐变填充 ▶▶▶▶

自定义渐变填充为我们提供了多种渐变颜色，使用该选项可以创建更加丰富的颜色渐变。

选择对象，打开【渐变填充】对话框，单击【类型】下列表框的【线性】选项，在【颜色调和】选项组内选中【自定义】单选按钮，用户可以单击颜色条上左端的小方块标志或在颜色条上方直接双击鼠标，修改或创建新的颜色值。

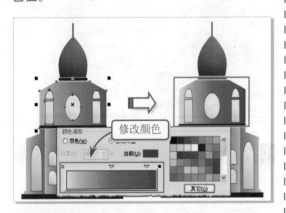

3．双色填充 ▶▶▶▶

双色渐变是指两个颜色之间的过渡，并在【从】和【到】两个颜色按钮中设置起始颜色和终止颜色。

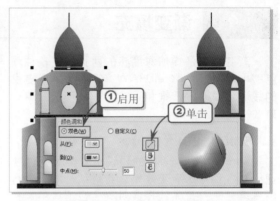

在双色渐变中，颜色在色轮上的渐变方向有直线方向渐变、逆时针方向渐变、顺时针方向渐变，不同方向其渐变显示也不尽相同。

4．预设渐变填充 ▶▶▶▶

CorelDRAW X6为我们提供了多种预设渐变样式，使用该样式可以快速绘制各种各样的特殊渐变效果。打开【渐变填充】对话框，单击下方的【预设】下拉列表，可以直接选择预先设置好的一些渐变填充色彩样式。

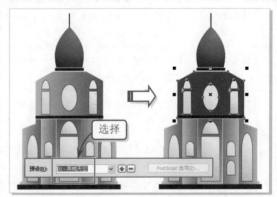

图样填充可以使用双色、全色或位图图样填充来填充对象。它主要以一个或多个图形样本作为一个单位进行填充。

1. 双色图样填充

双色图样填充就是用两种颜色构成的图案进行填充，它主要是通过CorelDRAW X6为用户提供的多种双色填充图案对图形进行填充。

选择对象，单击工具箱中的【图样填充】按钮，打开【图样填充】对话框，在图案列表框中选择一种合适的图样即可。

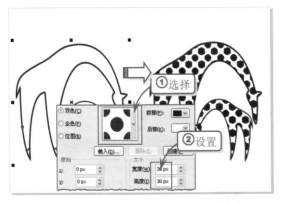

单击【填充图案】对话框中的【装入】按钮，在弹出的【导入】对话框中可以添加新的图案。

2. 全色填充

在【图案填充】对话框内包含多种全色填

充的图案，并可以修改图案单元的大小，还可以设置平铺原点以精确地指定填充的起始位置。

选择填充对象，在【图样填充】对话框中单击【全色】单选按钮，在弹出的图案列表框中选择一种合适的图案样式即可。

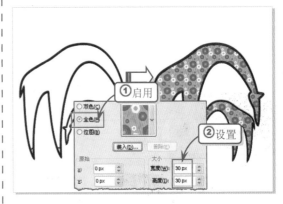

3. 位图填充

位图填充是指将CorelDRAW X6所预设好的位图图案样式填充对象，填充后的图像属性取决于位图的大小、图像分辨率和深度，其填充方法与全色填充类似。

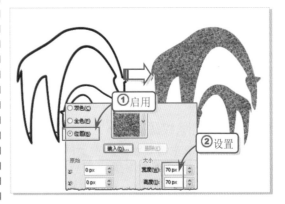

提示

在使用位图进行填充时，要尽量选择简单一点的位图，因为使用复杂的位图填充时会占用较多的内存空间，使系统的速度变慢，屏幕显示的速度减慢。

9.4 底纹填充

底纹填充是随机生成的填充，可用于赋予对象自然的外观。CorelDRAW提供的每种底纹均有一组可以更改的选项，但底纹填充只能包含RGB颜色。

1．预设的纹理填充图案 ▶▶▶▶

CorelDRAW为用户提供了多种预设填充样式，在【底纹填充】对话框中的【底纹库】下拉列表中可以选择不同的样本组，而在样本组中又可以选择不同的纹理效果。

2．调整纹理效果 ▶▶▶▶

选择一个纹理样式名称后，在右侧设置区中包含了对应当前纹理样式的所有参数。在每个参数选项的后面都有一个🔒按钮，单击按钮可以锁定和解锁每个参数选项。每单击一次【预览】按钮，就会产生一个新的纹理图案，在每个参数选项中输入数值也可以产生新的纹理图案，设置完成后可以单击🔒按钮锁定参数。

3．保存与删除纹理 ▶▶▶▶

用户通过单击【底纹库】右侧的➕按钮，可以将制作好的纹理图案进行保存。而单击【底纹库】右侧的➖按钮，可以删除样式组中的某一纹理图案。

4．设置底纹样式选项 ▶▶▶▶

底纹样式选项可以调整纹理图案样式的分辨率和大小，其目的是防止在绘图过程中因纹理样式过大而占用大量的内存空间，使软件运行过于缓慢。单击【底纹填充】对话框中的【选项】按钮，打开【底纹选项】对话框。

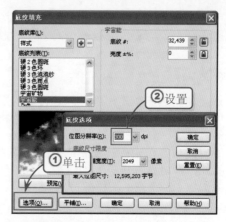

在【底纹填充】对话框中单击【平铺】按钮，在弹出的【平铺】对话框中可以设置原始、大小、变换、行或列位移等。

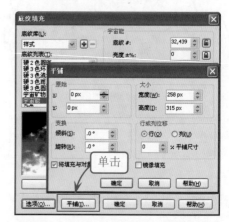

在属性栏中可以选择多种纹理样式对图形进行填充，运用【交互式填充工具】🖌也可以添加图像的纹理效果，单击【交互式填充工具】🖌，在对应的属性栏中选择【底纹填充】，也可以选择其他的图案填充样式。

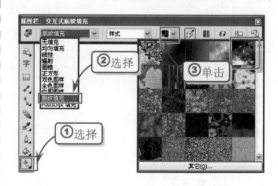

9.5 PostScript底纹与交互式网状填充

PostScript底纹图案填充是将利用PostScript语言设计出来的一种特殊图案进行填充对象。它跟其他位图底纹的明显不同之处在于，从PostScript底纹的空白处可以看见它下面的对象，打开【PostScript底纹】对话框，在对话框中有软件提供的多个PostScript纹理图案。

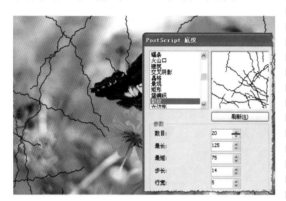

在应用PostScript底纹图案填充时，用户可以更改底纹的大小、线宽，以及底纹的前景和背景中出现的灰色量等参数。

交互式网状填充可以创建任何方向的平滑颜色过渡，而无须创建调和或轮廓图。这些网格点所填充的颜色会相互渗透、混合，使填充对象更加自然、有层次。

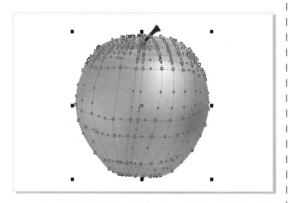

在空白处单击，鼠标按下的地方会出现一个黑点，单击属性栏中的【添加交叉点】按钮，可新增网格，也可以通过在空白处直接双击鼠标来增加网格。

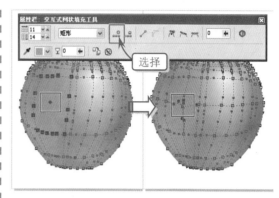

如果需要删除网格，可以在网格中单击，该网格四角处的网格点呈黑色选中状态，表示已选定该网格，单击属性栏中的按钮或按Delete键，可删除该网格。

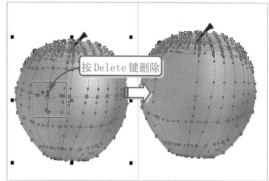

也可以将颜色添加到网状填充的一块和单个交叉节点上，也可以选择混合多种颜色以获得更为调和的外观。

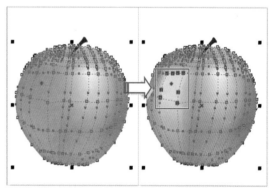

9.6 滴管工具组

CorelDRAW可以将颜色、轮廓和文本属性从一个对象复制到另一个对象，也可以复制调整大小、旋转和定位等对象变换。

选择【颜色滴管工具】，此时光标变成吸管形状，然后在需要吸取颜色的对象上方单击，当光标变成时，说明成功吸取颜色，然后在需要填充对象上单击即可为对象填充颜色。

CorelDRAW X6给我们提供了更加广泛的吸取范围，如果需要在绘图页面以外拾取颜色，只需单击【属性栏】中的【从桌面选择】按钮，移动【颜色滴管工具】到操作界面以外的系统桌面上拾取颜色即可。

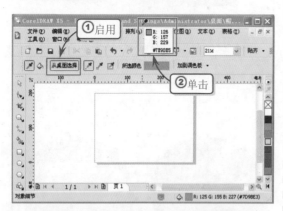

【吸管工具】不但能拾取样本颜色，还能拾取一个目标对象的属性，并将其复制到另一个目标对象上。选择【属性滴管工具】，在【属性栏】中分别可以设置属性、变换和效果3个选项，其方法与颜色滴管工具类似。

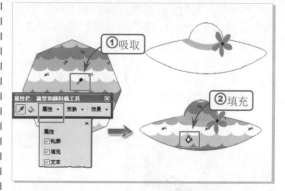

在属性栏的【变换】下拉列表框中，可以根据需要选择拾取【大小】、【旋转】和【位置】变换属性，复制到另一个对象中。

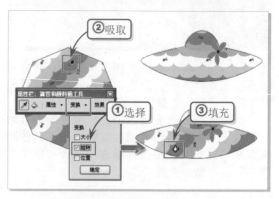

【效果】下拉菜单中为我们提供了【透视点】、【封套】、【混合】、【立体化】、【轮廓图】、【透镜】、【阴影】和【变形】等效果属性。

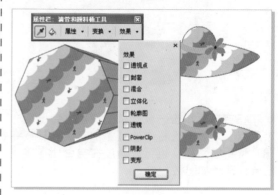

9.7　制作啤酒瓶贴

在炎炎夏日里来一瓶冰爽的啤酒可以为你瞬间驱走炎热，让你感受到凉爽。本例就绘制一瓶啤酒，主体采用金黄色能够凸显啤酒的质感，瓶贴上使用啤酒杯和小麦作为元素说明了啤酒健康。

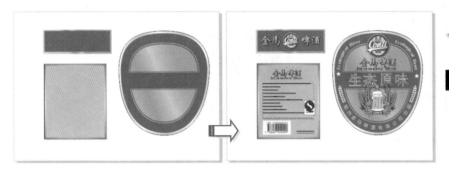

练习要点

- 渐变填充工具
- 属性滴管工具
- 矩形工具

提示

绘制正面瓶贴时也可以通过复制调整对象大小和改变填充颜色来制作。

复制并填充

最后绘制两个蓝色的小矩形：

绘制

操作步骤：

STEP|01　使用【椭圆形工具】◯绘制一个椭圆形，按Ctrl+Q组合键转换为曲线，按F10键调节椭圆形的节点并填充渐变颜色。使用【矩形工具】▭绘制矩形，并执行【排列】|【造型】|【修剪】命令对金色的图形进行修剪。

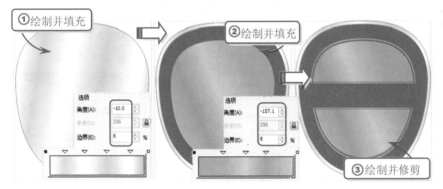

① 绘制并填充

② 绘制并填充

③ 绘制并修剪

STEP|02　绘制麦穗和酒杯。选择【标题形状工具】◌绘制飘带图形，使用【贝塞尔工具】✎绘制麦穗，并填充颜色。选择【钢笔工具】◌绘制啤酒杯并填充颜色，使用【星形工具】✶绘制正五角星。

① 绘制并填充

② 绘制并填充

提示

选择输入完成的文本执行【文本】|【使文本适合路径】命令后，将鼠标放置在目标路径上进行单击，可以输入路径文本。

STEP|03 绘制商标花纹和输入文字。选择【椭圆形工具】◯正圆，使用【文本工具】字输入文本并执行【排列】|【转换为曲线】命令后按F10键对文字进行变形来制作商标。使用【文本工具】字输入文本并在工具属性栏里设置文字样式及大小。

STEP|04 填充文字和绘制瓶颈和背面背景。选择【属性滴管工具】✏在金色图形上单击后移动到文字层上面进行单击复制其属性到文字层。使用【矩形工具】▢绘制矩形并填充渐变，绘制啤酒瓶颈部瓶贴。再次绘制矩形渐变填充作为背面瓶贴背景。

STEP|05 输入文字和绘制条形码。选择【文本工具】字在画面上拖动出一个矩形文本框输入段落文本，并使用【2点线工具】✏绘制条形码。

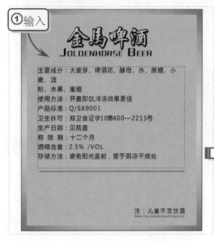

9.8　绘制京剧脸谱

脸谱是中国戏曲演员脸上的绘画，用于舞台演出时的化妆造型艺术，能够展现戏曲人物的性格及特征。本例中的脸谱采用黄色作为主色调，表现人物性格的猛烈，其中的红色象征忠义、耿直，眉毛部分为人物的武器来表现武将的特征。

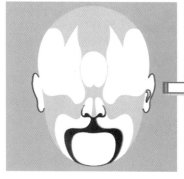

练习要点

● 网格填充工具
● 渐变填充工具
● 文本工具

提示

双击工具箱中的【矩形工具】按钮可绘制与文档大小相同的矩形。

操作步骤：

STEP 01　绘制矩形和脸谱轮廓及底部图形。新建一个文档，使用【矩形工具】绘制一个矩形并填充颜色。使用【钢笔工具】绘制脸谱轮廓图形并填充颜色，使用【贝塞尔工具】绘制脸谱底部图形。

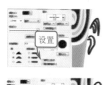

提示

使用【贝塞尔工具】绘制耳朵时要注意设置轮廓线的属性，本案例中的轮廓线设置如下：

STEP 02　填充颜色。使用【网状填充工具】为脸谱轮廓图形和脸谱下巴填充网格颜色。

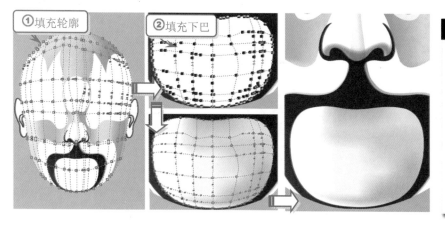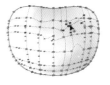

提示

选中对象单击工具箱中的【网状填充工具】后可调整节点的位置来丰富颜色的变化。

STEP|03 渐变填充绘制嘴巴和添加高光。选择【渐变填充工具】█为如下图形填充渐变颜色，使用【贝塞尔工具】█绘制嘴部图形并填充渐变颜色。绘制图形使用【阴影工具】添加阴影效果，并执行【排列】|【拆分阴影群组】命令来制作鼻子及嘴部高光。

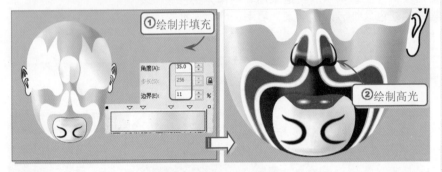

STEP|04 渐变填充。选择【渐变填充工具】█为眼部底部和额头及眼珠着颜色。

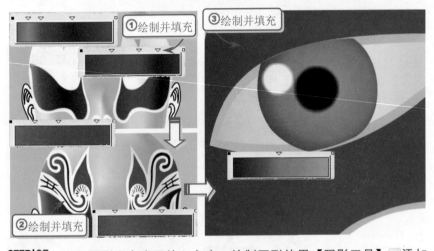

STEP|05 添加阴影和高光及输入文本。绘制图形使用【阴影工具】█添加阴影效果，并执行【排列】|【拆分阴影群组】命令来制作眼部高光。使用【阴影工具】█为脸谱添加阴影效果。

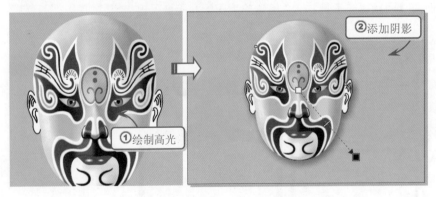

鼻尖部分高光的绘制首先使用【贝塞尔工具】█绘制高光形状，然后使用【阴影工具】█制作出其阴影部分并执行【排列】|【拆分阴影群组】命令后将形状对象删除，并将阴影部分填充为白色作为高光。

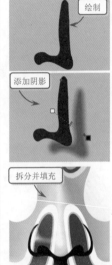

鼻孔部分的投影方法和高光部分的制作方法相同。

9.9 制作服饰海报

在大的购物广场中，由矢量图形制作出来服饰海报显得格外引人注目，它不但可以作为产品的宣传方式，而且还起到一定装饰作用。下面就通过CorelDRAW为读者介绍一种制作服饰海报的方法。

练习要点

● 渐变填充工具
● 透明度图样填充
● 贝塞尔工具
● 默认调色板
● 文本工具

提示

在工具箱中选择【透明工具】后在工具属性栏【透明度类型】中选择【全色图样】；【透明度操作】选择【常规】；【透明度图样】可以选择用户自己喜欢的。

操作步骤：

STEP|01 绘制矩形及填充。新建一个大小为220mm×290mm的文档，使用【矩形工具】，绘制一个矩形。按F11键，打开【渐变填充方式】对话框，设置参数。选择【透明工具】，在工具属性栏中选择【透明度类型】和【透明度图样】并设置【开始透明度】和【结束透明度】参数。

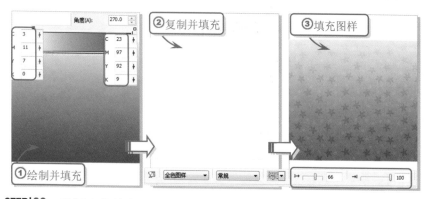

提示

选中对象按Ctrl+PageDown组合键使对象向后一层；按Ctrl+PageUp组合键使图层向前一层。

STEP|02 绘制人物轮廓和填充颜色。选择【贝塞尔工具】，绘制出人物的轮廓线，将人物放置在视图的最上层，使用默认的CMYK调色板，填充颜色。单击工具箱中的【无轮廓】按钮。

提示

头发颜色为C:12、M:34、Y:45、K:70，浅色皮肤的颜色为C:0、M:6、Y:9、K:0，深色皮肤为C:0、M:10、Y:14、K:2，浅色衣服颜色为C:0、M:100、Y:100、K:20，深色衣服颜色为C:0、M:100、Y:100、K:25

STEP|03 绘制和填充暗部区域。绘制并填充头部与脸部的暗调区域，刻画出脸部的眼睛和嘴唇，选择衣服和皮肤部分，为该区域添加暗部色调，从而使图像产生层次感，去除轮廓线。

STEP|04 刻画细节和复制。使用默认的CMYK调色板，填充人物的暗部区域。然后，刻画人物的细节（包括人物的发丝、牙齿、眉毛、指甲等），将绘制好的人物群组后复制一份并填充为黑色。

STEP|05 制作投影和添加装饰。执行【位图】 【转换为位图】命令，将该图形转换为位图。选择【透明度工具】 🔲，为其添加透明效果作为阴影。使用【矩形工具】 🔲，绘制修饰性的图形。选择【文本工具】 字 输入文字与字母。

9.10 高手答疑

问题1：在进行渐变填充对象时，为什么总是只能在两个颜色之间进行渐变？如何进行多个颜色之间进行渐变填充？

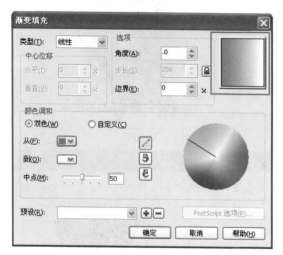

解答：在【渐变填充】对话框中，单击【双色】的单选按钮可以进行两个颜色之间的渐变；当单击【自定义】单选按钮时，读者就可以进行两个或两个以上颜色之间的渐变。

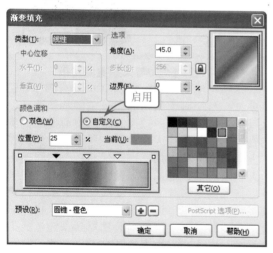

问题2：当对图形进行图样填充后，为什么每次对图形进行旋转时，里面的图案不同时旋转？如何同时进行变换？

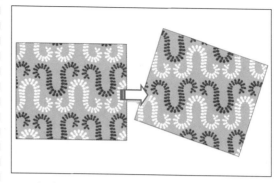

解答：当对图形进行图样填充后，如果启用【将填充与对象一起变换】选项，就可以在旋转对象时，图形中的图案会同图形一起旋转、扭曲、变形。

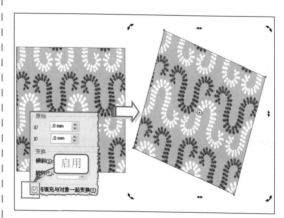

问题3：在【底纹选项】对话框中的【底纹尺寸限度】如何设置？

解答：在【底纹选项】对话框中的【底纹尺寸限度】选项内可以设置【最大平铺宽度】的大小。【最大位图尺寸】将根据位图分辨率和最大平铺宽度的大小，由软件本身计算出来。位图分辨率和最大平铺宽度越大，纹理所占用的系统内存就越多，填充的纹理图案就越精细。最大位图大小值越大，纹理填充所占用的系统资源就越多。

9.11 高手训练营

练习1：绘制超酷的箭头元素

本练习绘制的是沿着射线而流动的火焰箭头元素，整体采取斜置型放置，增添活泼力。为了使不同箭头元素形成整体，通过圆点射线与大圆图形作为背景，并且使用圆盘作为修饰，使整体内容更加丰富。在绘制过程中，通过【矩形工具】与【椭圆形工具】绘制最简单的几何图形。然后通过旋转、复制、缩放等操作形成意想不到的图形效果。而使用【渐变填充】使创作的对象异彩纷呈。

提示

使用【贝塞尔工具】 ✎ 结合【形状工具】 ▶，绘制上衣的花饰线条，将其轮廓线设为"白色"。

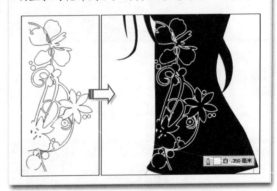

提示

绿色调与红色调箭头图形的颜色设置，可以根据所给出的主要颜色值来设置过渡颜色，从而得到统一色调的箭头图形。

练习2：绘制矢量人物

本练习整体造型的轮廓，类似于剪影风格的形象表现，运用夸张、动感的发丝及修饰线条来衬托形象的鲜明性，再对面部与衣服细节稍做修饰，细化人物整体。在绘制过程中，主要使用【艺术笔工具】与【贝塞尔工具】绘制长发丝与大量线条形状，结合【形状工具】进行调整，色彩上仅用黑、红作对比，以彰显人物的性格。

练习3：绘制美女与天鹅桌面壁纸

本练习绘制的是标准的1024mm×768mm普屏壁纸，整个画面采用竖向分割的构图方式，从视觉上达到舒适的效果。考虑桌面壁纸的实用性，这里将主题人物放置在画面的右侧。在右上角及左下角添加花饰，保持重心的稳定。为人物与天鹅添加的水晕及倒影使画面更显透彻感，如同电影画面般将空间一点点展开，更具观赏性。整个色调采用清新淡雅的风格，从淡紫色的背景到紫红色的天鹅再到深红色的人物服饰，逐步突出画面的层次感。本练习着重于美女与天鹅的绘制。从人物衣服的花饰到天鹅的羽毛修饰都进行了细致的刻画，突显其高贵之美。同时，采取相同站姿，又突出轻快之感，使人物更显柔美。

练习4：绘制简笔画

在绘制简笔画时，要注意抓住人物的最典型、最突出的特点，以简洁洗练的笔法，表现出具有概括性、可识性、示意性的图案。在颜色搭配上，尽量使用蓝色、红色、绿色、黄色等鲜艳的颜色。主要运用【贝塞尔工具】绘制人物、动物等图形的轮廓，再分别填充颜色或添加渐变效果，并使用【交互式透明工具】为部分图形添加透明效果。

提示

绘制足球时，要注意足球的特征，足球是由六边形和五边形组成的，六边形6个边连接的6个图形中，有3个五边形和3个六边形。在填充颜色方面，要主要颜色的明度，根据光影关系，处在高光部分的使用亮度最高的颜色。

练习5：绘制漫画人物

人物是本图的主题，所以绘制时要注意细节的刻画，并且对人物的修饰会显得很重要。

人物头发、衣服褶皱等要专门处理，以表现出均匀过渡的效果。绘制漫画人物的构图比较简单，但人物的位置非常重要，应考虑绘制人物的具体特征，比如本例绘制的是一个坐着的人物，将人物放置在中间靠边的位置，为使画面整体和谐、比例协调。并且在背景的文字绘制时，使用多行篇幅较长的文字，将画面上下分开，使画面看着更加和谐。

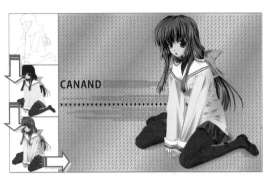

提示

网状填充只能应用于闭合对象或单条路径。如果要在复杂的对象中应用网状填充，首先必须创建网状填充的对象，然后将它与复杂对象组合成一个图框精确剪裁对象。

练习6：服饰网站首页设计

为了使网站风格与企业品牌、产品风格相统一，越来越多的设计者依据品牌形象来绘制、设计网站。特别是网站首页，由于不需要放置过多的信息，会将绘制好的图形，以网页背景图案或者网页Banner的形式展示。

文本的编辑

文本在平面设计作品中起到解释说明的作用，它在CorelDRAW中主要以美术字和段落文本这两种方式存在，美术字具有矢量图形的属性，可用于添加短行的文本。段落文本可用于对格式要求更高、篇幅较大的文本。也可以将文字当做图形来进行设计处理，使得平面设计的内容更加广泛、更加有选择性。

通过对本章的学习，使读者不但可以熟练的添加文本内容，还可以对各种文本内容进行有效地编辑等操作。

10.1　创建文本

在CorelDRAW X6中，使用【文本工具】字可以输入两种不同类型的文本。即美术字和段落文本。

1. 创建美术字 >>>>

在CorelDRAW中，系统把美术文字作为一个单独的对象来使用，可以使用各种处理图形的方法对其进行修饰。选择【文本工具】字，在绘图页面内单击鼠标左键，建立一个文本插入点。然后输入文本，所输入的文本就是美术字。

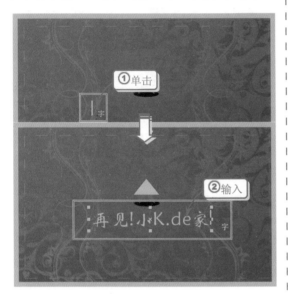

2. 创建段落文本 >>>>

段落文本可以编辑较大篇幅的文本，添加文字时，首先需要创建文本框，然后在文本框内输入段落文本。

段落文本内容只能在文本框内显示，如果超出文本的范围，文本框下方的控制柄内会有一个黑色的小三角▼图标，拖动▼控制柄并扩大文本框，隐藏的原始文本就显示出来。

还有一种方法也可以使文本框内隐藏的文字显示出来。单击文本框下方的▼控制柄，鼠标指针会变成▣形状。在绘图页面单击并拉出一个文本框，被隐藏的文本将显示在刚绘制的文本框内。

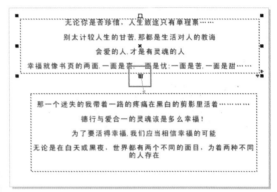

单击一个有隐藏文本的文本框下方的控制柄▼后，也可以在不同页面的工作区域内建立文本框，单击页面下方的▣按钮，增加一个页面。在该页面上面单击，那么新文本框就会建立在该页面上面。

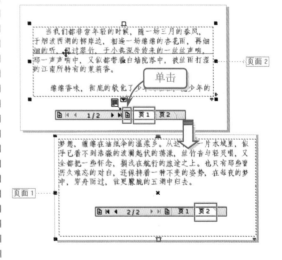

10.2 编辑文本

CorelDRAW专门提供了【编辑文本】对话框，使用该对话框可以方便地处理字体的类型、大小、角度和粗细等全过程。选中文本，执行【文本】|【编辑文本】命令。

单击【编辑文本】对话框，利用弹出的下拉菜单中的选项可以更加详细地编辑文本。

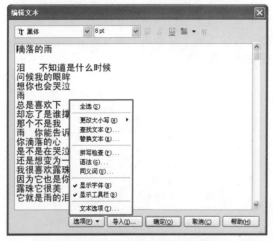

Core1DRAW主要以磅为单位来计量文本的大小，用户可以通过属性栏、数字键盘或手动来调整文字的大小。

1. 通过属性栏调整文本大小 ▶▶▶▶

选中文本，在属性栏的【字体大小列表】微调框内输入数值，或者单击三角按钮，在弹出的下拉列表中选择一个预设的数值。

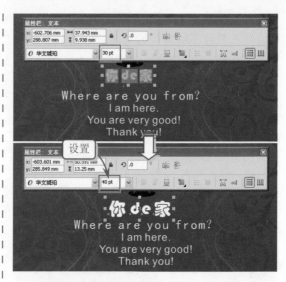

2. 使用数字键盘调整文本大小 ▶▶▶▶

要增大文本，则按住Ctrl键的同时，再按小键盘上"8"数字键；若要缩小文本，则按住Ctrl键，再按小键盘上的"2"数字键即可。

3. 手动调节美术字的大小 ▶▶▶▶

使用鼠标也可以将文本整体调大或缩小，将鼠标放在字体四周的控制点上变成双箭头时，单击鼠标左键向右下角拖动鼠标，即可放大字体。

10.3 更改文本属性

这里所说的属性，主要包括文本样式、字符属性、文本颜色等。通过对文本的编辑，可以实现各种各样的版式效果。

1. 改变文本颜色 ▶▶▶▶

改变文本颜色与改变图形颜色的方法相同，都可以使用调色板或填充工具进行添加。其方法有两种，一是运用【选择工具】选择文本，然后再在调色板上单击一种颜色。另一种方法是直接使用鼠标指针将调色板上的色样拖到文本上。

运用拖动色块为文本填充颜色的方法，还可以快速填充文本的轮廓线。在调色板中选择填充色块，单击并拖动鼠标到文本框的边缘部位，当鼠标指针显示为图标时，释放鼠标左键即可。

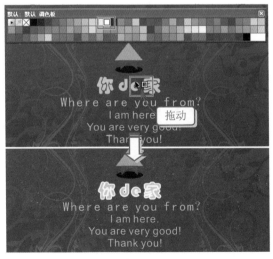

在图文设计中，也可以对部分文本添加颜色。使用【文本工具】将要添加颜色的文本

选中，然后在调色板上单击所要填充颜色的色块，为所选文本添加颜色。

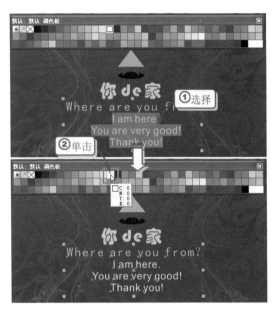

2. 更改字符属性 ▶▶▶▶

使用CorelDRAW可以更改其字体、字号、添加下划线或删除线等字符属性，用户也可以使用【字符格式化】对话框来更改字符属性。

▶▶ 设置字体类型

执行【文本】|【字符格式化】命令，打开【字符格式化】对话框，在添加文本之后，可以更改默认的文本样式。

▶▶ 设置下划线

下划线的主要功能是使字体处于标注型状态，区别其他字体，在该对话框内【下划线】选项的下拉列表中选择线型。

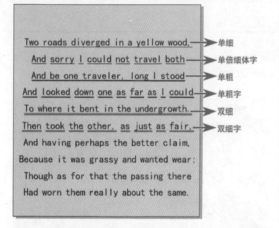

设置删除线

在修改文本时,经常会使用删除线功能,它能标注将要删除的内容,方便进行快速修改,其添加方法与下划线相同。

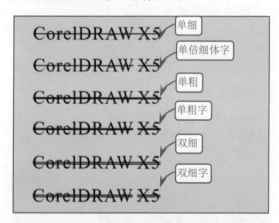

设置大写文本

在【字符格式化】对话框中也可以设置英

文的大小写属性,选择英文文本,单击【字符效果】的下拉按钮❤,在其列表中,单击【大小】下拉按钮▾,用户可以选择小写、全部大写选项。

设置文本上下标

在CorelDRAW X6中,使用到文本的上下标功能可以很方便地输入一些数学或化学方面的公式。选择要标示的数字,打开【字符格式化】对话框,单击【字符效果】下拉按钮❤,在【位置】下拉列表中选择【上标】选项。

$$2^2 + 2^2 = 8$$

在【字符格式化】对话框中,也可以将文本进行下标操作,打开【字符格式化】对话框,单击【字符效果】下拉按钮❤,在【位置】的列表中选择【下标】即可。

$$C_2 + O_2 = CO_2$$

10.4 调整间距与字符位移

使用CorelDRAW所提供的工具和命令不但可以调整文字与文字之间的间距，也可以调整行与行的间隔，甚至可以调整整段文字的间隔距离。其方法有很多种，包括使用【字符格式化】和【段落格式化】泊坞窗，也可以直接使用【形状工具】对文本进行仔细调整。

提示

【段落格式化】泊坞窗与【字符格式化】泊坞窗的使用方法基本类似，在此就不详细介绍了。本节主要讲述【形状工具】对文本的应用。

使用【形状工具】调整文本间的间距主要包括两部分，一是整体调整，二是部分调整。

1. 整体调整 ▶▶▶▶

使用【形状工具】可以比较直观地对大面积的文本进行整体调整。选择需要调整的文本，并单击【形状工具】，当文本的下面和右面分别出现图标和图标时，拖动该图标就可以分别调整文本的行距和字距。

2. 部分调整 ▶▶▶▶

使用【形状工具】单独调整文本中的一个文字或一行文字，甚至结合Shift键可以挑选每个文字同时进行移动。操作时，使用【形状

工具】选择文字下面的空白方块，当空白方块变为黑色方块时，直接使用鼠标拖动即可。

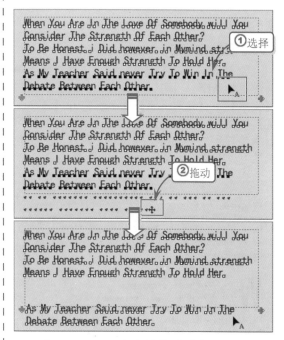

在CorelDRAW中字符位移功能可以改变文本的角度、位置等属性，并常使用在字体设计或标志设计中。打开【字符格式化】对话框，单击【字符位移】下拉按钮，在【角度】后面的输入框中可以设置不同的数值，来改变文本的不同角度。

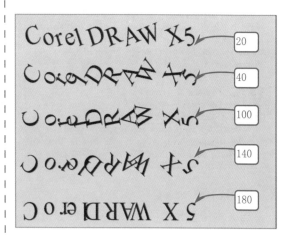

10.5　设置首字下沉和项目符号

在CorelDRAW中设置首字下沉和项目符号都可以完成使文字醒目的目的，还可以在文本的前面添加各式各样的项目符号，从而活跃版面的形式，使文本内容更有层次感。

1. 设置首字下沉 ▶▶▶▶

设置首字下沉不但可以使段落文字的主要内容更加清晰，也可以丰富文本的版式。执行【文本】|【首字下沉】命令，打开【首字下沉】对话框。在外观选项中，【下沉行数】可以调整首字的下沉量；【首字下沉后的空格】选项可以调整首字与后面文字的距离。

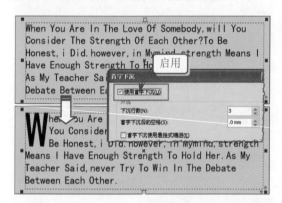

单击【首字下沉使用悬挂式缩进】单选按钮可以使首字产生悬挂式的效果，启用该选项后，所有除下沉文字外，都将进行缩进。

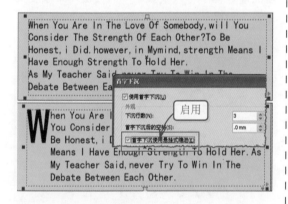

2. 项目符号 ▶▶▶▶

当文本所包含的内容比较复杂时，可以运用CorelDRAW所提供的项目符号，它可以使文本增加条理性，使内容更加清晰化、明朗化。在菜单中执行【文本】|【项目符号】命令，打开【项目符号】对话框。

▶▶ **使用项目符号**　选择该项可以激活【项目符号】对话框的选项。

▶▶ **字体**　在其下拉列表中可以选择不同的字体，从而改变符号的样式。

▶▶ **符号**　在其下拉列表中用户可以选择各式各样的项目符号。

▶▶ **大小**　在该参数栏中输入不同的数值，可以更改项目符号的大小。

▶▶ **基线位移**　在该输入框中输入不同的数值，可以决定项目符号位置的位移量。

▶▶ **项目符号的列表使用悬挂式缩进**　该选项和文字下沉选项中【首字下沉使用悬挂式缩进】一样，可以突出项目符号。

▶▶ **文本图文框到项目符号**　在该输入框中输入不同的数值，可以改变项目符号到文本框之间的距离。

▶▶ **到文本的项目符号**　在该输入框中输入不同的数值，可以更改项目符号到文本的距离。

提示

在【项目符号】对话框设置完毕后，单击左下角的【预览】按钮，用户可以观察设置前后的变化。

10.6 文本适合路径

文本适合路径功能可以沿开放对象（如直线）或闭合对象（如方形）的路径添加美术字，以丰富设计的内容。

1. 制作"文本适合路径"效果 >>>>

在制作"文本适合路径"效果之前，需要绘制一条路径，并在绘图页面中输入文字。然后选中文本，执行【文本】|【使文本适合路径】命令。当鼠标变为图标时，将鼠标放置路径上面，单击即可完成操作。

注意

"文本适合路径"这种效果只适用于美术字，不适用于段落文本。

在文字绕路径之后，路径会影响图形的效果，因此要将路径进行隐藏，路径隐藏的方法有两种。

>> 首先选择【选择工具】将路径选取。然后在【调色板】中右击×选项即可将路径隐藏。

>> 单击【轮廓工具】右边的小三角，在【轮廓展开工具栏】中选择【无】×按钮即可。

提示

在制作"文本适合路径"效果时，所选择的路径既可以是矢量图形，也可以是曲线。

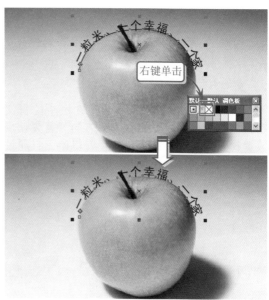

如果需要将路径彻底删除，可以选择【选择工具】选中路径右击，选择【删除】选项，即可将路径删除。

注意

分离路径的另一种方法，就是使用【选择工具】选择路径和文本，执行【排列】|【转换为曲线】命令，分离文本和路径，但是文本转为曲线后，就不能再进行编辑。

2. 调整"文本适合路径"中文本的位置 ▶▶▶▶

在"文本适合路径"的属性栏中可以对初步完成的"文本适合路径"效果进行文本方向、文本与路径的距离、文本的水平偏移、文本的方向和镜像文本等编辑。

▶▶ 文本方向

利用"文本适合路径"属性栏中的【文字方向】选项可以改变文字的方向，首先使用【选择工具】将文字选中，再单击工具属性栏中【文字方向】下三角按钮，在弹出的下拉列表中单击一种文字样式。

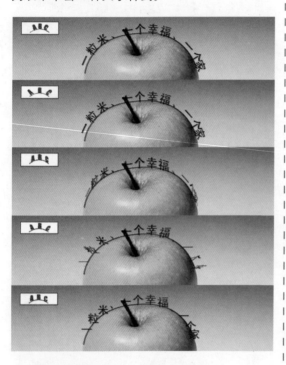

▶▶ 与路径距离

用户也可以根据设计的需要调整文字与路径之间的距离。其方法主要有两种。一是在工具属性栏【与路径距离】中输入数值，改变文本垂直偏移距离。另一种是选择文本，可自由拖动文本与路径偏移的距离，在拖动同时会显示改变后文本到路径的距离。

将文字转为曲线可以对文字像矢量图像一样进行各种编辑。操作时，需要选择文字，然后单击右键，在弹出的菜单中执行【转换为曲线】命令，然后就可以使用【形状工具】对文字进行各种变形。

10.7 音乐狂欢海报

海报以其华丽的色彩以及独特的创意风格，总能给欣赏者留下深刻的印象。本案例通过使用【透明度工具】绘制图形透明效果、【渐变填充】工具为图形添加渐变效果、【文本工具】输入文本等方法，绘制一张音乐海报。

练习要点

- 透明度工具
- 渐变填充
- 垂直镜像
- 矩形工具
- 贝塞尔工具

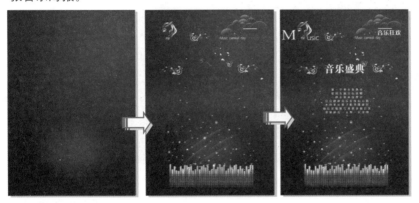

操作步骤：

STEP|01 绘制和填充矩形。新建文档，使用【矩形工具】绘制尺寸为210mm×297mm的矩形，然后使用【渐变填充】工具填充渐变效果。绘制一个较小矩形并填充颜色，使用【透明度工具】绘制透明效果复制并调整其方向。

提示

使用【矩形工具】绘制矩形并填充颜色后，使用【透明度工具】为其添加透明效果。然后复制矩形并单击工具属性栏中的【垂直镜像】按钮调整图形位置。

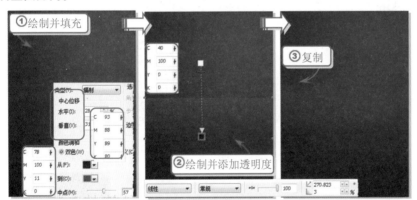

STEP|02 绘制和填充矩形。使用【矩形工具】绘制一个矩形渐变填充后复制多个，并调整矩形高度及位置。使用【矩形工具】绘制矩形并去除填充色，设置轮廓线宽度后复制多个，并调整矩形高度及位置。

STEP|03 绘制椭圆和为其添加阴影及透明效果。使用【椭圆形工具】绘制矩形并填充颜色，选择【阴影工具】为其添加阴影。然后右击椭圆阴影部分，执行【拆分阴影群组】命令并将椭圆删除。再次绘制椭圆并填充白色，然后使用【透明度工具】添加透明效果并复制3个。

提示

右上角的彩色椭圆可以根据用户的爱好调整颜色，其轮廓也应因大小而变化，以丰富画面。

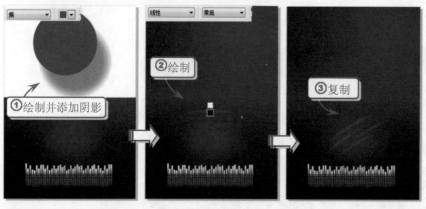

提示

使用【贝塞尔工具】绘制花纹并填充白色。

STEP|04 绘制正圆和输入文字。绘制正圆，选择【透明度工具】，单击属性栏中【编辑透明度】按钮在弹出的对话框中设置参数。复制多个此正圆并调整大小和位置。绘制正圆并填充颜色后添加透明效果。按F12键打开【轮廓笔】对话框设置各项参数，然后复制正圆多次，并调整各透明正圆的大小和位置，输入文字。

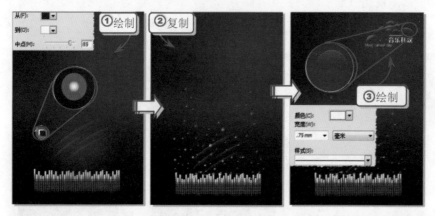

提示

文档中的文本属性分别为：

STEP|05 输入文本和绘制装饰图案。使用【文本工具】输入英文M并在属性栏【字体列表】中设置英文的字体。然后使用【贝塞尔工具】绘制人物面部曲线并填充颜色，最后输入文本添加花纹。再次输入相应的文本，并调整文本大小和位置，然后添加花纹并调整位置。

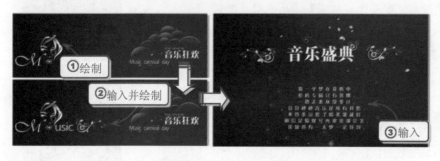

10.8 杂志板面设计

在人们生活水平不断提高的今天，买车已经不是奢望。因此汽车的宣传也日益精深，品牌的汽车杂志成为了不可缺少的宣传手段。本案例将通过制作一页汽车杂志使大家了解简单的文本使用。

练习要点

- 透明度工具
- 阴影工具
- 渐变工具
- 矩形工具
- 文本工具

操作步骤：

STEP|01 绘制矩形和椭圆。新建文档，导入图片素材。使用【矩形工具】□ 和【椭圆工具】○ 分别绘制矩形和椭圆并为其添加阴影，然后删除绘制的矩形和椭圆使用阴影部分。

STEP|02 绘制椭圆和输入文本。使用【椭圆工具】○ 绘制椭圆并填充白色。选择【透明度工具】□ 为椭圆创建透明效果，然后复制透明圆形四次并调整其位置和大小。再次绘制椭圆并填充颜色。然后选择【阴影工具】□ 为椭圆添加阴影效果并在属性栏中设置各项参数，输入文本。

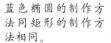

提示

使用【矩形工具】□ 绘制矩形并填充蓝色后使用【阴影工具】□ 为矩形添加阴影然后执行【排列】|【拆分阴影群组】命令将矩形和阴影部分拆分开，然后删除矩形使用其阴影部分。

蓝色椭圆的制作方法同矩形的制作方法相同。

STEP|03 绘制矩形和输入文字。使用【矩形工具】□ 绘制矩形并填充颜色，输入文本并调整大小和位置。选择【文本工具】字 然后在页面中绘制一个文本框再输入文本，调整大小和位置。

STEP|04 绘制矩形和输入文字。使用【矩形工具】□绘制一个37mm×5mm的矩形，然后打开【渐变填充】■对话框设置参数为矩形填充渐变色，最后输入文字并调整大小和位置。

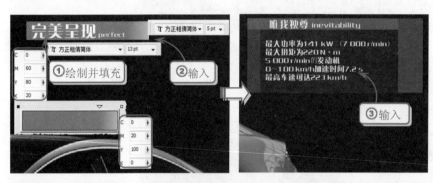

STEP|05 绘制装饰边框。使用【矩形工具】□分别在文档上方绘制蓝色矩形后，在文档的左右两边绘制矩形并填充颜色，作为装饰框。再复制几个"酷车"素材放置右上角。

STEP|06 使用【文本工具】字输入文本并填充颜色。然后在页面中创建文本框并输入段落文本。使用【椭圆工具】○绘制两个正圆并填充颜色，然后调整位置并将其全选。单击属性栏中【合并】按钮□之后，按F12键打开【轮廓笔】对话框并设置各项参数。

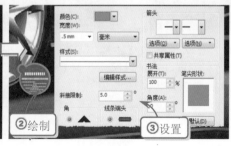

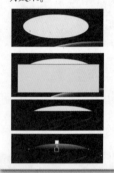

10.9 VIP会员卡制作

VIP会员卡是商店常用的促销方法之一，它常以某种优惠活动来吸引顾客消费。会员卡的制作方法有很多种，下面就通过CorelDRAW为读者介绍一种制作VIP会员卡简单制作的方法。

练习要点

● 矩形工具
● 贝塞尔工具
● 渐变填充
● 透明工具
● 阴影工具

提示

使用【矩形工具】，绘制好矩形后在工具属性栏中设置【圆角半径】参数可得到圆角矩形。

操作步骤:

STEP|01 绘制矩形和曲线图形并填充颜色。新建一个文档，大小设置为297mm×210mm。双击【矩形工具】，绘制出与文档同样大小的矩形并填充颜色，选择【贝塞尔工具】，绘制曲线图形。

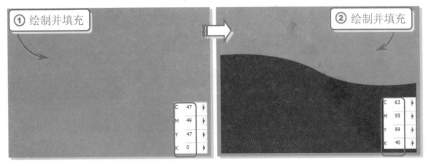

提示

绘制杯子轮廓线时可使用【形状工具】对曲线进行调整使轮廓线比较圆滑。

STEP|02 绘制圆角矩形和咖啡杯轮廓。选择【矩形工具】，绘制一个圆角矩形。然后选择【透明工具】，为其添加透明效果。选择【贝塞尔工具】，绘制出咖啡杯的轮廓线，颜色为白色。

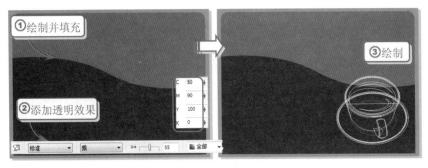

提示

杯内咖啡和杯垫的颜色为:

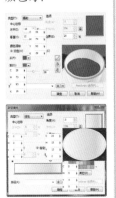

STEP|03 填充杯子和添加高光和阴影。使用默认的CMYK调色板和【渐变填充】工具，对咖啡杯进行填充。使用【透明工具】和【阴影工具】对咖啡杯的高光和阴影进行填充。

提示

杯子的颜色分别为

STEP|04 绘制矩形图和箭头。使用【矩形工具】 ▢ ，绘制出视图右上方的图形。然后选择【文本工具】 字 ，输入文字。选择【箭头形状】 ⛊ 工具，在视图的左下角绘制一个箭头，转换为曲线后使用【形状工具】 ⛏ ，进行调整。再绘制一个矩形，然后选中箭头和矩形，单击【简化】按钮 ⬚ ，将两个图像简化为一个图像。

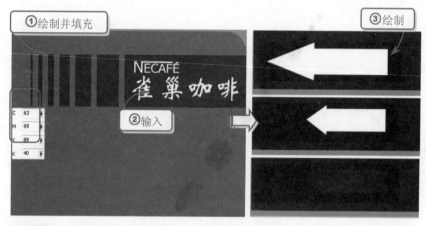

提示

在输入完字母文本后绘制矩形和"逗点"形状图形作为字母的装饰图形。

STEP|05 导入素材和输入文本段落。按快捷键Ctrl＋I导入MP4素材图片，放置在适当位置。使用【文本工具】 字 ，在箭头上面输入文本后。再输入段落文字，设置文本属性后将除文本外的所有对象群组后右击鼠标执行【段落文本换行】命令。

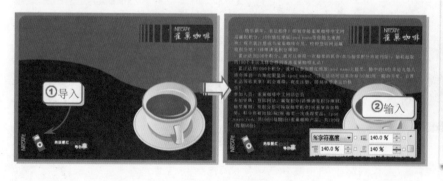

提示

使用【文本工具】 字 输入完文字后按Ctrl＋T组合键在文本属性对话框中设置参数。然后将所有的对象群组后，右击鼠标选择【段落文本换行】命令。

10.10 高手答疑

问题1：为什么每次输入后的字体总是大小为100，样式为黑体的文字？能不能修改默认的输入属性？

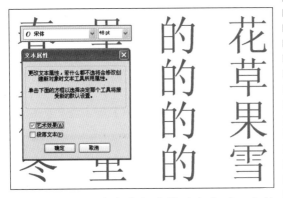

解答：可以，选择【文本工具】字，然后直接在属性栏中设置【文本样式】和【大小】，就可以完成默认的输入文字属性。

问题2：当在文本框中粘贴文本时，为什么复制的文本显示不全？

解答：当在文本框中粘贴文本时，如果文本框过小，粘贴文字过多时，文本框下方的控制柄内会有一个黑色的小三角▼图标，拖动▼控制柄并扩大文本框，隐藏的原始文本就显示出来了。

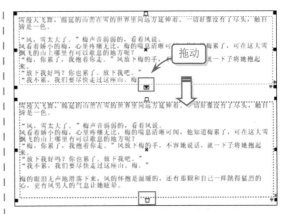

问题3：每次使用鼠标调整文本文字的大小非常麻烦，能直接使用键盘的快捷键调整文本的大小吗？

解答：能，使用数字键盘和Ctrl键可以方便、快速地调整字体的大小。若要增大文本，则按住Ctrl键的同时，再按小键盘上"8"数字键；若要缩小文本，则按住Ctrl键，再按小键盘上的"2"数字键即可。

问题4：使用"文本适合路径"功能时，如何将没用的路径删除掉？

解答：如果需要将路径彻底删除，可以选择【选择工具】，选中路径右击，选择【删除】选项，即可将路径删除。在【轮廓展开工具栏】中选择【无】×工具按钮可以进行隐藏路径。

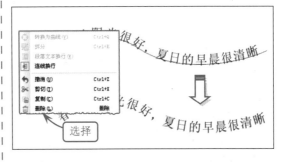

10.11 高手训练营

练习1：绘制时尚文字

文字在现代设计中起到非常重要的作用，一个良好的文字设计能吸引大众的眼球，对产品起到极好的宣传作用，文字设计时应注意文字造型的新颖、时尚、大方，也不能脱离文字原有的结构，应在文字结构的基础上进行设计。在绘制过程中，主要使用【椭圆形工具】及【渐变填充】■绘制底部图形，运用【文本工具】输入文本后用【形状工具】改变文字的外形轮廓，最终完成时尚文字的绘制。

> **提示**
>
> 使用【形状工具】，选择文字的锚点并进行调节，改变文字的外形轮廓。

练习2：设计杂志封面

本练习是通过使用【透明度工具】和【阴影工具】绘制背景及高光部分，使用【渐变填充】工具绘制图形渐变效果，运用【文本工具】输入文本制作杂志封面。

> **提示**
>
> 选择工具箱中【文本工具】，在封面上面输入"时"字，大小为200pt。按键盘上面的"+"键，复制文本。将文本更改为"代"，并调整字体样式，大小设置为150pt。选中两个文本将其对齐。

练习3：制作艺术展览海报

制作展览海报的重点为体现该活动主题、时间和地点这三要素。三个要素都具备了，还要以合理的排列方式进行排列以及借助于一些辅助图形。下面就通过CorelDRAW为用户介绍一种简单制作艺术展览海报的方法。本案例主要通过应用【矩形工具】、【贝塞尔工具】、【椭圆工具】和【星形工具】等实现其效果。

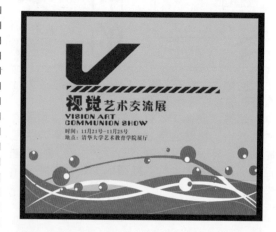

> **提示**
>
> 在使用【矩形工具】绘制"V"字图形下面的图形时，首先绘制一个矩形。选择快捷键Ctrl + Q，执行【转换为曲线】命令，然后再对其进行调整并复制。

练习4：动漫海报

本练习主要通过【交互式轮廓图工具】实现动漫海报中的文字特效，通过本案例的学习希望读者熟练运用【交互式轮廓图工具】以及在制作案例过程中所应用的各项命令。

练习5：制作立体字效

CorelDRAW可以制作出很多字体特效，例如，放光字、阴影字、立体字等。下面就通过CorelDRAW为用户介绍一种制作立体字效的方法。本练习的立体字主要采用复制并错位移动文字的方法创建。

练习6：音乐海报

文字适合路径功能可以使文字按照所绘制的路径进行排列。该项功能在以前的版本中也可以实现，在CorelDRAW X6中又有所改进，下面就通过制作音乐海报的案例为读者介绍"文字适合路径"的使用方法。

提示

在调整文本间距时，用户可以选择【文本工具】，单击文本，当出现闪烁的光标时，按快捷键Ctrl+Shift+<缩小文本间距（Ctrl+Shift+>扩大文本间距）。

11

调和效果

　　【交互式调和工具】是CorelDRAW X6中功能最强大、用途最广泛的工具之一，它可以创建直线调和、沿路径调以及复合调和，并常用于在对象中创建真实阴影和高光。使用该工具既可以在两个对象中间创建一个形状渐变的过程，也可以创建一个颜色逐渐过渡的过程。在这两个对象中间会出现一系列过渡对象相互层叠并偏移一定的距离，由此使对象产生特殊的渐变效果。

　　本章主要讲述【交互式调和工具】的使用方法和运用技巧，通过学习，可以使用户在图形渐变过渡领域中处理得更加熟练。

11.1 创建曲线路径调和

曲线路径调和效果就是两个原始对象之间的过渡对象沿着曲线路径进行过渡的效果。选择【交互式调和工具】，在选取起始对象的同时按Alt键不放拖动并绘制一条曲线，将曲线终点拖到结束对象上，就创建了曲线调和效果，中间调和的对象会沿着绘制的曲线进行过渡渐变。

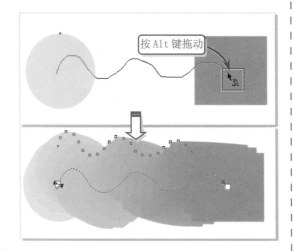

提示

创建曲线调和效果时，在选取起始对象的同时一定要按住Alt键不放，然后再开始单击并拖动鼠标创建曲线路径，否则将无法创建出曲线调和效果。

也可以将绘制好的曲线应用到调和效果中当作调和时的运动轨迹。选择对象，然后在属性栏中单击【路径属性】按钮，执行【新路径】命令，这时鼠标会变成一个弯曲的箭头形状。将箭头对准已经创建好的新路径单击鼠标即可。

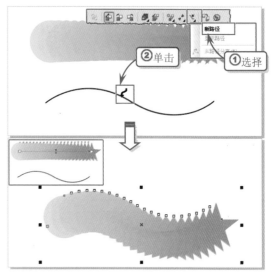

曲线调和效果创建完成后，可以使用【形状工具】对曲线路径进行调整，以满足设计的要求。使用【交互式调和工具】选中调和对象，然后使用【形状工具】在调和对象上单击即可对其进行编辑。

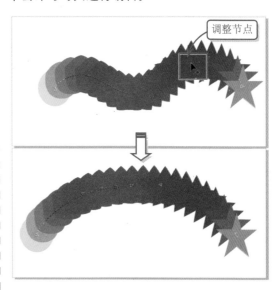

11.2 直线、复合和清除调和

直线式调和效果就是两个原始对象之间的中间对象将会沿着直线路径进行形状和颜色的过渡。使用【交互式调和工具】🔲，选择一个对象作为起始对象，拖动鼠标到结束对象上单击即可。

然后将鼠标指针放在这组调和对象的起始或结束对象上，拖动鼠标至另一个普通对象上即完成复合调和，如果按Alt键同样可以创建曲线调和效果。

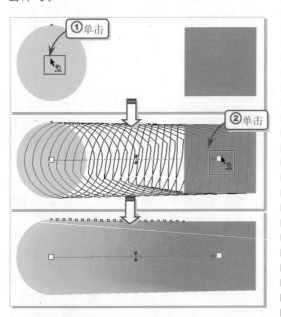

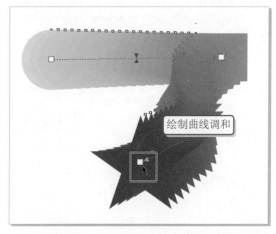

如果要将所调和的效果清除，只需选择其对象，执行【效果】|【清除调和】命令，只有五角星、心形与鱼的形状。选择调和对象之后，在属性栏上单击【清除调和】按钮🔘也可以将调和效果清除。

复合调和是指将一个调和中的起始对象或结束对象与另一个对象进行调和而创建的一种调和，操作时首先使用【交互式调和工具】🔲绘制一组调和对象。

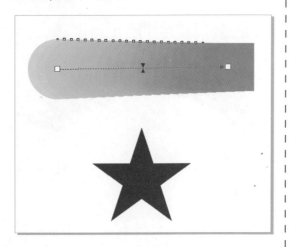

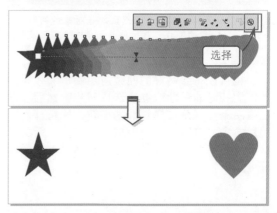

提示

对于一个交互式调和效果来讲，当清除调和之后，只会保留调和的起始对象、结束对象和调和路径，而中间调和过程中所产生的对象都会消失。

11.3　控制调和对象

在创建调和效果之后，可以对调和对象的步数、路径和颜色进行调整，以满足设计的要求。

1．改变调和的步数和路径 >>>>

调和的步数就是调和效果中间对象的数量。调和的步数越少，调和对象的间距就会越大；调和的步数越多，调和对象的间距就越小。用户可以在属性栏上单击【调和步长】按钮，并在右侧微调框中设置参数来改变调和对象的步数。

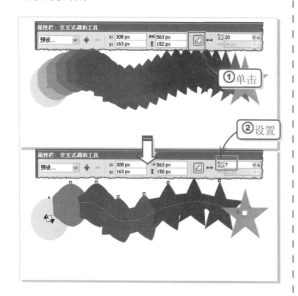

2．为调和对象设置颜色渐变 >>>>

用户可以将七彩渐变应用到调和对象上，其方式有两种：一种是顺时针调和，即按照红、橙、黄、绿、青、蓝、紫的顺序渐变；另一种是逆时针调和，效果也就是将七彩色顺序翻转过来。在选择调和对象后，在属性栏中分别单击【逆时针调和】按钮和【顺时针调和】按钮即可完成七彩的颜色渐变。

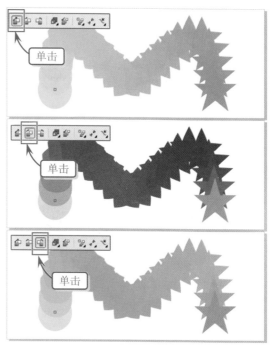

3．调整调和效果中对象和颜色的加速度 >>>>

调整调和效果中对象和颜色的加速度是将调和对象和颜色之间的距离产生相应的变化，但步数及属性不变。

选择要调和的对象，在属性栏中单击【对象和颜色加速】按钮，然后拖动面板上的滑杆，即可调整需要的调和效果。

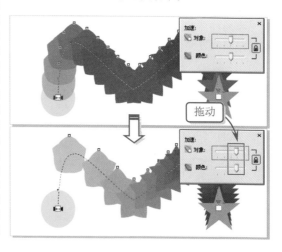

CorelDRAW

CorelDRAW X6中文版从新手到高手
CorelDRAW X6中文版从新手到高手

11.4 更换调和的起始与结束对象

对于调和的对象，用户不仅可以重新为其选择新的起始对象，还可以选择新的结束对象。

但是要选择的新起始对象必须在结束对象之后；要选择的新结束对象必须在起始对象之前。

选择调和对象，在属性栏上单击【起始和结束对象属性】按钮，执行【新起点】命令，然后单击新起始对象，使其成为调和的新起始对象。

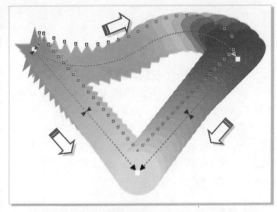

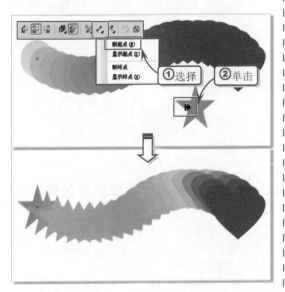

用户可以利用【起始和结束对象属性】这一功能，能够在 3 个或 3 个以上的对象之间相互创建连接，连接对象之间所具有的属性相同，这样便于用户创建多个对象之间相同属性的连接调和效果。

拆分调和对象可以将调和中的对象作为一个起始对象和结束对象。操作时，在工具属性栏上单击【更多调和选项】按钮，在弹出的菜单中选择【拆分】选项，然后在调和对象的中间进行单击即可。

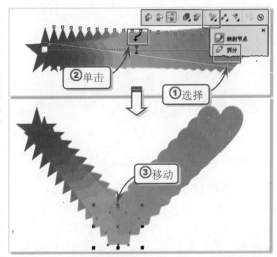

提示

不能在紧挨起始对象或结束对象的中间对象处拆分调和。

CorelDRAW

11.5　绘制音乐招贴

　　音乐虽然不是年轻人的代名词，但音乐无疑给人以动感，奔放的感觉。因此在做招贴海报时其颜色的搭配要明快、愉悦，形状上要有动感、有张力。本案例通过一幅音乐招贴的制作使大家熟悉了解【调和工具】的运用。

练习要点

- 椭圆工具
- 调和工具
- 渐变工具
- 贝塞尔工具
- 文本工具

操作步骤：

STEP|01　绘制矩形和圆形。新建文档，使用【矩形工具】绘制矩形，然后按F11键打开【渐变填充】对话框并设置各项参数。使用【椭圆工具】绘制3个大小颜色各不相同的正圆后，使用【调和工具】创建调和效果。

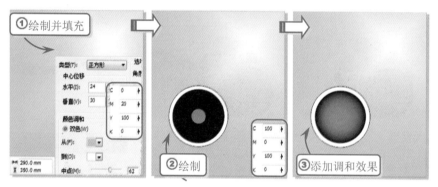

STEP|02　复制正圆和绘制三角形。选中正圆，复制3个调整其大小和位置并群组。执行【效果】|【图框精确裁剪】|【置于图文框内】命令，将图形放置在背景中，绘制三角形，然后按F11键打开【渐变填充】对话框，并设置各项参数。最后调整大小和位置。

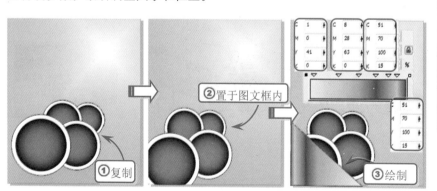

　　绘制好正圆并添加了调和效果后将所有正圆群组，执行【效果】|【图框精确裁剪】|【放置在容器中】命令将正圆放置到背景中然后右击鼠标选择【提取内容】命令将正圆移至合适位置。

STEP|03 将三角镂空和绘制正圆。将绘制好的渐变三角形不同距离的镂空。绘制正圆。按F11键打开【渐变填充】对话框并设置各项参数。然后绘制一个较小的正圆并为其添加渐变效果。绘制正圆填充黑色，然后调整其大小和位置。再次绘制正圆并为其绘制渐变效果之后，调整大小和位置。

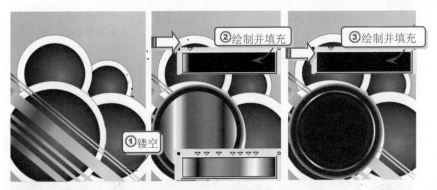

STEP|04 绘制和填充图形。绘制正圆并为其添加渐变效果，完成喇叭的制作后，复制两个并调整大小和位置。使用【贝塞尔工具】绘制图形并填充颜色，然后执行【效果】|【图框精确裁剪】|【放置在容器中】命令，将图形放置在背景中进行编辑调整其顺序。

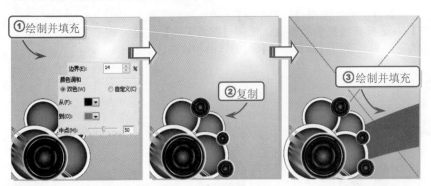

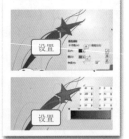
STEP|05 绘制星形和输入文字。使用【贝塞尔工具】绘制线条和星形填充颜色并复制，使用【文本工具】输入相应文字，再多次复制调和效果的正圆，和使用【椭圆工具】绘制不同颜色的正圆及透明正圆来装饰画面。

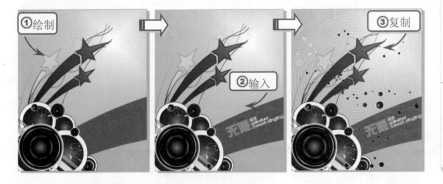

11.6 绘制商业插画

插画中立体感的表现有多种方法，例如在本案例中制作路牌部分应用了【调合工具】来突出立体感，帽子部分应用了【网状填充】工具突出立体感。下面就通过制作商业插画，为用户详细介绍这两项工具的应用。

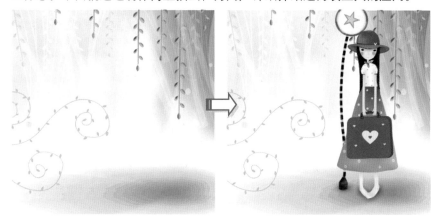

操作步骤：

STEP|01 绘制路灯牌。新建文档，导入背景素材。使用【椭圆形工具】绘制一个椭圆并复制一个，调整大小后为其添加透明效果。然后将两个椭圆选中，使用【调和工具】对其进行调和。再次绘制椭圆并设置轮廓宽度参数后使用【透明工具】为其添加透明效果。参照绘制调和椭圆的方法绘制星形。

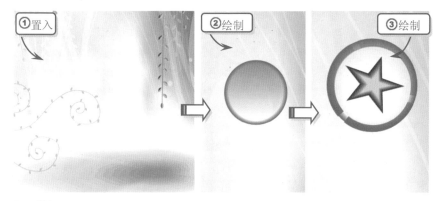

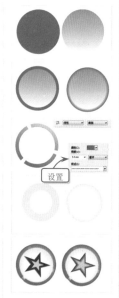
STEP|02 绘制路牌杆和底座。使用【贝塞尔工具】绘制曲线，按F12键设置其轮廓，复制一份后再次打开【轮廓笔】对话框重新设置轮廓。再次使用【贝塞尔工具】绘制路牌座并使用【网状填充工具】填充颜色。

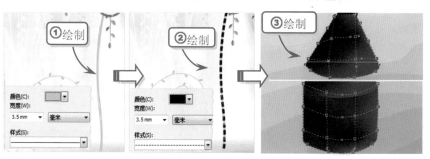

STEP|03 绘制并填充人物。使用【贝塞尔工具】绘制出人物的轮廓并使用【网状填充工具】分别进行填充。

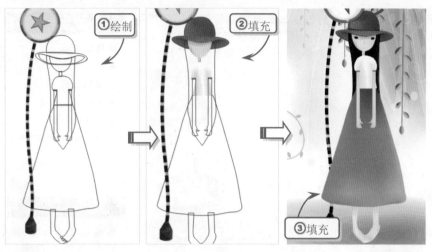

STEP|04 绘制人物身上的装饰图案。使用【椭圆形工具】绘制椭圆填充颜色作为帽子的装饰，再绘制椭圆填充白色后为其添加透明效果，并复制多个作为身上的装饰图案。然后使用【贝塞尔工具】绘制树叶并使用【网状填充工具】填充。

STEP|05 绘制箱子和添加阴影。使用【贝塞尔工具】绘制人物手中的箱子并按F11键打开【渐变填充】对话框设置渐变颜色，再使用【基本形状工具】中的心形形状绘制箱子上面的装饰图案，最后将路牌和人物分别群组并为其添加阴影。

11.7　绘制海报背景

本例绘制一张宣传狂欢节系列的海报背景。背景色调的选择以暖色调为主：要让看到海报的观众联想到火爆的场面，然后绘制海报上的花纹和元素。不管是狂欢节还是音乐节均可使用此背景来表达活动的热情。

操作步骤：

STEP|01　绘制矩形和椭圆。新建文件。使用【矩形工具】▢绘制矩形，按F11键打开【渐变填充】对话框设置渐变参数。使用【椭圆形工具】◯绘制椭圆后使用【轮廓工具】▣为其添加轮廓效果。

提示

使用【椭圆形工具】◯绘制好椭圆后选择工具箱中的【轮廓工具】▣然后在工具属性栏中单击【预设列表】选项按钮 预设 ▾ 选择"内向流动"选项后，再单击【填充颜色】选择黄色色块。

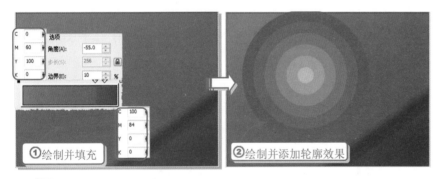

① 绘制并填充　　② 绘制并添加轮廓效果

绘制

STEP|02　绘制花瓣。使用【钢笔工具】✎绘制图形然后使用【形状工具】⬚调整节点，复制花瓣图形并旋转图形角度，绘制出其他的花瓣，然后在中间绘制一个圆形，最后选择所有图形执行【排列】|【造型】|【简化】命令。

提示

在中间绘制一个圆形，最后选择所有图形执行【排列】|【造型】|【简化】命令。

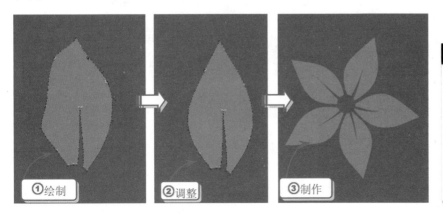

① 绘制　　② 调整　　③ 制作

STEP|03 绘制花纹。将绘制好的花进行复制，然后移动到适当位置，缩放大小调整颜色，最后使用【钢笔工具】绘制花纹。

STEP|04 绘制矩形。使用【矩形工具】绘制两个矩形，并填充颜色，然后选择【调和工具】选择起始图形按住左键拖动鼠标到结束图形。将图形编组，然后选择【透明工具】为图形添加透明效果。然后进行复制和调整大小。

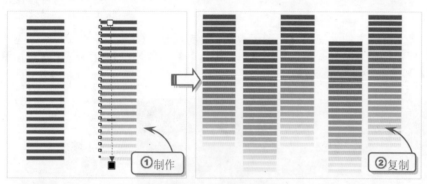

STEP|05 扭曲图形和绘制五角星。复制图形然后将图形编组，选择【封套工具】，然后调整节点位置。选择【星形工具】绘制大小两个星形，然后使用【调和工具】从起始图形拖动到结束图形。

STEP|06 绘制五角星。使用【星形工具】再次绘制大小不同的五角星并填充不同的颜色和分别为其添加透明度，使画面更加丰富。

11.8　高手答疑

问题1：我能使用【调和工具】将两个对象同时调和到一个对象上面吗？

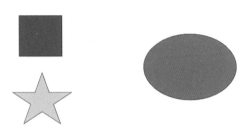

解答：能，操作前，需要将这两个对象进行群组，然后才能进行调和。

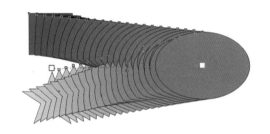

问题2：在调和对象之后，我能将调和中的对象单独提出来吗？

解答：可以，首先需要使用【选择工具】选择该调和对象，右键单击，在弹出的菜单栏中选择【拆分路径群组上的混合】选项，并对调和对象进行取消群组，然后就可以单独对每个调和中的对象进行编辑了。

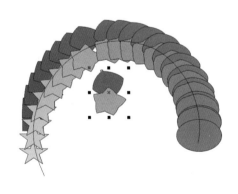

问题3：如何调整调和对象的距离和颜色？

解答：选择要调和的对象，在弹出的面板中单击按钮🔒，将其解锁，就可以分别调整调和对象的距离和颜色。

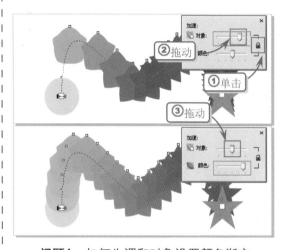

问题4：如何为调和对象设置颜色渐变？

解答：用户可以将七彩渐变应用到调和对象上，可以采用的七彩渐变有两种，一种是顺时针调和，即按照红、橙、黄、绿、青、蓝、紫的顺序渐变；另一种是逆时针调和，也就是将七彩色顺序反转过来。选择调和对象，在属性栏上单击【逆时针调和】按钮，所选择的调和对象就具有了七彩渐变色。

11.9 高手训练营

练习1：绘制食品包装盒

设计现代食品包装时，应以消费者为中心，运用市场营销的理念，进行产品的包装设计。同时要考虑产品的形状、大小、数量，在市场已有的包装盒造型上，设计出新颖、独特的包装盒。绘制过程中，首先绘制展开图的轮廓线，再使用【贝塞尔工具】、【矩形工具】绘制图形，最后使用【文字工具】输入商标和一些说明文字。

提示

使用【贝塞尔工具】，绘制两条平滑的曲线，再使用【交互式调和工具】，从一条曲线拖到另一条曲线上。

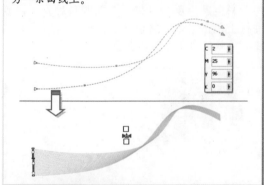

练习2：绘制矢量图像

任何图像的绘制过程，都需要从简单的几何图形或者线条组合，逐步调整至复杂的轮廓形状。但是对于越加丰富、越加细致、越加真实的图像效果，除了要精细绘制轮廓形状外，还需要通过堆叠的方式，绘制细节部分，以及装饰图案等。

练习3：VI设计

企业形象为了能获得社会大众的认同，必须是个性化的、与众不同的。在设计时必须突出行业特点，才能使其与其他行业有不同的形象特征，有利于识别认同。其次必须突出与同行业其他企业的差别，才能独具风采，脱颖而出。本练习设计餐饮企业VI设计展示。

练习4：透明包装

为了更好的展示产品的效果，很多产品在包装时采用半封闭式包装，绘制的鼠标包装，一面是不透明的包装盒，上面印有商标文字等，另一面是用透明的塑料，来展示盒内的商品。

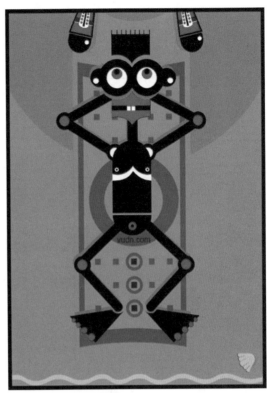

练习5：绘制台历

台历书是特殊的书籍，在内容上主要设计日期、星期等时间元素，在格式上没有特殊的要求，应用也比较广泛，比如各种商务台历、纸架台历、水晶台历、记事台历、便签式台历、礼品台历等。

练习6：立体插画

立体插画是一种特殊的手法，以实物制作。它的特点在于最大限度利用材质的质地美和肌理效果。材质肌理本身具有一定的审美价值，它的图案、秩序、色相可以赏玩。在使用某种材质表现日常生活中的物品时，采用材质与被描绘对象本身的质地出现差异而使人们的视觉经验失去作用，从而让作品产生出人意料的效果。

练习7：影视插画

影视插画是指电影、电视中出现的插画，一般在广告片中出现的较多，还包括计算机荧幕，众多的图形库动画、游戏节目、图形表格，都成了商业插画的一员。结合广告片的时间性特点，设计这类插画时，要用鲜亮的颜色和新颖的图形，并能在瞬间吸引消费者的眼球。

变形效果

　　通过对普通矢量图形进行变形扭曲可以产生一些
特殊的或意想不到的效果，在CorelDRAW中，专门提供
了一些变形工具和命令，比较常用的是【扭曲工具】
和【封套工具】 ，使用这两个工具可以创造出变幻莫
测的图形特效。

　　在本章的结尾详细讲述了轮廓图工具的使用方
法，并通过对该工具的说明，创作一些具有深度感的效
果图像。

12.1 绘制矩形与网格

变形效果可以应用三种类型的变形效果来为对象造形，并且在变形的整个过程中对象都保持着矢量特性，其类型主要有【推拉变形】⊡、【拉链变形】⊙和【扭曲变形】⊠三种。

▶▶ 推拉：推进对象的边缘，或者拉出对象的边缘。

▶▶ 拉链：将锯齿效果应用于对象的边缘。用户可以调整效果的振幅和频率。

▶▶ 扭曲：旋转对象以创建旋涡效果。用户可以选择旋涡的方向以及旋转原点、旋转度及旋转量。

使对象变形后，可以通过改变变形中心来改变对象的变形效果。此点由菱形控制柄确定，菱形在此控制柄周围产生，它与数学用的圆规相似，都是绘制的一端围绕固定点移动。

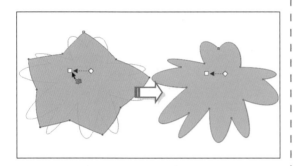

1. 推拉变形效果 ▷▷▷

【推拉变形】⊡可以推进对象的边缘，或拉出对象的边缘。选择【扭曲工具】⊠，在属性栏上单击【推拉变形】按钮⊡，将鼠标指针移到对象中心，然后按住鼠标不放且向任意方向拖动一段距离，松开鼠标左键即可。

使用【变形工具】⊙选择对象之后，在属性栏上单击【预设列表】，然后可以从弹出的下拉列表中选择预设的变形样式并直接应用到对象上。

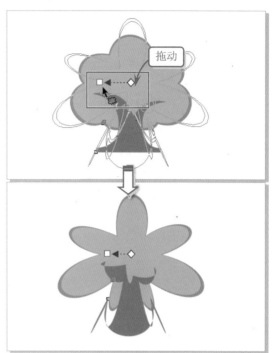

拖动

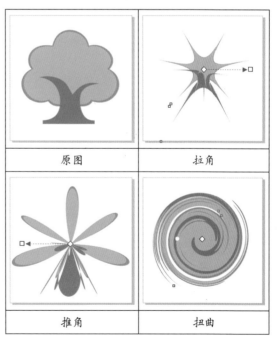

原图	拉角
推角	扭曲

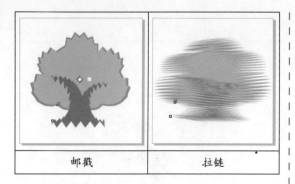

邮戳	拉链

2. 拉链变形效果 >>>>

　　【拉链变形】可以将锯齿效果应用于对象的边缘，用户工具在属性栏上也可以调整效果的振幅和频率，其操作方法与推拉变形基本相同。

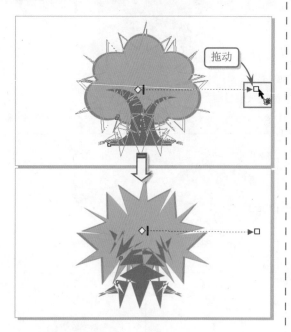

3. 扭曲变形效果 >>>>

　　【扭曲变形】可以旋转对象以创建漩涡

效果。用户也可以选定漩涡的方向以及旋转原点、旋转度及旋转量。在属性栏单击【扭曲变形】按钮后，单击所需变形的对象，按鼠标左键顺时针进行旋转，松开鼠标左键即可。

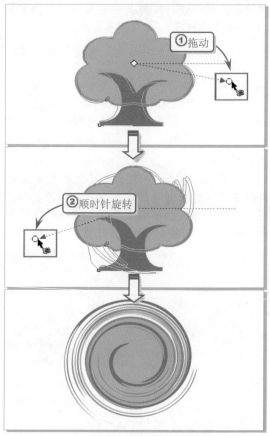

提示

用户可以将变形中心放在绘图窗口的任意位置，或者选择将其定位在对象的中心位置，变形就会均匀分布，而且对象的形状也会随中心的改变而改变。

12.2 调整变形效果

如果要对交互式变形效果进行调整，可以选择【交互式变形工具】和属性栏来完成。用户可以调整变形中心的位置，调整拉链失真的点数，还可以将多种变形应用于一个对象上。

选择【交互式变形工具】，然后单击应用过【交互式轮廓图工具】的正圆环，在属性栏上单击【拉链变形】按钮，将菱形控制柄向上拖动一段距离。由于变形中心向上移动，变形效果发生变化。或者在属性栏上单击【拉链失真振幅】微调框右边的微调按钮，从而调整设置。

选择需要应用变形效果的对象，执行【效果】|【复制效果】|【变形自】命令，单击具有变形效果的对象，所选对象就具有了跟后者一样的变形效果。

提示

当用户对变形进行多次变形效果调整时，而又要将调整好的变形效果复制到另外一个对象上，这时被复制的变形效果只能是最近一次应用到对象上的变形效果。

如果要将一个对象上的交互式变形效果取消，可以选择已应用过交互式变形效果的对象，执行【效果】|【清除变形】命令，清除对象上的变形效果。还可以通过单击属性栏上的【清除变形】按钮，也可以将其变形效果取消。以上这种移除变形的方法只能清除最近应用的变形。

CorelDRAW

12.3 封套效果

CorelDRAW可以将封套应用于对象（包括线条、美术字和段落文本框）来为对象造形。封套由多个节点组成，并可以移动这些节点来改变对象形状。

1．应用封套效果 >>>>

用户可以应用符合对象形状的基本封套，也可以应用预设的基本封套，并通过添加和定位节点编辑封套。封套编辑时，应先选择对象，选择【封套工具】🖼，在属性栏上会默认激活【非强制模式】按钮🖉。

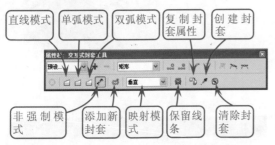

选择【封套工具】🖼单击需要进行添加封套的对象，此时会发现被选中的对象外围会出现封套轮廓。选中一个节点，使用鼠标移动节点的控制柄，就可以调整整个对象的形状。

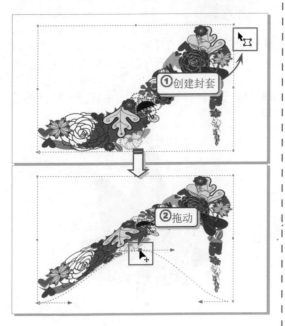

按住Shift键可以同时选中两个或多个节点，并可以将同时选中的节点进行移动。

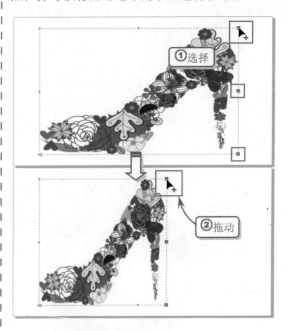

2．调整封套的形状 >>>>

通过添加和定位封套的节点也可以编辑封套的形状，它能够更好地控制封套中包含的对象。CorelDRAW还允许删除节点、同时移动多个节点、改变节点类型以及将封套的线段改为直线或曲线，如表12-1所示，列出了利用节点和控制柄改变封套形状的方法。

表12-1　利用节点和控制柄改变封套
　　　　 形状的方法

操作目的	操作方法
一次移动几个封套节点	单击属性栏上的【非强制模式】按钮🖉，圈选要移动的节点，然后将任何节点拖到新位置
将相对的节点沿相同的方向移动相等的距离	按住Shift键，选择两个相对的节点，然后将它们拖放到新位置
将相对的节点沿相反的方向移动相等的距离	单击属性栏上的【封套的非强制模式】按钮，使其呈按住状态，然后单击【使节点成为尖突】、【平滑节点】

3. 复制封套效果 >>>>

如果需要对多个对象应用相同的封套模式，并不需要逐一地进行编辑，只需选择需要复制封套的目标对象后，在属性栏上单击【创建封套自】按钮，单击已应用的封套对象即可。

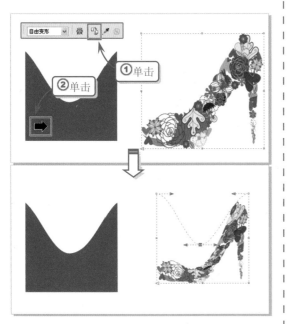

选择【封套】并选择对象，用户还可以选择预设的封套样式应用到对象上，单击属性栏上的【预设列表】下拉列表，然后从弹出的列表中选择一种封套样式。

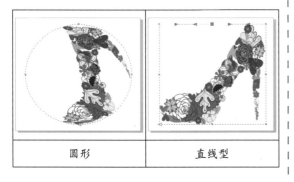

圆形	直线型

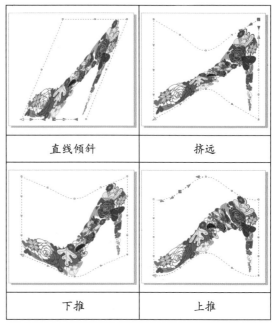

直线倾斜	挤远
下推	上推

4. 封套对象的映射模式 >>>>

对于应用了封套的对象，CorelDRAW提供了水平、原始、自由变形和垂直4种预设的映射模式。改变封套的映射模式，从而指定对象适合封套的方式。

>> **水平**　延展对象以适合封套的基本尺度，然后水平压缩对象以适合封套的形状。

>> **原始**　将对象选择框的边角手柄映射到封套的角节点。其他节点沿对象选择框的边缘线性映射。

>> **自由变形**　将对象选择框的边角手柄映射到封套的角节点。

>> **垂直**　延展对象以适合封套的基本尺度，然后垂直压缩对象以适合封套的形状。

提示

在应用封套后，将不能更改段落文本框的映射模式。

12.4 轮廓图工具

　　轮廓图效果是指有一系列的同心轮廓图组合在一起所形成的具有深度感的效果。在其工具属性栏中也可以设置轮廓线的数量和距离。应用的轮廓图对象可以是封闭的也可以是开放的，还可以是美术文本对象。

1. 创建对象的轮廓图效果 》》》》

　　在对象内部或外部勾画轮廓主要由操作过程中拖动鼠标的方向来决定。当用户需要为对象勾画轮廓线时，首先选择【轮廓图工具】□单击对象后向对象内部或外部移动鼠标，进而勾绘出对象内部、外部的轮廓线。

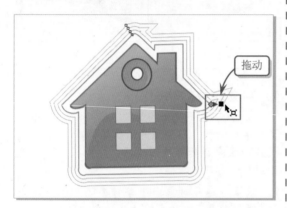

拖动

2. 改变轮廓线的步长、间距和颜色 》》》》

　　在【交互式轮廓图工具】□属性栏中调整参数可以改变轮廓图的步长和间距，达到轮廓线密度稀疏适当的目的。

　　选择勾画好的轮廓对象，在属性栏中的【轮廓图偏移】内输入数值，可以改变轮廓线的间距。设置【轮廓图步长】的数值可以改变轮廓线数。

　　用户还可以对轮廓内部填充颜色，使其在色轮上按线性、顺时针和逆时针方向发生渐进变化。

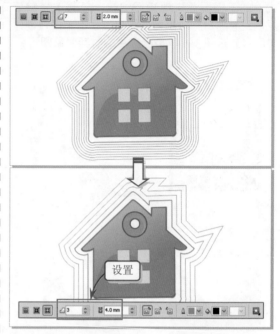

设置

原图	【线性轮廓色】□
【顺时针轮廓色】□	【逆时针轮廓色】□

12.5　神秘万圣夜

每年的10月31日是英语世界的传统节日——万圣夜，万圣夜的主题是鬼怪、吓人，以及与死亡、魔法、怪物有关的事物。本例中使用精灵和杰克南瓜灯的形象来表达万圣夜这个主题，画面中黑色和橙色是万圣夜的传统颜色。

提示

万圣夜是一年中最"闹鬼"的一夜，也叫"鬼节"。所以本案例在制作工程中多用一些冷色调来衬托出万圣夜的诡异、恐怖的气氛。

操作步骤：

STEP|01　绘制草地和树木。新建一个文档尺寸为250mm×190mm，按F6键绘制一个矩形并填充渐变颜色。使用【贝塞尔工具】绘制正圆、夜晚的草地及树木。

①绘制并填充　③绘制　②绘制

提示

月亮是一个发光体，因此在绘制时要为其添加一些同色系的渐变纹理。

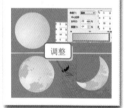

调整

STEP|02　绘制坟墓。选择【贝塞尔工具】绘制墓碑填充黑色后复制一份并使用【渐变填充】填充渐变颜色。

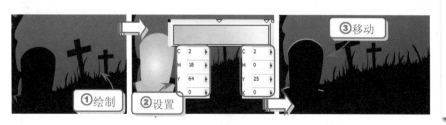

①绘制　②设置　③移动

提示

使用【贝塞尔工具】在月亮旁边绘制一个手持大刀的恶魔和蝙蝠，试图要伤害月亮。因为月亮是正义的代表。

绘制

STEP|03 绘制月亮和主体轮廓。选择【椭圆形工具】🔍绘制正圆并填充颜色来制作月亮，并绘制月亮上的纹理，进行群组，并执行【效果】|【封套】命令使月亮变为月牙。使用【贝塞尔工具】🖊绘制主题图形的轮廓并填充颜色。

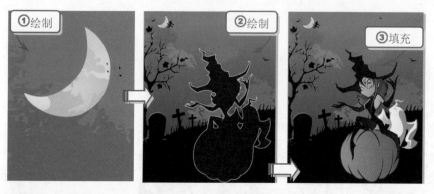

STEP|04 绘制主体人物的面部和袜子部分，使用【贝塞尔工具】🖊绘制人物的眼睛、嘴巴、袜子及高光。并分别对其进行填充。

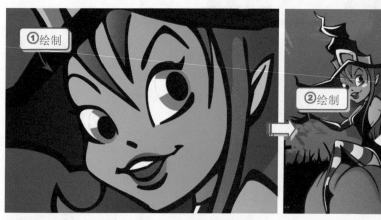

STEP|05 绘制南瓜和精灵部分及输入文字。使用【贝塞尔工具】🖊绘制南瓜及南瓜灯上的装饰表情和精灵的面部并填充相应的颜色，使用【文本工具】字输入相应的文本。

12.6　田园风光

　　本例采用卡通的手法来绘制田园风光图，给人以新鲜的感觉，天空中飘动的白云、咖啡色的城堡上转动的风车、边上长满小草的乡间小路、还有一片一片的树林，就像我们童年时向往的梦境一般，使我们的心瞬间置入其中。

练习要点

● 星形工具
● 相交命令
● 贝塞尔工具
● 封套工具

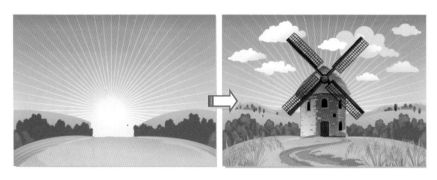

操作步骤：

STEP|01　新建一个文档，按F6键绘制一个矩形后，按F11键打开【渐变填充】■填充渐变颜色。使用【星形工具】☆绘制星形，选择执行【排列】|【造型】|【相交】命令后单击矩形绘制如下图形并渐变填充。

提示

背景光线的绘制过程：首先单击【星形工具】☆在工具属性栏中设置【点数或边数】为50【锐度】为90，绘制多角形并填充为白色。

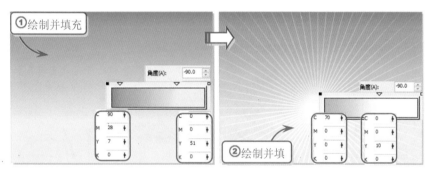

STEP|02　绘制云朵山地和房子。选择【椭圆形工具】○绘制多个大小不同的正圆，然后单击工具属性栏中的【合并】按钮将正圆融合为一体，绘制云朵并渐变填充。选择【贝塞尔工具】╲绘制起伏的山地和房子。

执行【排列】|【造型】|【相交】命令。

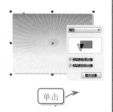

单击

删除原多角形，并把得到的多边形渐变填充。

STEP|03　绘制风车、树丛及房子上的肌理效果。选择【矩形工具】□绘制矩形并使用【修剪】命令来制作风车。选择【贝塞尔工具】╲绘制树丛，选择【钢笔工具】╱绘制墙壁上的砖块和肌理。

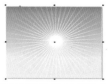

①绘制　③绘制并填充　②绘制并填充

STEP|04　绘制树丛细节和草地。使用【钢笔工具】绘制树丛里的细节和房子前面的草地，使叶子看上去更加的有层次感并填充颜色。

①绘制　②绘制并填充

调整

绘制好轮廓后按F11键打开【渐变填充】分别为其填充渐变色。

STEP|05　绘制道路和杂草。使用【钢笔工具】绘制房子前面的道路和周围的杂草部分。

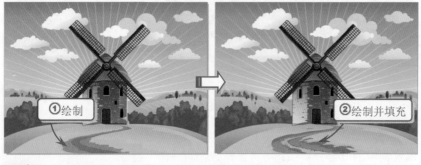

①绘制　②绘制并填充

填充

STEP|06　绘制稻子。使用【贝塞尔工具】绘制稻子的叶子，并填充渐变颜色，以后选择叶子执行【效果】|【封套】命令对其【添加新封套】并更改节点位置。使用【钢笔工具】绘制图形并添加封套效果来制作稻子谷粒，完成最终绘制。

①绘制　②绘制

12.7　商店活动海报

在竞争激烈的现代，商店的销售也日趋的多样化。本案例就将通过CorelDRAW制作一张商店的活动海报，为用户讲解【封套工具】🖼的使用方法。

练习要点

● 封套工具
● 贝塞尔工具
● 文本工具
● 星形工具

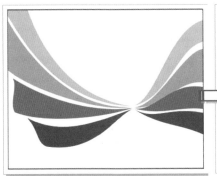

提示

使用【文本工具】字在绘图页面中输入文本SHOPPING并填充颜色后，在工具箱中单击【透明工具】🖫按钮然后在工具属性栏【透明度类型】中选择【双色图样】选项，单击【透明度图样】选项选择带有星形的图案，并设置，拖动鼠标调整透明度的大小和方向。

操作步骤：

STEP|01　绘制背景和输入文字。新建尺寸为250mm×200mm的一个文档，使用【矩形工具】▢，绘制一个矩形。选择【贝塞尔工具】绘制背景丝带并填充颜色。选择【文本工具】字，输入文本SHOPPING。使用【透明工具】🖫，为文字添加透明效果。

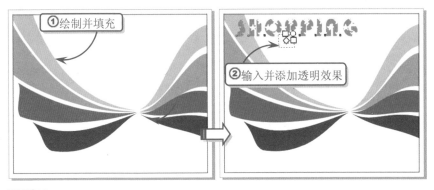

① 绘制并填充

② 输入并添加透明效果

STEP|02　复制文本并将其变形。复制文本并填充颜色为白色后，设置其轮廓笔参数。再次复制文本和重新填充颜色和设置轮廓笔参数。然后，选择【封套】🖼工具，单击该文本，对文本进行变形处理。

① 设置

② 调整

提示

将复制好的白色文本放置图案填充文本下面（按Ctrl+PageDOWN组合键），并将二者中心对齐（执行【排列】|【分布与对齐】|【水平居中对齐】和【垂直居中对齐】命令）。

选中全部文本，选择快捷键Ctrl＋G，执行【群组】命令。

STEP|03 绘制人物轮廓并填充颜色。选择【贝塞尔工具】 ，在绘图页面中绘制出人物的轮廓线，使用【形状工具】 ，对人物的轮廓线进行细微的调整。使用【标准填充】对话框，对人物进行简单的填充，人物的头发丝、衣服上的纹理、皮包上的褶皱等运用【轮廓笔】对话框进行调整。

STEP|04 绘制暗部区域和输入文字。使用【贝塞尔工具】 ，在人物与皮包上面绘制出暗部的区域，进行填充。选择【文本工具】 ，输入文本BOOM，调整文本的大小和位置后选择【封套工具】 ，对文字进行变形。

STEP|05 绘制皮包上的装饰图案和输入文字。使用【星形工具】 绘制五角星并填充颜色后，复制并重新设置其轮廓样式。使用【椭圆工具】 、【矩形工具】 和【贝塞尔工具】 绘制。

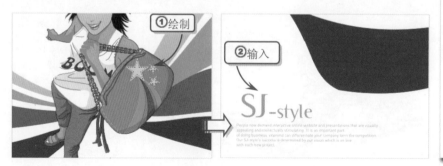

12.8 高手答疑

问题1：为什么不能对矢量图形进行扭曲变形？

解答：当一个图形包含多个群组对象时，将不能使用扭曲工具对其进行变形。

问题2：如何将使用封套变形后的图像恢复原样？

解答：使用【封套工具】选择封套对象，然后在属性栏中单击【清除封套】按钮即可。

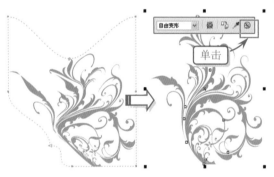

问题3：如何将轮廓线的颜色进行改变？

解答：想要修改轮廓线的颜色，首先右键单击调色板中的颜色，然后在属性栏中的【轮廓色】选项中设置一个颜色即可。

问题4：如何复制轮廓的效果？

解答：用户可以将一个对象的交互式轮廓图效果复制到其他对象上。选择复制对象，执行【效果】|【复制效果】|【轮廓图自】命令，单击制作好的对象轮廓即可。

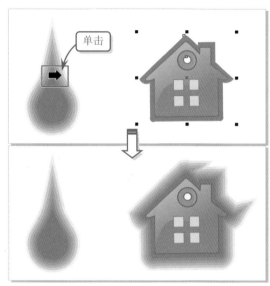

问题5：变形效果有几种类型？

解答：变形效果可以应用三种类型，其类型主要有【推拉变形】、【拉链变形】和【扭曲变形】三种。

>> **推拉** 推进对象的边缘，或者拉出对象的边缘。

>> **拉链** 将锯齿效果应用于对象的边缘。用户可以调整效果的振幅和频率。

>> **扭曲** 旋转对象以创建旋涡效果。用户可以选择旋涡的方向以及旋转原点、旋转度及旋转量。

12.9 高手训练营

练习1：绘制矢量人物

对于轮廓线条，能够更加生动、形象地展示图像效果。对于填充颜色后的图像，能够使用不同的单色，或者同一色调中的单色来填充图像，从而得到风格统一的图像效果。本练习是绘制矢量人物。

练习2：造型设计

企业造型是为了塑造企业识别的特定造型符号，其目的在于运用形象化的图形，强化企业性格，表达产品和服务的特质。企业造型作为象征企业和产品的漫画性的人物、动物以及非生命物，兼有标志、品牌、画面模特、推销宣传各方面的角色。本练习是饮食企业的形象造型。

练习3：企业车体外观设计

为了更好地宣传公司，在公司的汽车上印上公司的一些标识图案、文字等，主要包括公务车、班车、大型运输货车、小型运输货车、集装箱运输车等。本练习是绘制货车。

练习4：企业广告宣传规范

广告有着很强的宣传作用，也是很好的宣传公司形象的重要部分。它主要包括宣传报纸设计（整版、半版、通栏）、杂志广告设计、海报版式设计、灯箱广告设计、POP广告设计。

练习5：标志设计

在VI系统中，标志是应用最广泛、出现频率最多的要素。它也是具有发动所有视觉设计要素的主导力量，是统合所有视觉设计要素的核心。标志设计主要包括：企业标志及标志创意说明、标志标准化制图、标志方格坐标制图、标志特定色彩效果展示。

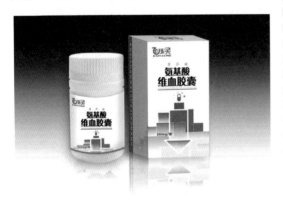

练习6：绘制药品包装

药品包装主要包括处方药品包装设计、OTC药品包装设计和保健品包装设计。药品包装设计必须严格遵循国家药品管理第24号令，从药品本身的药理特点进行包装设计，来向消费者说明药品的功能特点。

练习7：绘制化妆品包装

化妆品包装主要包括化妆笔、香水、胭脂等，这类产品无论包装造型或色彩都应设计得简洁干净、优雅大方，本练习是绘制香水的包装设计。

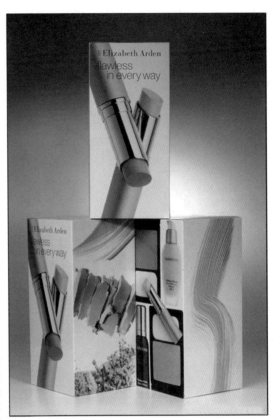

13

特殊效果

在实际的设计工作中，经常会遇到特殊效果的制作，来增加设计的丰富性。为了更加灵活方便地为对象填充各种效果，CorelDRAW X6提供了许多用于为对象添加特殊效果的交互式工具和泊坞窗，如：【阴影工具】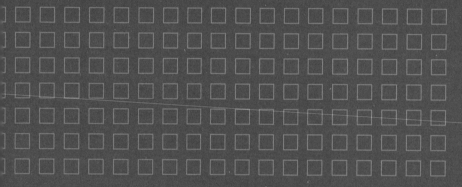、【立体化工具】、【透明度工具】、【斜角】泊坞窗和【透镜】泊坞窗等，并通过该工具属性栏、泊坞窗来编辑和应用交互式效果。

通过对本章的学习，使读者更加深刻地了解CorelDRAW的设计和制作功能，并提高作品的创造水平。

CorelDRAW X6

13.1 透明效果

【透明度工具】主要通过改变对象填充颜色的透明程度来创建透明效果的。添加透明效果的对象可以看到位于下一层的对象，使内容更加丰富、有层次感。

1．创建均匀透明效果 >>>>

均匀透明是指纯色的透明效果，它可应用于任何对象。选择【透明度工具】，单击对象，在属性栏的【透明度类型】下拉列表中选择【标准】选项，拖动【开始透明度】滑杆设置透明度。

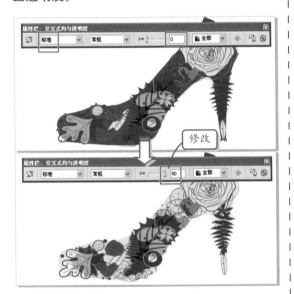

提示

此案例创建的透明效果并没有选择透明范围，而是采用了默认选项【全部】，即对象的轮廓和填充全部应用一种透明度。

2．创建渐变透明效果 >>>>

渐变透明是指从一种颜色平滑过渡到另一种颜色的透明效果，同渐变填充类似，也可以沿着直线、圆形、锥形或方形路径进行透明渐变。选择【透明度工具】，在【透明度类型】下拉列表中选择【辐射】选项，并拖动【透明中心点】滑杆调整透明效果。

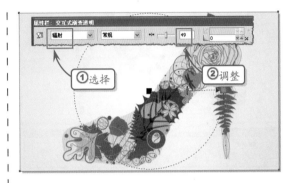

3．创建图案透明效果 >>>>

图案透明效果是为对象应用具有透明度的图案效果，创建透明效果所应用的图案，不但可以应用到对象内部，还可以应用到轮廓上，并可以创建新的图案样式。

首先选择对象，在属性栏的【透明度类型】列表框中选择【双色图案】，并在【第一种透明度挑选器】中选择一种图样，拖动控制柄，将图案样式调整到适当的大小。

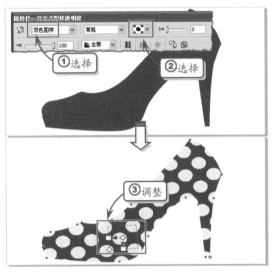

在属性栏上拖动【开始透明度】滑杆和【结束透明度】滑杆，分别调整开始颜色和结束颜色的不透明度，即可完成图案透明效果的创建。

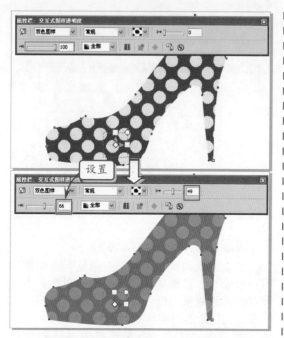

设置

全色图样是由线条和填充（而不是像位图一样由颜色点）组成的图片。这些矢量图形比位图图像更平滑、更复杂，但较易操作。而位图图样是由浅色和深色图案或矩形数组中不同的彩色像素所组成的彩色图片。

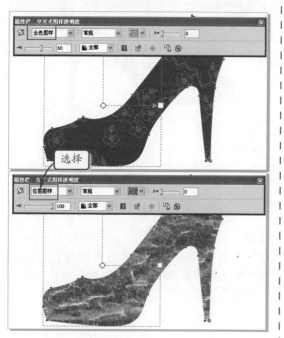

选择

4．创建底纹透明效果 ▶▶▶▶

底纹透明效果是为对象应用具有透明度的底纹效果，与应用图案透明度类似。

选择对象，然后在属性栏中【透明度类型】列表框中选择【底纹】选项，从【底纹库】下拉列表框中选择一种底纹样本，再从【第一种透明度挑选器】下拉列表中选择合适的样式。

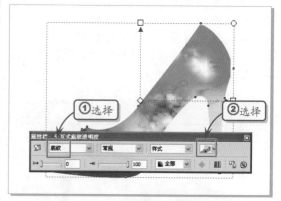

①选择　②选择

5．选择透明度的范围 ▶▶▶▶

在【透明度工具】的工具属性栏中，【透明度目标】选项确定了透明度的填充范围，它既可以分别单独填充外轮廓和内容，也可以同时进行填充。

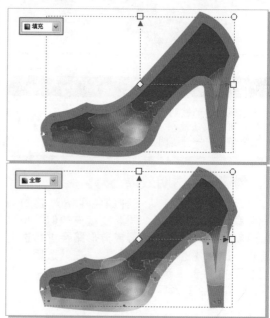

13.2 阴影效果

【阴影工具】█可以模拟光从平面、右、左、下和上五个不同的透视点照射在对象上的效果。并可以为大多数对象或群组对象添加阴影，其中包括美术字、段落文本和位图。

1. 添加阴影 》》》》

添加阴影就是为平面的对象创建出阴影，以达到立体效果，用户可以根据需要制作出各个角度的阴影效果。阴影效果可分为正立阴影和倒立阴影两种类型。

》 添加正立阴影

用户既可以直接选择【阴影工具】█为对象添加阴影，也可以从属性栏中选择预设的阴影样式应用到对象上。应用时，只要使用【阴影工具】█从上边、下边、左边、右边、和中心中任意一个位置拖动对象即可添加阴影。

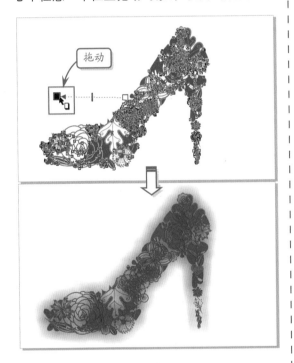

提示

例如：调和的对象、勾画轮廓线的对象、斜角修饰对象、立体化对象、用【艺术笔工具】创建的对象或其他阴影都不能添加阴影。

》 添加对象投影

选择【阴影工具】█，单击对象，移动鼠标指针到对象下方，按鼠标左键向右上方拖动，当对阴影的大小及角度满意后，松开鼠标即可在对象的右下方得到一个对象投影。

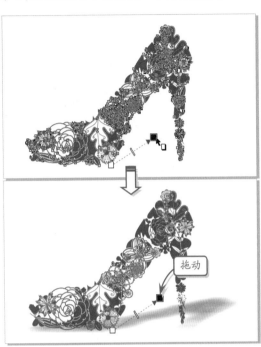

2. 调整阴影效果 》》》》

在添加阴影效果以后，可以通过属性栏中的选项对阴影的颜色、不透明度、淡出级别、角度和羽化等属性进行设置，将其调整为更加满意的阴影效果。

选择【阴影工具】█后，单击阴影对象，在属性栏中单击【羽化方向】按钮█，在弹出的面板上选择【向外】，并激活【羽化边缘】选项组，可以继续对阴影进行调整，选择【羽化边缘】按钮█，在弹出的面板中选择【反白方形】选项。

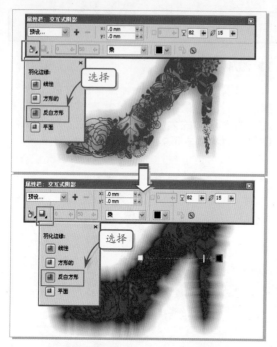

在属性栏上还可以对阴影的羽化程度、不透明度和颜色进行设置，增加图像的丰富性和美观性。

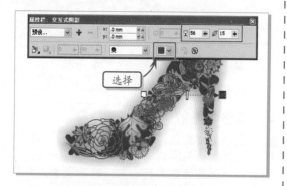

3．复制、清除阴影 >>>>

复制阴影可以为多个对象添加同一种阴影，不必逐一对其进行设置。首先选择需要添加阴影的对象，执行【效果】|【复制效果】|【阴影自】命令，然后单击需要复制的阴影部分，所选对象就具有了跟原有阴影对象同样的阴影。

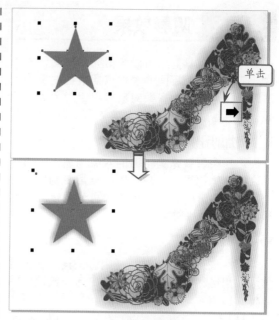

当用户确定不再需要阴影时，就可以在属性栏中单击【清除阴影】按钮将其清除。

4．使阴影与对象分离 >>>>

当需要创建一些特殊效果时，可以将对象和其阴影进行分离，并能够单独调节阴影部分位置和大小，达到满意效果。操作时，选中阴影部分，执行【排列】|【拆分阴影群组】命令，对象和阴影即可分离。

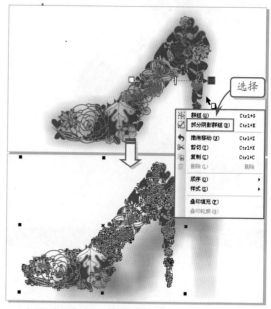

13.3 立体化效果

　　【立体化工具】 通过创建立体模型，可以使对象具有三维效果，即它能够为对象添加矢量立体化效果或位图立体化效果。

1. 创建矢量立体模型并添加光源 >>>

　　创建矢量立体模型和添加光源就是为绘制的矢量对象绘制添加立体效果，并绘制出光照效果，提升矢量对象立体真实感。选择【立体化工具】 在对象上单击并拖动，创建对象的立体效果。

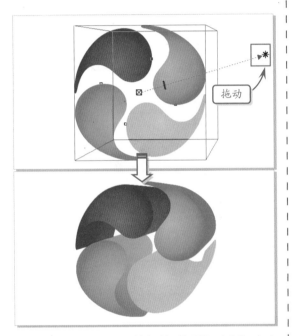

　　用户也可以在属性栏的【预设列表】中直接选择一种立体样式，此时，内部将出现一个用于调节立体效果的控制柄，通过拖动控制柄可以调节立体模型的方向和深度。

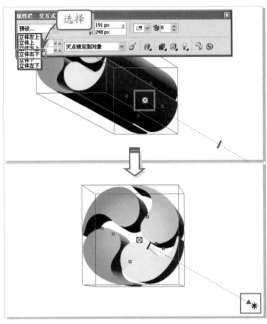

　　用户可以应用光源来增强矢量立体模型的立体感，并最多可使用3个光源，以不同强度投射到立体化对象。选择【立体化工具】 ，单击立体模型对象，在属性栏上单击【照明】按钮 ，在弹出的面板上单击【光源1】按钮，添加一个光源，并设置其强度。

　　如果对象立体显示过暗，可以继续添加一个光源，在【照明】面板上单击【光源2】，然后调整【强度】滑杆的参数即可。

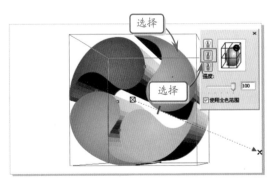

提示

用户还可以继续添加光源3，或者重新调整光源1和光源2位置。如果想移除某个光源点，在【照明】面板上单击相应的光源按钮即可。在【照明】面板上取消选中【使用全色范围】复选框，立体效果会明显减弱。

2．为立体模型应用立体化倾斜 >>>>

应用立体化倾斜效果可以产生对象的一角被切去的效果，还可以指定斜角的角度和深度值来控制三维效果。选择立体模型对象，在属性栏上单击【立体化倾斜】按钮，在弹出的面板上启用【使用斜角修饰边】复选框。然后在显示框里拖动小方块标志，使立体模型产生斜角修饰边。

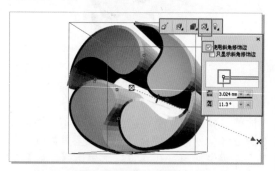

在交互式显示框下方有两个微调框，通过这两个微调框也可以调整立体化倾斜效果。

3．调整立体模型的深度并旋转模型 >>>>

用户不但可以通过手动控制柄来调整立体模型的深度，还可以在属性栏中的【深度】微调框中设置模型的深度。

调整其方向时，选中立体模型对象，在属性栏上单击【立体的方向】按钮，在弹出的面板中，将鼠标指针移到"3"字样的圆形（旋转控制器）内按住鼠标拖动，即可对立体效果进行旋转。

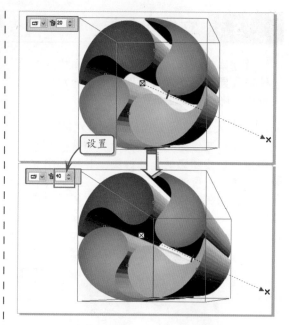

设置

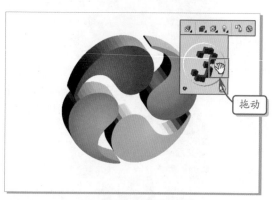

拖动

提示

如果用户对旋转的角度感到不满意，单击按钮就可以恢复到旋转之前的状态；单击按钮，面板上会显示3个文本框，这3个文本框分别用于设置立体效果在X、Y、Z这3个方向上旋转的角度，再次单击将会恢复到显示"3"字样的旋转控制器。

13.4　斜角效果

　　斜角效果通过使对象的边缘倾斜（切除一角），将三维深度添加到图形或文本对象。它只能应用到矢量对象和文本，不能应用到位图或群组的对象。

1．创建柔和边缘斜角效果 ▶▶▶▶

　　柔和边缘可以创建某些区域显示为阴影的斜面。执行【效果】|【斜角】命令，打开【斜角】泊坞窗，在【样式】选项组中选择【柔和边缘】选项。用户还可以根据设计需要，设置阴影和光源的颜色。

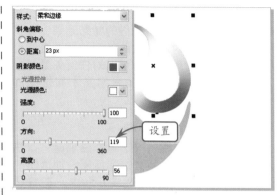

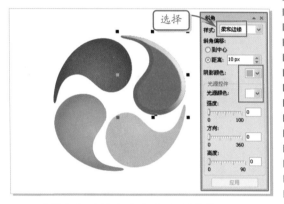

　　【斜角】泊坞窗中各个选项的作用如下。

▶▶ **到中心**　可在对象中部创建斜面。

▶▶ **距离**　在距离框中输入数值，可指定斜面的宽度。

▶▶ **阴影颜色**　可更改阴影斜面的颜色。

▶▶ **光源颜色**　可以选择聚光灯的颜色。

▶▶ **强度**　可以更改光源的强度。

▶▶ **方向和高度**　可以更改聚光灯的位置，方向的取值范围为0°到360°；高度的取值范围为0°到90°。

2．创建浮雕效果 ▶▶▶▶

　　【斜角】中的浮雕效果适用于闭合的且应用了填充的对象，选择对象，在【斜角】泊坞窗的【样式】选项组中选择【浮雕】选项。

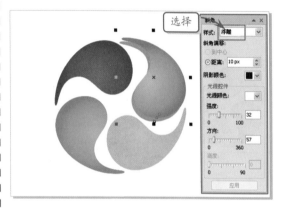

3．移除斜角效果 ▶▶▶▶

　　如果用户不需要斜角效果，可以执行【效果】|【清除效果】命令，即可将效果删除。

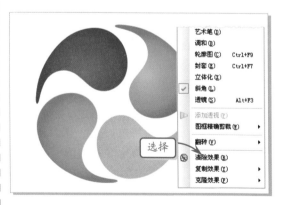

13.5 透镜效果

透镜效果是指通过改变对象外观或改变观察透镜下对象的方式所取得的特殊效果，透镜可更改透镜下方对象区域的外观，而不更改对象的实际特性和属性。它可以对任何矢量对象应用透镜，也可以更改美术字文本和位图的外观。

1. 应用透镜效果 ▶▶▶▶

CorelDRAW提供的【透镜】泊坞窗可以快速实现所有的透镜效果。选择所需添加透镜的对象，执行【效果】|【透镜】命令，在【透镜】泊坞窗中的类型下拉列表中提供了十多种透镜类型，在设置完参数后，单击【应用】按钮，即可将选定的透镜效果应用于对象中。

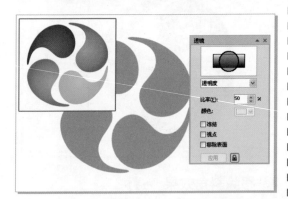

【冻结】复选框可以将应用透镜效果对象下面的其他对象所产生的效果添加成透镜效果的一部分，不会因为透镜或者对象的移动而改变该透镜效果。

【视点】可以使对象在不移动透镜的情况下，只弹出透镜下面对象的一部分。启用该复选框，其右边会出现【编辑】按钮，单击此按钮，则在对象的中心会出现"×"标记。此标记代表透镜所观察到对象的中心，并输入标记的坐标位置。设置完毕后，单击【应用】按钮，则可看到以新视点为中心对象的一部分透镜效果。

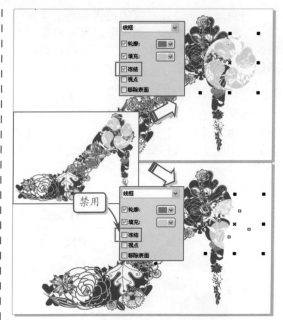

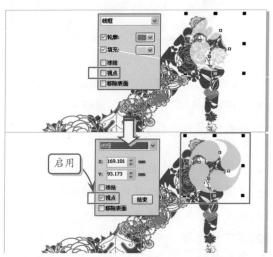

启用【移除表面】选项，透镜效果只显示该对象与其他对象重合的区域，而被透镜覆盖的其他区域则不可见。

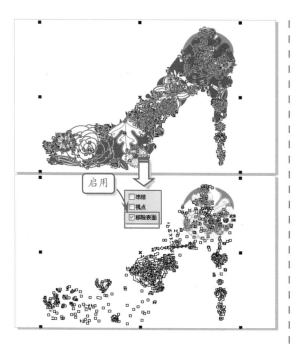

2.透镜选项 ▶▶▶▶

在【透镜】泊坞窗中提供了12种效果选项，不同的选项会产生不同的效果，以下介绍几种效果。

▶▶ 无透镜效果

无透镜效果可以去除已应用的透镜效果，恢复对象的原始外观。

▶▶ 变亮

【变亮】选项允许设置亮度和暗度的比率，使对象区域变亮和变暗。当用户在【比率】文本框中输入正值时可以使对象增亮，输入负值时可以使对象变暗。

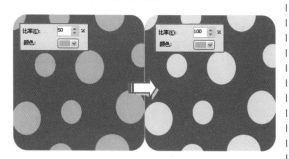

▶▶ 颜色添加

【颜色添加】选项可以在对象上面加上一层类似滤镜一样的颜色，该透镜通过在黑色背景上打开3个聚光灯——红色、蓝色和绿色来模拟光线模型。【比率】文本框中的百分比值越大，透镜颜色越深，反之则浅。

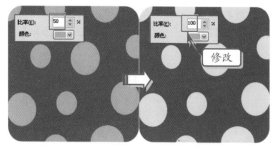

▶▶ 色彩限度

【色彩限度】选项仅允许用黑色和透过的透镜颜色查看对象区域。例如，如果在位图上放置绿色颜色限制透镜，则在透镜区域中，将过滤掉除了绿色和黑色以外的所有颜色。【比率】中可设置转换为透镜颜色的比例。

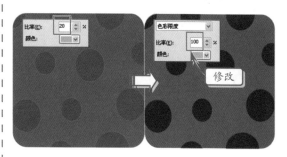

▶▶ 自定义彩色图

【自定义彩色图】透镜可以将透镜下方对象区域的所有颜色改为介于指定两种颜色之间的一种颜色。可以选择这个颜色范围的起始色和结束色，以及这两种颜色的渐变。渐变可以沿直线、向前或相反路径穿过色谱。

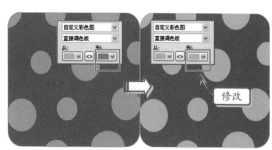

13.6 海滩仲夏

海天一色是多少人所向往的美景，无疑是人们度假休闲的好去处。本案例就将使用CorelDRAW为用户制作一幅清新凉爽的夏日海滩画面，其中文本部分的效果主要运用到了【透明度工具】和【立体化工具】。

练习要点

- 椭圆工具
- 填充工具
- 透明度工具
- 立体化工具

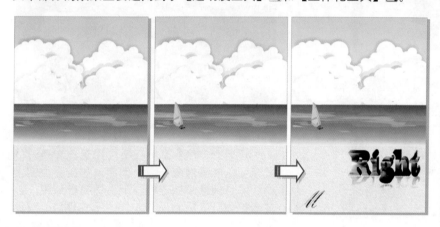

提示

云朵的制作过程如下。

绘制

合并

设置

操作步骤：

STEP|01 绘制背景和云朵。新建文档并在属性栏中选择【纵向】。使用【矩形工具】绘制矩形后按F11键打开【渐变填充】对话框设置参数。使用【椭圆工具】绘制多个大小不同的椭圆，并单击工具属性栏中的【合并】按钮将其合为一体作为云朵。使用【阴影工具】为云朵添加阴影效果。

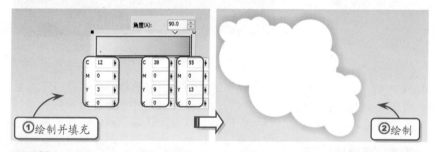

①绘制并填充　②绘制

STEP|02 复制云朵图形并调整其大小和位置。使用【选择工具】选中云朵同时按Ctrl键拖动到合适的位置后右击选择【复制】命令，再调整其大小。按此种方法制作出所有云朵并改变其颜色。

①复制　②复制

提示

绘制云朵不但需要结构分明，更重要的是要突出云朵的层次感。这就需要将绘制的个别云层更改颜色，这样不但可以与背景的颜色相融合，更能够将云朵的层次感表现得更加突出。

STEP|03 绘制矩形。使用【矩形工具】□绘制一个矩形。然后使用【透明度工具】□为其创建透明效果。再绘制矩形并按F11键打开【渐变填充】对话框,并设置各项参数。

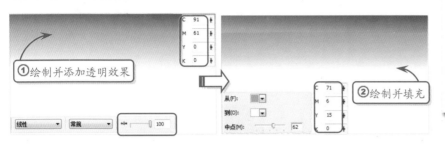

①绘制并添加透明效果

②绘制并填充

STEP|04 绘制海面。使用【贝塞尔工具】╲绘制不规则图形轮廓并填充颜色,然后选择【透明度工具】□并在属性栏中设置参数之后,为其添加透明效果并调整其位置。按照此种方法多次绘制不规则图形,形成海面波纹。

①绘制并添加透明效果

②绘制并添加透明效果

STEP|05 绘制海面上的小岛和沙滩及帆船。使用【矩形工具】绘制矩形并将其转化为曲线,然后使用【形状工具】╲变换其形状并填充颜色之后进行复制,调整大小和位置。使用【贝塞尔工具】╲绘制帆船并填充颜色,再使用【矩形工具】□绘制沙滩并使用【底纹填充】工具为其填充。

①绘制并填充

②绘制填充

STEP|06 输入文字并创建立体化效果。使用【文本工具】□分别输入字母R、i、g、h、t,打开【底纹填充】□对话框设置各项参数并群组后,单击【立体化工具】□为其添加立体化效果。然后复制字母并将其垂直镜像,并使用【透明度工具】□为其创建透明效果。

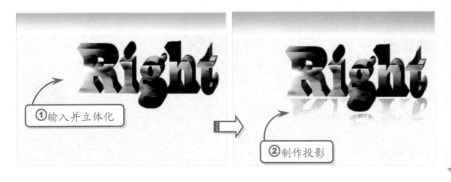

①输入并立体化

②制作投影

13.7　Love时代

时代在发展，潮流在改变。潮流往往随着时代的变迁而不断地更新升华。本案例通过使用【矩形工具】□绘制礼盒的大体轮廓，使用【形状工具】◣精确调整礼盒外观形态，使用【渐变填充】■工具绘制礼盒的明暗关系，执行【斜角】命令创建立体效果等方法，绘制一张浪漫时尚的海报。

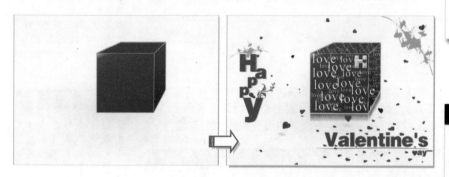

提示

绘制好淡黄色背景后使用【椭圆工具】◻绘制一个椭圆，并填充颜色。使用【阴影工具】◻为其添加阴影效果后，右击鼠标选择【拆分阴影群组】命令，并将原图删除得到模糊状的黄色阴影装饰背景。

操作步骤：

STEP|01　绘制背景和正方体。新建文档，双击【矩形工具】□自动生成一个与文档相同大小的矩形，并填充成淡黄色。再绘制正方形并填充颜色，然后使用【立体化工具】◻为正方形创建立体效果。

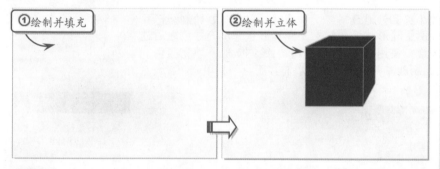

STEP|02　修饰正方形。使用【矩形工具】□绘制正方形并将其与正方体的正面重合并渐变填充。再绘制矩形并使用【形状工具】◣调整矩形使其与顶面重合。选中立方体顶面，为其添加渐变效果。使用同样的步骤绘制立方体侧面形状填充黑色，并使用【透明度工具】◻创建其透明效果。

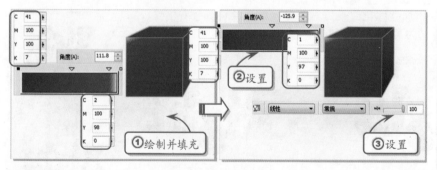

提示

选中矩形，按F12快捷键打开【轮廓笔】对话框并设置各项参数。

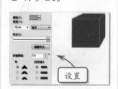

STEP|03　输入字母和制作倒影。使用【文本工具】夺输入字母H填充白色，执行【效果】|【斜角】命令创建立体效果。再输入LOVE字母并多次

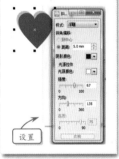
复制该英文，并调整位置和大小。使用【贝塞尔工具】绘制花纹填充金色，并为其添加透明效果。然后复制立方体并将其垂直镜像并使用【透明度工具】添加透明效果作为立方体倒影。

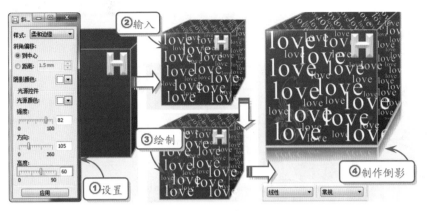

STEP|04 添加装饰图案和文字。选择【艺术笔工具】，然后在属性栏中设置各项参数之后，绘制效果并填充颜色。使用【文本工具】输入文本填充金色并进行复制，调整复制的文本位置并填充红色。使用同样的方法绘制画面右下角位置的字体效果。并绘制右下角文字中间的装饰图。

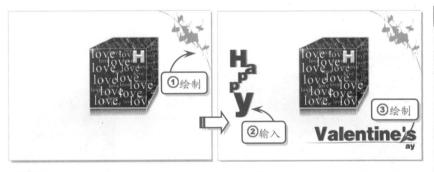

STEP|05 绘制心形。单击【基本形状工具】按钮，然后在属性栏【完美形状】选项中选择心形图形绘制心形并填充红色后，执行【效果】|【斜角】命令并在【斜角】对话框中设置参数。多次复制心形，并调整其位置和大小。

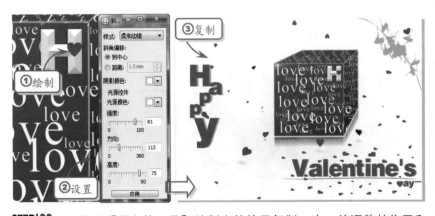

STEP|06 将使用【艺术笔工具】绘制出的效果复制一次，并调整其位置和大小。然后使用【贝塞尔工具】绘制出花纹并填充颜色，调整其位置和大小。

提示

在复制立方体时要分面群组后再复制，只复制两个侧面即可。

提示

文档右下角的装饰图案是，使用【矩形工具】绘制矩形并填充红色后按Ctrl+Q组合键将其转换为曲线后使用【形状工具】对其调整形成需要的图案。

提示

在斜角对话框中其样式除了【柔和边缘】还有【浮雕】样式。

提示

在复制心形的过程中要注意，颜色、大小及位置的变化。如果需要绘制出具有空间感的效果，那么从一个视角观察到的心形形状是不同的，因此要将心形图形在地平线上及空中飘浮的状态都要表现出来。

13.8 立体字效果

CorelDRAW可以制作出很多字体特效，例如，放光字、阴影字、立体字等。下面就通过CorelDRAW为用户介绍一种制作立体字效的方法。本案例的立体字主要采用复制并错位移动文字的方法创建。

练习要点

● 矩形工具
● 椭圆形工具
● 调和工具
● 阴影工具
● 立体化工具

操作步骤：

STEP|01 绘制矩形和椭圆。新建一个横版A4文档。使用【矩形工具】绘制一个矩形并填充黑色。再使用【椭圆工具】绘制两个椭圆并使用【调和工具】为其添加调和效果。然后使用【裁切工具】将绘图页面以外的图形裁切掉。

提示

使用【椭圆工具】绘制的两个椭圆，大小和颜色都不同。才能使用【调和工具】为其添加调和效果。

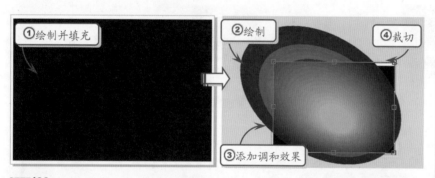

STEP|02 绘制不规则形状和正圆。使用【贝塞尔工具】绘制不规则形状填充黑色，复制一份后填充白色并调整其大小。使用【椭圆形工具】绘制两个正圆。大的为黑色小的为白色，并使小圆以大圆的圆心为旋转中心旋转。打开【变换】泊坞窗，单击【应用到再制】按钮，多次单击该按钮。

选择【调和工具】后选中浅蓝色椭圆，拖动鼠标到深蓝色椭圆上并在工具属性栏中设置【更改调和中的步长数或调整步长间距】为100。

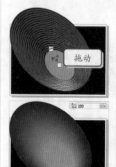

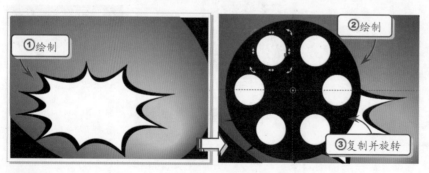

STEP|03 复制正圆和添加阴影。将白色正圆群组后复制一份并调整其大小

和位置。将所有正圆选中单击【简化】按钮，得到一个镂空的图形，调整形状后，选择【阴影工具】并在工具属性栏设置各选项后，右击阴影选择【拆分阴影群组】命令，并将原图形删除。

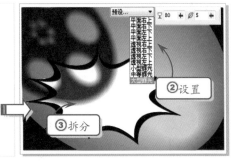

① 简化

② 设置

③ 拆分

STEP|04　绘制立方体。选择【贝塞尔工具】在绘图页面中绘制一个立方体，使用默认的CMYK调色板和【渐变填充】工具，对绘制的立方体进行填充并去除轮廓线。使用【椭圆形工具】绘制立方体上面的高光部分。

① 绘制并填充

② 制作高光

STEP|05　输入文本。使用【文本工具】输入"5"填充黑色，使用【封套工具】调整形状使其贴服在立方体上。然后复制一个"5"改变颜色和大小后放置黑色"5"上面，再输入文本TELEPLAY填充颜色。

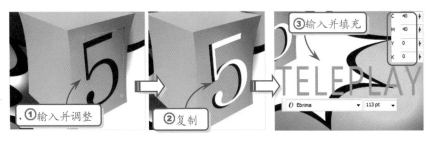

① 输入并调整

② 复制

③ 输入并填充

STEP|06　制作文本厚度和设置轮廓。多次复制TELEPLAY填充为黑色并向右上角移动形成文本的厚度效果。选最后面的黑色文本复制并按F12键打开【轮廓笔】对话框设置参数，复制设置轮廓的文本并重新设置其轮廓。最后输入文本channel，更改轮廓线的宽度。

① 复制

② 设置

③ 设置

④ 输入

13.9 高手答疑

问题1：当使用【阴影工具】为图形添加阴影之后，能单独将阴影提出来吗？如果能，该如何操作？

解答：能，首先需要使用【选择工具】选择阴影，然后右键单击，在弹出的菜单中选择【拆分阴影群组】选项即可使图形与阴影分开。

问题2：我使用【立体化工具】所绘制的立体图形为什么总是有斜角？

解答：选择立体图形，单击【立体化倾斜】按钮在弹出的控制面板中，禁用【使用斜角修饰边】选项即可消除斜角。

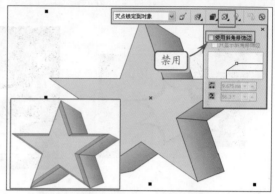

问题3：如何改变立体模型颜色？

解答：在CorelDRAW中，用户可以为立体模型应用对象填充、纯色填充和渐变填充3种填充方式。单击立体模型，在属性栏上单击【立体化颜色】按钮，在弹出的面板上单击【使用递减的颜色】按钮，并在【从】和【到】选项中设置颜色，即可创建立体的颜色渐变效果。

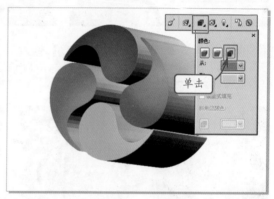

当要将一个对象上的立体模型应用到其他对象上时，可以通过复制来完成，方法是选择要应用立体模型的图形，执行【效果】|【复制效果】|【立体化自】命令，然后单击立体化模型即可。执行【效果】|【清除立体化】命令，可以删除立体化效果。

CorelDRAW

13.10 高手训练营

练习1：文字设计

文字在包装画面中所占的比重比较大，是向消费者传达产品信息最主要的途径和手段。产品名称是整个包装中最重要的元素，给人以清晰的视觉印象。因此，设计中的文字应避免繁杂零乱。

练习2：图形设计

现代包装中，运用最多的是在画面中直接体现产品图案，并通过各种各样的图形花纹，达到吸引消费者视线的目的。整体画面要有一个视觉重点，能使消费者在远距离的时候就能首先看到这一要素，然后吸引他看这个包装的其他部分。

练习3：招贴广告

商业中的商品招贴设计，往往以具有艺术表现力的摄影、造型写实的绘画和漫画形式居多，给消费者留下真实感人的画面和富有幽默情趣的感受。而非商业性的招贴，形式多样，艺术表现力丰富。特别是文化艺术类的招贴，可根据广告的主题，充分发挥想象力。

练习4：报刊杂志广告

报纸广告设计是大众所熟悉的宣传媒介，主要体现在房地产类、国际/国内品牌上。对于告知性广告、新品上市广告，报纸有其广泛性、快速性、及时性、连续性、经济性等独到的优势。

练习5：画册设计

画册类的书籍为了便于安排图片，开本一般接近正方形，而且页数也不是太多，常用的开数有12开、24开等，常用的设计手法是选用具有代表性的图画再配以文字说明，并且多为彩色的铜版纸印刷。

练习6：商业插画设计

在平面设计领域，插画主要应用于文学和商业两个领域。其中文学插画主要指再现文章情节、体现文学精神的可视艺术形式，而商业插画是指为企业或产品传递商品信息，集艺术与商业的一种图像表现形式，本练习绘制为商业宣传插画。

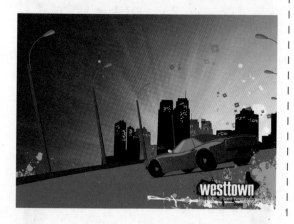

练习7：招贴广告插画

现代插画的形式多种多样，以传播媒体分类，基本上分为两大部分，即印刷媒体与影视媒体。该插画方式也称为宣传画、海报。在设计插画时，应选用具有颜色鲜明、内容丰富，并且创意十足的图片，既能充分表现宣传的内容，又能达到吸引消费者的目的。

14

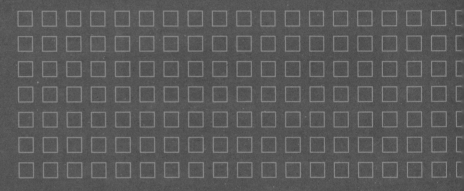

编辑位图

为了实现特殊的图像效果，经常会插入一些位图，读者不但可以对位图进行裁切、描摹等操作，也可以进行颜色模式的修改，以方便后期批量印刷。例如，只用于屏幕显示的作品可以选为RGB模式，需要印刷的作品则选为CMYK模式。还可以利用【位图颜色遮罩】功能来决定使位图显示哪些颜色，并隐藏哪些颜色。

通过对本章的学习，不但可以使读者对位图进一步了解，还可通过一些工具和命令来实现一些特殊的图像效果，以便在实际工作中予以应用。

CorelDRAW X6

14.1 导入与裁切位图

导入位图是对位图进行编辑的基本操作，主要利用菜单栏进行操作。执行【文件】|【导入】命令，在对话框中选择需要导入的位图文件。单击【导入】按钮，鼠标的光标变为尺状，然后用户在页面中单击，位图即被导入到页面中。

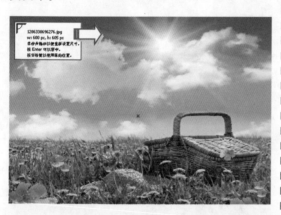

技巧

如果用户单击【导入】按钮后，按下鼠标左键进行拖动，当形成合适大小的矩形框后，松开鼠标左键确定，位图同样可以导入到工作区中，如果按住 Alt 键同时拖动鼠标，可以创建不成比例的位图。

1. 在【导入】对话框中裁剪位图 ▶▶▶▶

在进行导入位图之前也可以对位图的大小进行裁切，选择位图文件后，在【导入】对话框的 全图像 中选择【裁剪】选项，选择位图文件后单击【导入】按钮，即弹出【裁剪图像】对话框。

在【裁剪图像】对话框中，通过拖动控制点，可以直观地控制对象的显示范围，也可以在【选择要裁剪的区域】选项组中分别设置数值后在页面中单击即可。

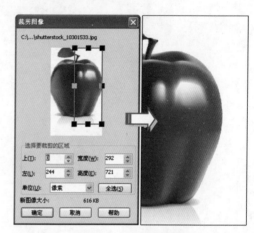

在默认情况下，【选择要裁剪的区域】选项框中的选项都是以像素为单位，单击【全选】按钮，可以重新设置修剪选项值，【新图像大小】栏中则显示了裁剪后新图像的大小。

技巧

确定导入设置后，在绘图页面中拖动鼠标，即可将导入的图像按鼠标拖出的尺寸导入绘图页面。

2. 在CorelDRAW X6页面中裁切位图 ▶▶▶▶

使用【形状工具】 可以对导入后的位图进行裁剪操作。在页面中选择导入的位图，拖动位图周围的节点，就可以进行裁切。

拖动

14.2 转换为位图与重新取样

通过CorelDRAW将矢量图形或对象转换为位图后，可以将特殊效果应用到对象。转换矢量图形时，可以选择位图的颜色模式。颜色模式决定构成位图的颜色数量和种类，因此文件大小也受到影响。

选择对象，执行【位图】|【转换为位图】命令，打开【转换为位图】对话框。对话框中各选项作用如表14-1所示。

表14-1 【转换为位图】对话框中各选项作用一览表

名称	作用
【分辨率】	用于为位图选择不同的分辨率
【颜色模式】	用于选择不同的颜色模式
【递色处理的】复选框	选中该复选框后，所转换的位图不会出现递色现象
【应用ICC预置文件】复选框	用于决定是否应用国际色彩协会（ICC）预置文件，使设备与色彩空间的颜色标准化
【总是叠印黑色】复选框	为防止印刷时色彩套不准的现象，应选择此项
【光滑处理】复选框	选中该复选框后，所转换的位图会比较平滑自然
【透明背景】复选框	选中该复选框后，所转换位图的背景完全透明，否则会有白色的背景

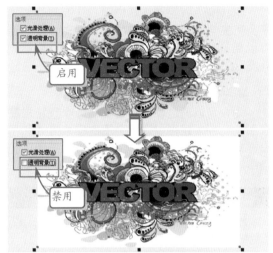

取样位图主要更改位图的分辨率和尺度。在【导入】对话框中的 全图像 上单击，选择【重新取样】选项，单击【导入】按钮，打开【重新取样图像】对话框。在【宽度】和【高度】中直接设置导入图像的新尺寸，也可设置尺寸比例。

默认状态下，【保持纵横比例】复选框被启用，此时图像的高宽比例是固定的；如果要导入的图像对象很大，可以通过【分辨率】选项框中的【水平】和【垂直】来设置图像的水平和垂直分辨率。

14.3 描摹位图

CorelDRAW能够描摹位图,从而将位图转换为可完全编辑且可缩放的矢量图形。该功能可以描摹艺术品、相片、扫描的草图或徽标,并将它们轻松地融入到您的设计中。

1. 跟踪位图 ▶▶▶▶

用户可以通过使用快速描摹命令直接描摹位图。此外,还可以选择合适的描摹方式和预设样式,然后使用PowerTRACE控件预览和调整描摹结果。

提示

CorelDRAW X6 提供两种描摹位图的方式:中心线描摹和轮廓描摹。

▶▶ 中心线描摹

中心线描摹方式还称为笔触描摹,它使用未填充的封闭和开放曲线(笔触),适用于描摹技术图解、地图、线条画和拼版等。

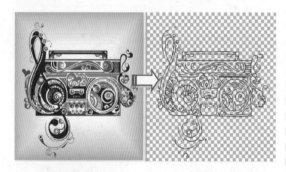

▶▶ 轮廓描摹

轮廓描摹方式使用无轮廓的曲线对象,适用于描摹剪贴画、徽标和相片图像。轮廓描摹方式还称为填充或轮廓图描摹。

2. 描摹预设样式 ▶▶▶▶

预设样式是适合于描摹的位图特定类型(例如,线条图或高质量相片图像)的设置的集合。每个描摹方式都有特定的预设样式。

中心线描摹方式提供两种预设样式,一种用于技术图解,使用很细很淡的线条描摹黑白图解,另一种用于线条画,使用很粗突出的线条描摹黑白草图。

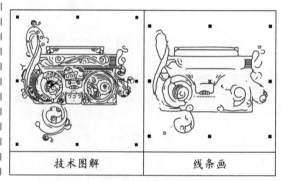

技术图解	线条画

轮廓描摹方式提供以下预设样式,适用于线条图、徽标、剪贴画和相片图像。

▶▶ **线条图** 描摹黑白草图和图解。

▶▶ **徽标** 描摹细节和颜色都较少的简单徽标。

▶▶ **徽标细节** 描摹包含精细细节和许多颜色的徽标。

▶▶ **剪贴画** 描摹根据细节量和颜色数而不同的现成的图形。

▶▶ **低质量图像** 描摹细节不足(或包括要忽略的精细细节)的相片。

▶▶ **高质量图像** 描摹高质量、超精细的相片。

14.4　改变位图颜色模式

颜色模式是组成图像颜色数量和类别的系统。在CorelDRAW X6中常用的颜色模式包括黑白、灰度、RGB、CMYK等，这些颜色模式因表示颜色的原理和范围不同，所以分别应用在不同领域。而当将图像更改为另一种颜色模式后，位图的颜色结构也会变化。

1．CMYK与RGB的区别 >>>>

颜色模式定义图像的颜色特征，由组成图像的各种颜色来描述。CMYK颜色模式由青色（C）、品红色（M）、黄色（Y）和黑色（K）值组成，而RGB颜色模式则由红色（R）、绿色（G）和蓝色（B）值组成。

在图像尺寸相同的情况下，RGB颜色模式可以显示更多的颜色。因此，凡是用于要求有精确的色彩逼真度的Web或桌面打印机的图像，一般都采用RGB模式。在需要使用商业印刷机进行准确打印时，图像一般采用CMYK模式进行创建。

2．改变位图的颜色模式 >>>>

不同的颜色模式会使用到不同的领域，在一定条件下则可以改变图像的颜色模式。在【位图】|【模式】子菜单中选择相应的命令，可将图像更改为其他的颜色模式。

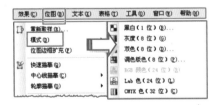

注意

每次转换图像的颜色模式时，或多或少都会丢失一些颜色信息。因此在将图像转换为另一种颜色模式之前，应该先将图像备份一份。

3．将位图转换为黑白图像 >>>>

黑白图像中的一个像素只有1位深度，因为该像素只可以为黑或者为白。特定的位深度所能产生颜色值的数目等于2的位深度次方。

黑白图像可以模仿一种古旧的特殊纹理效果，执行【位图】|【模式】|【黑白（1位）】命令，打开【转换为1位】对话框，单击【确定】按钮即可。

任何图像都可以转换为黑白图像。在【转换方法】下拉列表中有7种黑白效果，拖动【阈值】滑杆可以设置转换的强度。

原图	线条图
顺序	Jarvis
Stucki	Floyd—Steinberg
半色调	基数分布

表14-2　将位图转换成黑白图像的
7种转换方法

转换方法	转换说明
线条图	产生高对比度的黑白图像。灰阶值低于所设阈值的颜色将变成黑色,而灰阶值高于所设阈值的颜色将变成白色
顺序	突出纯色,并使图像边缘变硬。此选项最适合均匀色
半色调	通过改变图像中黑白像素的图案来创建不同的灰度。可以选择屏幕类型、半色调的角度、每单位线条数以及测量单位
基数—分布	应用计算并将结果分布到屏幕上,从而创建带底纹的外观
Jarvis	对屏幕应用Jarvis算法。这种形式的偏差扩散适合于摄影图像
Stucki	对屏幕应用Stucki算法。这种形式的偏差扩散适合于摄影图像
Floyd—Steinberg	对屏幕应用Floyd—Steinberg算法。这种形式的偏差扩散适合于摄影图像

　　如果在【转换方法】下拉列表框中选择【半色调】选项,那么还可以通过【屏幕类型】选项组添加丰富的转换效果。

提示

在【转换为1位】对话框中,单击【预览】按钮可以直接观看调整后图像的效果。

4. 转换灰度(8位)▶▶▶▶

　　在【位图】|【模式】子菜单中,也可以将彩色位图转换为浓度相同的黑白图形,转换后的效果与黑白照片的效果类似。选择位图,执行【位图】|【模式】|【灰度(8位)】模式即可。

5. 双色调模式▶▶▶▶

　　双色调模式可以使图像以某一种或几种颜色的混合色为主体颜色进行显示,选择位图,执行【位图】|【模式】|【双色(8位)】模式,在弹出的对话框中选择【类型】选项中的色调模式即可。

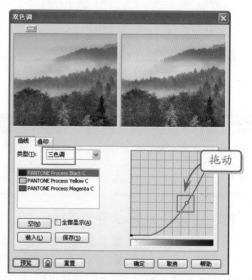

　　通过双击颜色色块并选取所需颜色,可以更改软件默认的颜色值,方便后期快速处理。

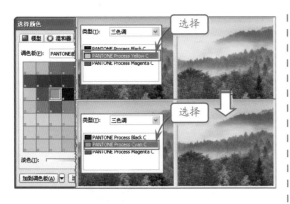

叠加而形成更多的颜色。RGB的3种色彩的数值越大，颜色就越浅，数值越小，颜色就越深。

3种色彩的每一种色彩都有256个亮度水平级。3种色彩相叠加可以有256×256×256≈1670万种的颜色。

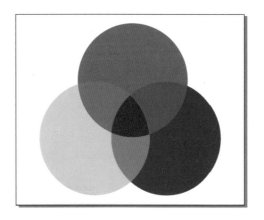

6．调色板（8位）模式 >>>>

在【调色板（8位）模式】中，通过调整颜色模式的选项和参数，来进一步完成设计的需求。选择位图，执行【位图】|【模式】|【调色板（8位）】模式，打开【转换至调色板色】对话框。

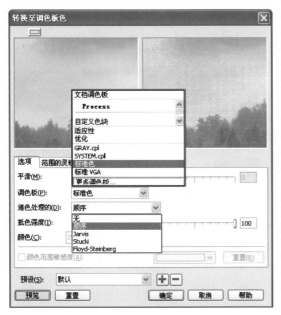

在该对话框中，【平滑】滑块可以设置位图色彩的平滑程度；在【递色处理】列表框中可以选择递色的类型；【抵色强度】滑块可以设置位图递色的抖动程度；在【颜色】数值框中可以控制色彩数。

7．RGB颜色（24位）>>>>

RGB颜色模式是我们在工作中使用最广泛的一种色彩模式，它通过红、绿、蓝3种色光相

8．Lab颜色（24位）>>>>

Lab是一种国际色彩标准模式，它由3个通道组成：透明度（L）、色相（a）和饱和度（b）。A通道包括的颜色值从深绿到灰，再到亮粉红色；b通道是从亮蓝色到灰，再到焦黄色，混合后的颜色比较亮。

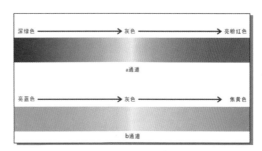

Lab模式图像的处理速度比在CMYK模式下快数倍，与RGB模式的速度相仿。而且在把Lab模式转成CMYK模式的过程中，所有的色彩不会丢失或被替换。当将RGB模式转换成CMYK模式时，RGB模式先转成Lab模式，然后再转成CMYK模式。

9．CMYK颜色（32位）>>>>

CMYK颜色是为印刷工业开发的一种颜色模式，它的4种颜色分别代表了印刷中常用的油墨颜色，将4种颜色按照一定的比例混合起来，就能得到范围更广的颜色。

14.5 位图颜色遮罩

位图颜色遮罩功能可以显示和隐藏位图中的某种特定颜色，使位图的颜色走向极端化。选中位图，执行【位图】|【位图颜色遮罩】命令，在弹出的【位图颜色遮罩】对话框顶部选择【隐藏颜色】，在下侧列表框中单击一个颜色框将其激活。然后单击列选框下的【颜色选择】按钮，将吸管形状的光标移动到位图中想要隐藏的颜色处，单击即可将该颜色选取，选中颜色在颜色框的条目上将会出现。

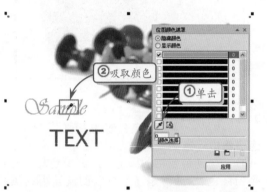

拖动【容限】滑块可以设置颜色的容限值，取值范围为0至100，容限值越大，则选取的颜色范围就越大，近似色就越多，设置完毕后单击【应用】按钮即可完成位图色彩遮罩的操作。

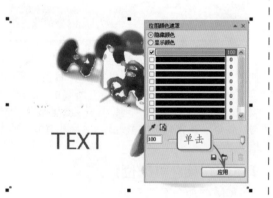

用户也可以在【位图颜色遮罩】对话框中单击【编辑颜色】按钮，选择需要编辑遮罩的颜色。还可以单击【保存遮罩】按钮对遮罩颜色进行保存，以便日后重复使用。

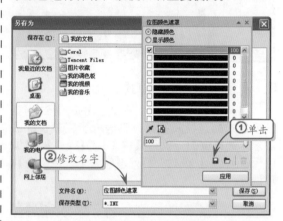

【显示颜色】模式可以将吸取的颜色进行保留与显示，启用该模式将会得到除了所选颜色显示外其他颜色都将隐藏的效果。

在【位图颜色遮罩】对话框中，单击【移除遮罩】按钮，可以清除已经建立颜色遮罩的位图效果。

14.6 浪漫粉色

CorelDRAW

本案例是绘制一幅具有温馨浪漫气氛的气息浓厚的画面，其中的靓车和车体上的花纹是使用以前积累的素材。其他则是使用CorelDRAW中的绘图工具及填充工具制作而成。

操作步骤：

STEP|01 导入素材和更换背景。导入素材图片。使用【贝塞尔工具】 🖊️将画面中汽车的上半部分白色背景抠出，然后按F11键打开【渐变填充】对话框，并设置各项参数。使用同样的方法绘制下半部分白色背景的渐变效果。

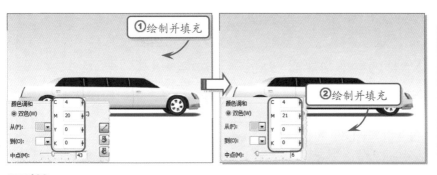

STEP|02 绘制和填充正圆。使用【椭圆工具】 ⬭按住Shift键绘制多个正圆，并将正圆两两相交之后全选。然后单击属性栏中【合并】按钮 🔲将其合并为一个图形并填充白色。

① 绘制

② 合并填充

STEP|03 复制云朵和绘制五线谱及音符。多次复制绘制的图形，并调整其位置和大小。使用【贝塞尔工具】 🖊️绘制出五条曲线，然后按F12键打开【轮廓线】对话框并设置各项参数。然后绘制音符并填充颜色。

① 复制 ② 绘制 ③ 绘制

STEP|04 绘制心形并为其添加斜角效果。选择【基本形状】工具，在属性栏中单击【完美形状】按钮并选择心形。然后绘制心形并填充颜色。选中绘制的心形，执行【效果】|【斜角】命令并设置各项参数。

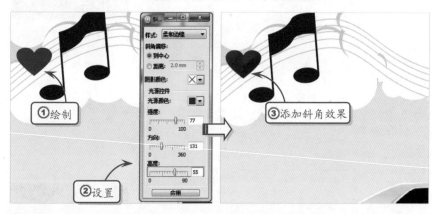

① 绘制 ② 设置 ③ 添加斜角效果

STEP|05 复制心形和导入素材。选中添加斜角效果的心形，多次复制并调整大小及位置和更改颜色。导入花纹并填充颜色，然后将其拖至车体上并调整大小和位置。

① 复制 ③ 设置 ② 导入

STEP|06 输入文本。使用【文本工具】输入文字并填充黑色，然后复制该文字填充颜色，并调整其位置。最后在画面右下角位置输入文本并填充颜色。

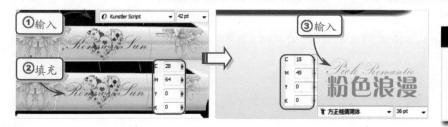

① 输入 ② 填充 ③ 输入

14.7 古典木窗

木窗是一种中国元素的工艺，在如今已是中国古典的代表。在茶馆或中餐厅大多会有木窗作为装饰，来提升店面的品味。本案例将已有的素材原料和使用CorelDRAW软件中的绘制工具相结合制作出一幅精美的古典木窗图。

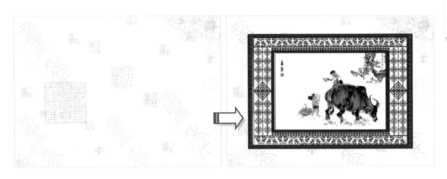

操作步骤：

STEP|01 制作背景。新建文档，双击【矩形工具】创建一个与文档大小相同的矩形并填充颜色。导入花纹素材和印章素材并分别填充颜色后，执行【效果】|【图框精确裁剪】|【置于图文框内】命令将其放置背景图层中并调整位置和大小。再输入文本并添加透明效果。

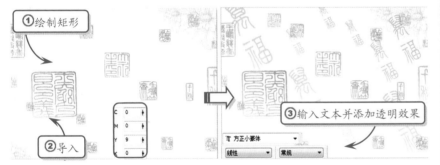

① 绘制矩形
② 导入
③ 输入文本并添加透明效果

STEP|02 制作木窗框架。使用【矩形工具】绘制一个矩形并填充颜色，按住Shift键将矩形同比例缩小并进行复制，然后全选，单击属性栏中【修剪】按钮之后，将中间部分删除。然后执行【效果】|【斜角】命令，并在弹出的【斜角】对话框中设置各项参数。最后将矩形同比例效果并进行复制。

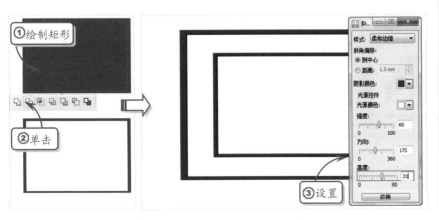

① 绘制矩形
② 单击
③ 设置

STEP|03 绘制白色矩形和导入素材。使用【矩形工具】绘制一个白色矩形，使用【透明度工具】为其添加透明效果。并复制白色矩形调整位置和大小。导入花纹素材2将其多次复制并进行横向排列并选中排列中的偶数素材，单击【垂直镜像】按钮将其垂直翻转，然后将花纹群组后进行复制，调整其位置。

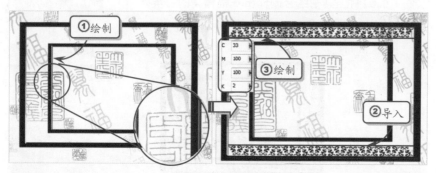

STEP|04 绘制回形花纹和矩形框。使用【矩形工具】绘制矩形通过复制，排列调整轮廓及旋转绘制木窗两侧的回形花纹。多次复制正方形并调整其位置和大小。使用【矩形工具】绘制几个矩形并填充颜色，然后调整矩形的位置和长宽参数。

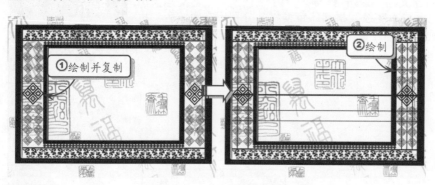

STEP|05 导入素材和输入文本。使用【矩形工具】绘制一个尺寸为157mm×107mm大小的矩形，并将其放置在窗框中心位置，导入图片素材，然后执行【效果】|【图框精确裁剪】|【放置在容器中】命令，将其放置在绘制的矩形中。使用【文本工具】输入文本并导入印章。

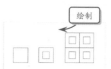
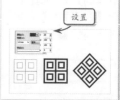

14.8　精美拼图

拼图作为时尚方便的益智游戏深受人们的喜爱和追捧。本案例主要使用【贝塞尔工具】和【形状工具】绘制拼图的形状与人物的轮廓，然后通过【底纹填充】对话框设置参数创建底纹填充效果，使用【阴影工具】创建图形的阴影效果等方法绘制出一张精美的拼图效果图。

练习要点

- 贝塞尔工具
- 底纹填充工具
- 阴影工具
- 形状工具

提示

背景的绘制过程：首先使用【矩形工具】绘制一个297mm×100mm的矩形并填充颜色，然后单击【透明度工具】在工具属性栏中设置其【透明度类型】为【线性】，拖动鼠标为矩形添加透明效果。

操作步骤：

STEP|01 导入素材和绘制背景。新建文档，导入素材。使用【矩形工具】绘制矩形填充颜色并为其添加透明效果。再次绘制一个较小矩形并使用【图样填充工具】为其添加填充效果。

再次使用【矩形工具】绘制一个297mm×30mm的矩形，然后单击【图样填充工具】在弹出的对话框中选择需要的图样，单击【确定】按钮即可填充为该图样。

STEP|02 绘制拼图缝隙轮廓。使用【贝塞尔工具】绘制图形轮廓并使用【形状工具】调节图形的细节部分，然后按F12键打开【轮廓笔】对话框设置参数。使用同样的方法绘制其他图形并调整位置。

STEP|03 制作相交部分图形。其中一个图形和背景图片全选，并单击属性栏中【相交】按钮。然后将相交部分拖至页面底部。单击绘图页面中图形相交部分，选择【阴影工具】并在属性栏中设置参数，绘制其阴影效果。

提示

把画面分成两部分，并且制作出相交部分的放置页面下面，是为了体现出拼图的真实性。

STEP|04 制作相交图形和绘制人物。使用得到第一个相交图形的方法，再制作3个相交图形。使用【贝塞尔工具】绘制人物轮廓并填充黑色。然后使用【阴影工具】为人物添加阴影效果。

提示

使用【贝塞尔工具】绘制人物轮廓后可以使用【形状工具】调整人物细节眼睛、嘴巴等部分。使轮廓比较圆滑，线条更加顺畅。

STEP|05 绘制人物手中的拼版和装饰图案。选择拼图中的一个图形进行复制，并将其填充为深灰色。然后按F12键打开【轮廓线】对话框设置各项参数并将其放置在人物手部位置。选择【星形】工具，绘制星形并填充白色之后，多次复制星形并调整其大小和位置。

提示

人物手中的拼版要绘制出其厚度才更具有真实性。

14.9 高手答疑

问题1：为什么当我将矢量图转换为位图时，周围总是有白色块？怎么解决？

解答：选择矢量图形，执行【位图】|【转换为位图】命令，并启用【透明背景】选项，所转换位图的背景则完全透明，否则会有白色的背景。

问题2：为什么将绘制好的图形导出JPG格式的文件以后，颜色会变的不鲜艳，或严重偏色？

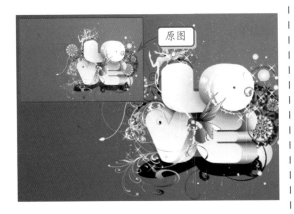

解答：直接将图形导出JPG文件后，通常是以CMYK的颜色模式进行显示。如果需要保持原颜色，那就需要在导出的时候将颜色模式改为RGB。

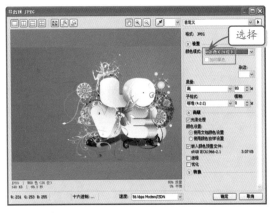

问题3：如何用【调合曲线】命令，调整位图的颜色？

解答：当位图图像因为某种原因缺少了暗部或亮部，可以通过【调合曲线】对位图进行亮部、暗部和灰度的调整。通过对曲线的编辑来调整位图的颜色。通过【曲线样式】选项用户可以选择直线、曲线、弧线等样式，然后单击鼠标拖动其右下角的调节曲线进行细节处的调整。

14.10 高手训练营

练习1：商店橱窗设计

本练习是一个商店橱窗中的宣传海报设计，以清新的绿色为主体颜色，突出表现夏季的流行盛装，既迎合季节变化，又不失时尚风采。在绘制的过程中主要使用【贝塞尔工具】绘制各种图形的形状，并结合【渐变填充工具】和【透明度工具】绘制局部发光效果。

提示

使用【贝塞尔工具】，绘制叶子的梗部，并填充颜色。

绘制叶梗

练习2：绘制时尚杂志封面

杂志是我们生活中获取信息的一个重要通道，在琳琅满目的期刊市场上如何第一时间吸引读者的眼球，这就需要我们去认真设计，

在本例中使用鲜艳的色彩、简单明了的图形，具备时尚、简洁的特征，使本杂志脱颖而出。在绘制过程中，主要使用【椭圆形工具】及【粗糙笔刷工具】制作背景，运用【贝塞尔工具】及【渐变填充】绘制鞋子，最终完成时尚杂志封面的绘制。

练习3：音乐海报

本练习是一幅酒吧的音乐海报设计，为了提高酒吧的娱乐性，在酒吧内部不但装潢各种涂鸦，而相对显眼的海报也是酒吧的一道风景线。本案例在绘制的过程中，主要使用【贝塞尔工具】和【椭圆形工具】绘制海报的基本图形，然后结合使用【渐变填充工具】和【透明度工具】为图形添加颜色，最后使用【文本工具】和【形状工具】绘制特殊的文字效果。

练习4：绘制标题广告

标题主要表达广告主题的短文，经常以生动精彩的短句和一些形象夸张的手法来唤起消费者的购买欲望。标题在整个版面上应该处于最醒目的位置，配合插图造型的需要，运用视觉引导，使读者的视线从标题自然地向插图、正文转移。

练习5：公共关系赠品设计

在处理日常公共关系时所用的物品，比如宴请宾客的贺卡、邀请函，搞活动时的赠品，或者钥匙牌、挂历、雨伞、文化衫、礼品手提袋等。名片是标示姓名及其所属组织、公司单位和联系方法的纸片，是新朋友互相认识、自我介绍的最快捷有效的方法。下面的卡片使用中国传统的国画梅花及水墨做背景，文字使用竖版排列，外观美丽大方且有高雅之情调。

15

滤镜效果术

随着艺术设计的多样化，越来越多的设计作品不但要求内容的明确性，而且要具有设计作品的艺术性和美观性。而CorelDRAW X6提供了多种特效滤镜，通过运用各种滤镜，可以对位图进行多样化的效果编辑，使得画面内容更加丰富、更加有创造力。

本章主要讲述CorelDRAW X6所提供的各种滤镜效果，并详细讲述滤镜的使用特点和运用技法以及各种滤镜在平面中的实际应用。

CorelDRAW X6

15.1 三维效果

【三维效果】可以创建纵深感的效果。包括【三维旋转】、【柱面】、【浮雕】、【卷页】、【透视】、【挤远/挤近】、【球面】命令。

1. 三维旋转 »»»

三维旋转命令可以使整体的图片实现3D效果。选中位图，执行【位图】|【三维效果】|【三维旋转】命令，在【三维旋转】对话框中，【垂直】可以设置旋转角度，【水平】可以设置水平轴旋转的角度。

2. 柱面 »»»

【柱面】滤镜可以在水平或垂直方向挤压或拉伸图像。选择位图，执行【位图】|【三维效果】|【柱面】命令，并在【柱面】对话框中设置【柱面模式】。

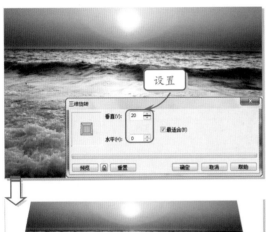

提示

启用【最适合】单选按钮，经过三维旋转后的位图尺寸将接近原来的位图尺寸；【重置】按钮🔒可以对所有参数重置；预览按钮可以在改变设置时自动更新预览效果。

单击【三维旋转】对话框左窗口中的图标不放，并移动鼠标，可以直接调整位图的3D效果。

3．浮雕 ▶▶▶▶

【浮雕】滤镜可以使图像本身通过明暗和颜色的变化产生凸凹的效果。选中位图，执行【位图】|【三维效果】|【浮雕】命令，弹出【浮雕】对话框。

▶▶ 【深度】可以设置浮雕效果的深度。

▶▶ 【层次】可以控制浮雕的效果。

▶▶ 【方向】文本用来设置浮雕效果的方向。

【浮雕色】选项区域可以设置转换成浮雕后的颜色样式。【原始颜色】选项将不改变原来的颜色效果；【灰色】可以将位图转换后变成灰色效果；【黑】可以将位图转换后变成黑白效果。【其它】选项可以在调色板中选择需要的浮雕颜色。

4．卷页 ▶▶▶▶

卷页可以将位图实现翻页的效果。选择位图，执行【位图】|【三维效果】|【卷页】命令，在【卷页】对话框中，左下角有4个卷页类型按钮，用户可以设置位图卷起页角的位置。

5．透视 ▶▶▶▶

【透视】滤镜可以实现两点透视的效果，启用【切变】单选按钮可以实现切变效果。执行【位图】|【三维效果】|【透视】命令，在【透视】对话框的显示框中使用鼠标拖动控制点，可以设置透视效果的方向和深度。

6．挤远／挤近 ▶▶▶▶

【挤远／挤近】滤镜可以调整位图的挤压效果，其效果趋向于球面效果。选择位图，执行【位图】|【三维效果】|【挤远／挤近】命令，在弹出的对话框中，向右拖动【挤远／挤近】滑块可以拉远图像；向左拖动可以拉近图像。

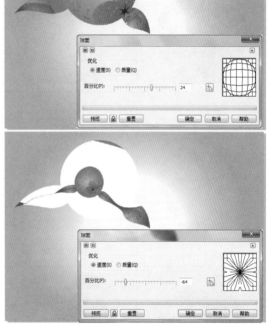

　　单击圈按钮，然后在位图的预览窗口单击，可以设置效果变化的中心。

7. 球面 >>>>

　　【球面】滤镜可以使图像产生凸凹的效果。选中位图，执行【位图】|【三维效果】|【球面】命令，在弹出的【球面】对话框中，【百分比】滑块可以控制位图球面化的程度。

提示

使用鼠标单击圈按钮，然后在位图的预览窗口单击，也可以设置效果变化的中心。

15.2 艺术笔触

　　【艺术笔触】滤镜可以运用手工绘画技巧模拟使用不同的画笔和油墨进行描边，以创造出绘画效果，常常运用到绘制特殊画面效果的过程中。

原图　　炭笔画

单色蜡笔画　　蜡笔画

立体派　　印象派

调色刀　　彩色蜡笔画

钢笔画　　点彩派

木版画　　素描

水彩画　　水印画

波纹纸画

提示

当用户选择某一种画笔后，在弹出的对话框中可以根据需要设置其各选项的参数，例如：画笔大小、颜色、密度等。

15.3 模糊、相机、颜色变换及轮廓图

1. 模糊 >>>>

模糊滤镜可以使位图图像实现各种模糊的特殊效果。常用的【模糊】滤镜有【高斯式模糊】、【动态模糊】、【缩放模糊】和【放射性模糊】等。

| 高斯式模糊 | 动态模糊 |
| 放射性模糊 | 缩放模糊 |

2. 相机 >>>>

相机滤镜可以模拟由扩散透镜产生的效果，即散布图像的像素使之充满周围的空白的空间，并移除画面上存在的杂点。

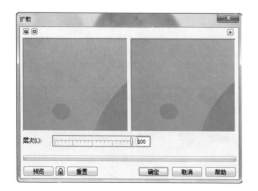

3. 颜色变换 >>>>

颜色变换滤镜可以通过减少或替换颜色来创建摄影幻觉效果。它主要包括位平面、半色调、梦幻色调和曝光效果。

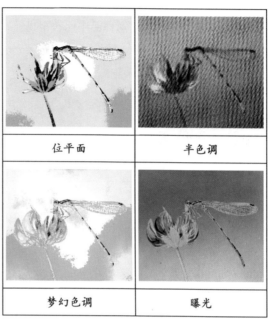

| 位平面 | 半色调 |
| 梦幻色调 | 曝光 |

4. 轮廓图 >>>>

轮廓图滤镜可以突出显示和增强图像的边缘。【轮廓图】滤镜组主要包括【边缘检测】、【查找边缘】、【描摹轮廓】三个选项。

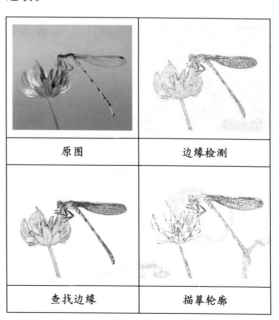

| 原图 | 边缘检测 |
| 查找边缘 | 描摹轮廓 |

15.4 创造性与扭曲

1. 创造性 ▶▶▶▶

创造性滤镜可以对图像应用各种底纹和形状。常用的包括织物、玻璃砖、晶体化、漩涡和彩色玻璃等效果，在创意作品中比较常见。

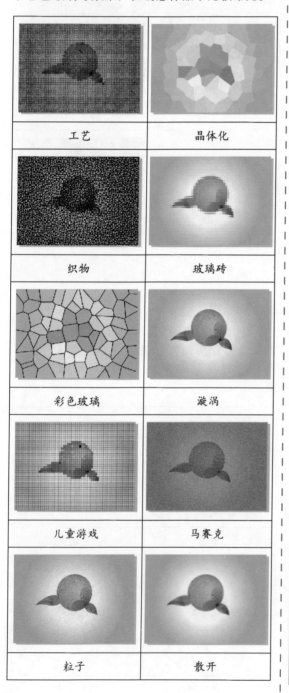

工艺	晶体化
织物	玻璃砖
彩色玻璃	漩涡
儿童游戏	马赛克
粒子	散开

2. 扭曲 ▶▶▶▶

【扭曲】滤镜可以使位图产生变形的效果。使用【扭曲】菜单下的命令可以移动图像中的颜色以获得特殊的拉伸、扭曲和振动效果。其中块状、像素、龟纹、漩涡、湿笔画和风吹效果比较常见。

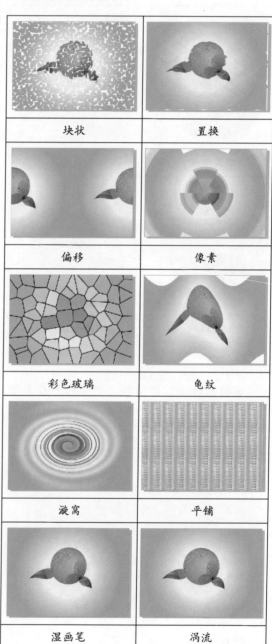

块状	置换
偏移	像素
彩色玻璃	龟纹
漩涡	平铺
湿画笔	涡流

15.5 杂点与鲜明化

1. 杂点 ▶▶▶

【杂点】滤镜可以修改图像的粒度。该滤镜是随机分布的彩色像素点，使用【杂点】滤镜可以添加或移去图像上的痕迹、尘点、也可以用于制作背景图案效果。

▶▶ **【添加杂点】** 在平滑的图像上创建颗粒效果。

▶▶ **【最大值】** 是指把每一个像素与周围像素的最大亮度值比较，并自动调整像素的值，以达到去除杂点的目的。

▶▶ **【中值】** 是通过平均图像中的颜色值来去除位图的杂点和痕迹。

▶▶ **【最小】** 是指把每一个像素与周围像素的最小亮度值比较，并自动调整像素的值，以达到去除杂点的目的。

▶▶ **【去除龟纹】** 是通过去除半色调网板中由于频率不同而产生的波纹图案。

▶▶ **【去除杂点】** 是通过柔化图像来减少在扫描或视频捕获过程中可能产生的杂点。

| 去除龟纹 | 去除杂点 |

2. 鲜明化 ▶▶▶

【鲜明化】滤镜可以添加鲜明化效果，以突出和强化边缘，使模糊的图像变得更加清晰，该滤镜主要是分析图像中邻近像素的值，着重强调图像的边缘细节。

▶▶ **【定向柔化】** 选项是通过分析图像中邻近像素和边界的值，选择一个方向来锐化位图，以得到最好的效果。

▶▶ **【高通滤波器】** 选项是指去除图像中较低阈值的像素和阴影。

▶▶ **【鲜明化】** 选项是指通过增加相邻两像素的对比，来强调图像的边界部分。

▶▶ **【非鲜明化遮罩】** 突出图像的边界部分，并使不模糊的部分变得更清晰。

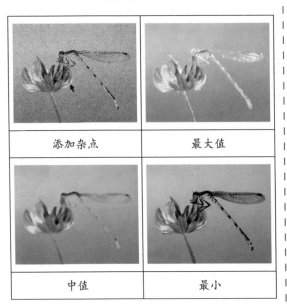

| 添加杂点 | 最大值 |
| 中值 | 最小 |

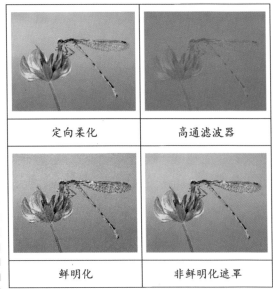

| 定向柔化 | 高通滤波器 |
| 鲜明化 | 非鲜明化遮罩 |

15.6　插画设计

　　插画设计的风格有很多种，有的比较复杂，有的比较简单，但是它们所表达的内容大致相同。下面就通过CorelDRAW为用户介绍一种简单制作插画的方法。

练习要点

- 艺术笔工具
- 矩形工具
- 贝塞尔工具
- 椭圆工具
- 阴影工具

提示

按F12键在弹出的【轮廓笔】对话框中设置各选项参数。

操作步骤：

STEP|01　绘制矩形和人物轮廓。新建一个大小为210mm×210mm的文档，选择【矩形工具】 ，绘制一个正方形，然后选择【贝塞尔工具】 ，绘制出人物的轮廓，选择人物的头发、眼睛、胳膊上的蝴蝶，填充为黑色。打开【轮廓笔】对话框，设置人物身体轮廓的宽度。

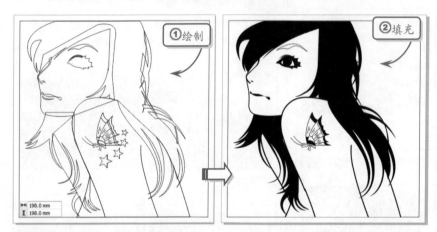

提示

填充了颜色后单击工具箱中的【无轮廓工具】 去除绘制时候的轮廓线。

STEP|02　绘制五角星和填充五官。选择【星形工具】 ，绘制一个五角形状，填充为灰色。复制3个五角星并调整其大小和位置。选择嘴唇和眉毛，将眉毛填充为灰色，嘴唇填充为土黄色。然后，将其轮廓去除。使用【贝塞尔工具】 绘制出嘴巴和眼睛上的高光。

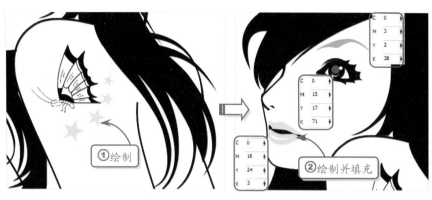

①绘制 ②绘制并填充

STEP|03 绘制腮红和花朵。选择【椭圆工具】，绘制椭圆。选择【阴影工具】，为椭圆添加阴影后，按Ctrl+K组合键，执行【拆分】命令选择阴影部分作为腮红放置人物脸部。选择【艺术笔】工具在工具属性栏中选择花形形状绘制人物头上的花朵。

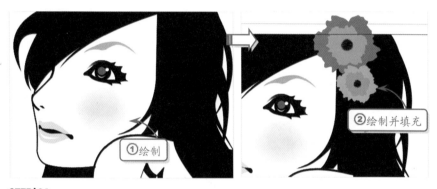

①绘制 ②绘制并填充

STEP|04 裁切花朵和导入素材。使用【裁切工具】将多出矩形部分的花朵切除。按Ctrl+I组合键执行导入命令，将素材导入文档。调整素材大小和位置并放置人物的后一层。然后执行【位图】|【模式】|【黑白（1位）】命令在弹出的对话框中设置各选项后单击【确定】按钮，完成制作。

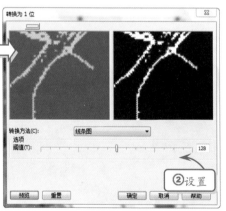

①导入 ②设置

提示

腮红的绘制过程：首先使用【椭圆工具】绘制椭圆并填充颜色，然后在工具箱中选择【阴影工具】并在属性栏中单击【预设列表】选择【大型辉光】选项，调整【阴影的不透明度】、【阴影羽化】及【阴影颜色】。然后按Ctrl+K组合键执行【拆分阴影群组】命令，将椭圆删除保留阴影部分作为人物脸部的腮红。

提示

花朵的绘制过程：选择【艺术笔工具】，单击工具属性栏中的【喷罐】按钮，在【类别】下拉列表中选择植物。在【喷射图案】列表中选择花形，然后，绘制出花形形状，按Ctrl+U组合键，执行【解散】命令，将其路径及不需要的部分删除，使用【形状工具】调整并重新填充颜色。

15.7 制作卷页效果

在日常的平面广告制作中大家不免会看到一些卷页效果的设计图，在CorelDRAW中制作一幅卷页效果的图片是非常容易的。

操作步骤：

STEP|01 新建文档和导入素材。新建一个大小为165mm×108mm的文档，单击标准工具栏中的【导入】按钮，导入需要的素材并调整大小。

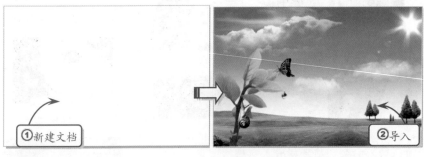

① 新建文档　② 导入

STEP|02 添加模糊和卷页效果。使用【选择工具】选中素材，执行【位图】|【模糊】|【高斯模糊】命令在弹出的对话框中设置参数，为素材添加模糊效果。然后执行【位图】|【三维效果】|【卷页】命令在弹出的对话框中设置各项参数。

① 设置　② 设置

15.8 制作水墨画

本案例是一幅具有古典意义的水墨画，传统的中国画不但具有民族风，它还区别于西方的文化艺术，而如今它已成为东方的艺术代表。

练习要点

● 贝塞尔工具
● 高斯模糊效果
● 转换为位图命令
● 艺术笔工具
● 调和工具

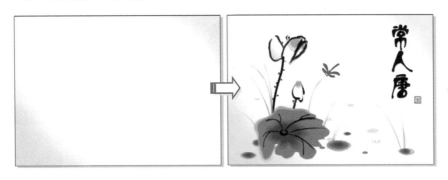

操作步骤：

STEP|01 绘制矩形和荷叶。新建一个297mm×210mm的文档，使用【矩形工具】□绘制一个矩形，按F11键打开【渐变填充】对话框，设置各项参数为矩形添加渐变效果。使用【贝塞尔工具】⬝绘制一个不规则形状，执行【位图】|【转换为位图】命令，然后执行【位图】|【模糊】|【高斯式模糊】命令。

提示

在CorelDRAW文档中绘制的图形是矢量图，想要使用位图中的效果就必须先将矢量图转换为位图，即执行【位图】|【转换为位图】命令。

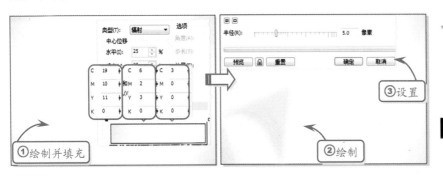

STEP|02 绘制背景装饰和荷叶基本形状。选中不规则形状复制一份并调整大小和位置后执行【效果】|【图框精确裁切】|【置于图文框内】命令，作为背景装饰。使用【贝塞尔工具】⬝，绘制荷叶的基本轮廓，并填充颜色。

提示

在位图中的模糊效果中除了【高斯式模糊】还有【锯齿模糊】、【放射式模糊】、【动态模糊】等。

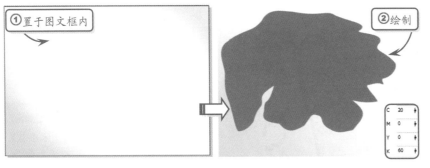

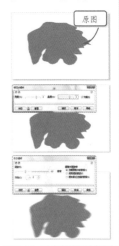

STEP|03 绘制叶子边和叶子经脉。复制荷叶，执行【位图】|【模糊】|【动态模糊】命令，并调整大小。然后使用【艺术笔工具】⬝，选择合适的笔刷沿荷叶边绘制，并添加透明效果。重新设置笔刷绘制荷叶上的经脉。

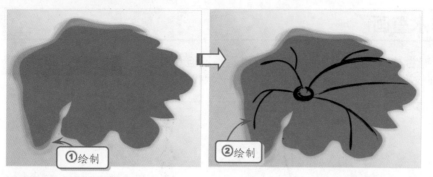

① 绘制

② 绘制

STEP|04 绘制荷叶暗部和波纹。使用【贝塞尔工具】 分别绘制2个荷叶的暗部颜色，使用【调和工具】 ，绘制荷叶暗部的过渡效果。继续使用绘制荷叶的方法绘制池塘中的其他荷叶和波纹。

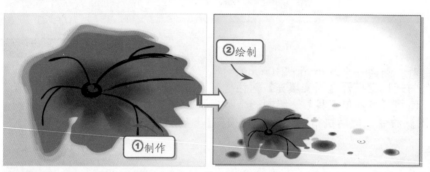

② 绘制

① 制作

STEP|05 绘制芦苇和叶梗部分。选择【艺术笔工具】 ，选择一种合适的笔刷，绘制芦苇形状，然后使用【透明度工具】 绘制透明效果。使用【贝塞尔工具】 绘制一条直线，设置直线的宽度，然后结合【透明度工具】 和【艺术笔工具】 绘制叶梗部分。

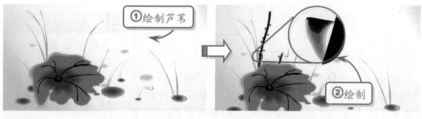

① 绘制芦苇

② 绘制

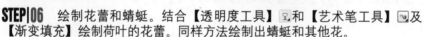

拖动

STEP|06 绘制花蕾和蜻蜓。结合【透明度工具】 和【艺术笔工具】 及【渐变填充】绘制荷叶的花蕾。同样方法绘制出蜻蜓和其他花。

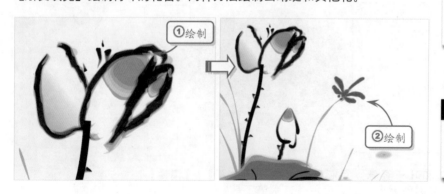

① 绘制

② 绘制

15.9 高手答疑

问题1：制作卷页效果只能是黑白的吗？可以更换其他颜色吗？

解答：可以的，在【卷页】对话框中的【颜色】选项组中设置【卷曲】选项即可。

问题2：当绘制动态模糊效果时，如何解决图像周围参差不齐的图像？

解答：用户可以绘制一个矩形，然后使用图框精确剪裁对象功能，将图像放置在矩形容器内。

问题3：滤镜中的效果不能用是怎么回事？

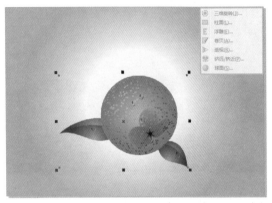

解答：在CorelDRAW中用户所绘制的图形是矢量图，要先将其转换为位图才能使用滤镜效果，执行【位图】|【转换为位图】命令，单击【确定】按钮即可。

15.10 高手训练营

练习1：唯美夕阳

本实例是一个抽象的风景插画设计，通过对矢量图向位图的转换，使图像效果变化得更加丰富。在绘制的过程中主要使用【网状填充工具】⬛绘制背景的各种颜色变化，然后结合使用【透明度工具】⬛和【位图】命令中的【模糊】滤镜组修饰插画的细节部分。

提示

【调色板管理器】泊坞窗中的颜色是软件提供的一系列专属颜色，它可以方便、快速地选择合适的颜色填充对象。

注意

在【印刷色】|【RGB】|【自然】|【天空】中的颜色属于RGB颜色，所以取值模式是RGB颜色模式。

练习2：绘制飞奔的汽车

在人们生活水平大幅度提高的今天，拥有一辆小轿车已经不再是梦想。随着人们需求的增加汽车商们的竞争也日益的激烈，为了提升销售额度，汽车商们在广告上也就越发地注重其宣传的视觉效果。本案例将绘制一辆飞奔汽车在一个平面上，作为汽车平面广告的素材。

提示

案例制作过程首先使用【贝塞尔工具】✎绘制出车辆的外形轮廓，然后使用【渐变填充工具】⬛填充渐变颜色。再次使用【贝塞尔工具】✎绘制车子的高光部分填充白色，并使用【透明度工具】⬛为其添加透明效果。最后将车子的两个轱辘分别群组，并转换为位图，再执行【位图】|【模糊】|【动态模糊】命令，做出车轱辘飞速旋转的效果。

练习3：酒吧宣传海报

商业海报是为某项活动作的前期广告和宣传，其目的是让人们参与其中。这种宣传通俗易懂、简单大方，能够准确地表达出所要传递的信息。下面就通过CorelDRAW为读者介绍一种制作酒吧宣传海报的方法。

练习4：网页设计

网页设计是当今较为流行的宣传手段，它不但可以宣传产品，而且还可以了解该企业的发展动态，因此网页设计的重要性是不言而喻的。下面就为读者介绍一种简单制作网页的方法。

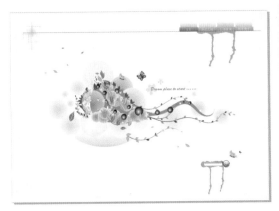

练习5：服装促销海报

服装促销海报是服装企业或销售在一定时期内为了扩大销量，利用产品降价或折扣快速占领市场，提升市场占有率而使用的前期宣传方式，能让大众人群提早知道销售行情，这类海报要色彩鲜明，吸引眼球，达到最好的宣传效果。下面就通过CorelDRAW为读者介绍一种制作服装促销海报的方法。

练习6：抽象插画

本案例是一个抽象卡通插画设计，由戏剧性的图案与极其富有张力的图形构成，使整个画面具有很强的视觉冲击力。

练习7：网页设计

本实例是一个电脑产品的网站宣传设计，简单大方的页面设计，并突出促销信息，使该页面在视觉上具有很强的流动性。

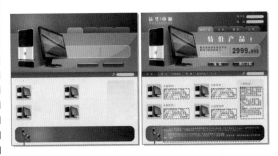

16

图层和样式

在CorelDRAW X6中所绘制的对象都是由图层组成
的，不同的图层顺序会组合成不同的图像效果，图层功
能还可以方便用户处理比较复杂的图形对象，因此对图
层的合理安排同样可以增加特殊的画面效果。样式是一
组设置完成的属性参数，通过对常用的属性参数进行储
存样式，可以一次性对图形进行添加各种属性，并节约
大量的工作时间。

通过对本章的学习，可以使读者在图层的创建、
排列以及样式的保存和编辑上有深刻的认识，并将图层
和样式功能熟练地应用到实际的工作中去。

CorelDRAW X6

16.1 新建和删除图层

所有的CorelDRAW绘图都由堆栈的对象组成，这些对象的垂直顺序决定了绘图的外观。使用图层对这些对象进行管理可以方便有效地进行图形编辑。

1. 新建图层 ▶▶▶▶

图层分布在【对象管理器】泊坞窗中，默认情况下，所有内容都放在一个图层上。应用于特定页面的内容放在一个局部图层上，而应用于文档中所有页面的内容可以放在称为主图层的全局图层上。

每个新文件都是使用默认页面（页面1）和主页面创建的。默认页面包含辅助线层和图层1。辅助线层上存储着页面特定的（局部）辅助线。在绘图页面上绘制对象时，对象会同步添加到图层1上。

主页面是包含应用于文档中所有页面信息的虚拟页面。用户可以将一个或多个图层添加

到主页面上，以保留页眉、页脚或静态背景等内容。执行【工具】|【对象管理器】命令，打开【对象管理器】泊坞窗。单击【对象管理器选项】▶按钮，然后在弹出的菜单中可以新建图层或主图层。

2. 删除图层 ▶▶▶▶

在【对象管理器】泊坞窗中选择图层，单击【对象管理器选项】▶按钮，在展开的菜单栏中，选择【删除图层】选项或直接按Delete键可删除图层。

提示

在删除群组图层时，也会将页面上相对应的对象一同删除，如果需要保留部分对象，可以先将对象移到其他图层上，然后再删除当前图层。除"网格图层"、"桌面图层"和"辅助线层"这3个默认图层外，可以删除任何未锁定的图层。

16.2 排列图层和对象

1．排列图层 ▶▶▶▶

排列图层就是将对象图层在整体页面图层中进行前后排列的过程。在【对象管理器】泊坞窗中，按鼠标左键将对象图层拖至合适的图层位置，松开鼠标即可。

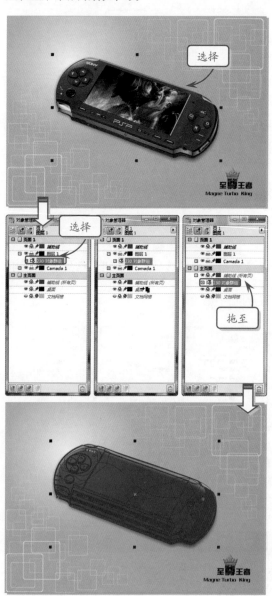

2．排列对象 ▶▶▶▶

更改对象顺序是通过将对象发送到前面或后面，或发送到其他对象的后面或前面，可以更改图层或页面上对象的堆叠顺序。还可以将对象按堆叠顺序精确定位，并可以反转多个对象的堆叠顺序。

用户需要更改对象顺序时，先选择目标对象，执行【菜单】|【顺序】命令，打开顺序菜单栏，它包括【到页面前面】、【到页面后面】、【到图层前面】、【到图层后面】、【向前一层】等命令，使用这些命令可以随意调整对象的位置和顺序。

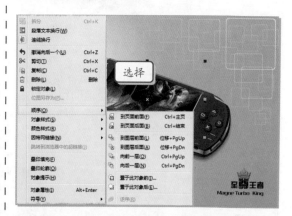

> **提示**
>
> 对象不能移到锁定（不可编辑）图层上，而会移到最近的常规图层或可编辑图层上。例如，如果应用"到页面前面"命令，而最上面的图层是锁定的，则对象将移到最靠上的可编辑图层上。锁定图层上的任何对象仍将位于该对象的前面。

> **提示**
>
> 将对象图层拖动在其他图层名称上方或下方时，会出现一条黑色直线，可以依据这条黑线作为参照来判断对象图层将要调整放置的位置。

16.3 复制和移动图层对象

编辑图层中的对象就是调整和改变图层对象原来的位置及形态以达到最终想要的图形效果。

在移动和复制图层中的对象时可以在一个页面或多个页面之间移动或复制图层，也可以将选定的对象移动或复制到新图层上。

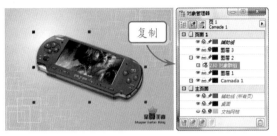

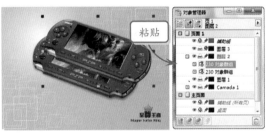

移动和复制图层会影响堆栈顺序。如果将对象移动或复制到位于其当前图层下面的某个图层上，该对象将成为新图层上的顶层对象。同样，如果把一个对象移动或复制到位于其当前层上面的图层上，该对象就将成为新图层上的底层对象。

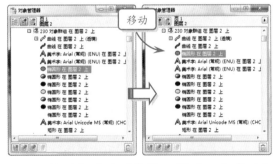

当将对象移动到其他图层时，在【对象管理器】泊坞窗中单击目标对象，然后单击【对象管理器选项】按钮，在菜单栏中单击

【移到图层】，移动鼠标至目标图层位置单击即可。

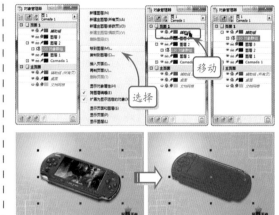

将对象复制到其他图层时，同移动方法相似，在【对象管理器】泊坞窗中单击目标对象，然后单击【对象管理器选项】按钮在菜单栏中选择【复制到图层】选项，移动鼠标至目标图层位置单击即可。

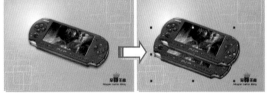

注意

移动对象到某个图层，或者从某个图层移动对象时，此图层必须是未被锁定的，否则不能完成移动效果。

16.4 创建图形和文本样式

CorelDRAW X6共为用户提供了图形、文本和颜色三种样式。在创建样式之后，可以对它进行编辑并应用于任意数量的图形和文本对象中。

1．新建样式 ▶▶▶▶

将样式应用于对象时，样式的所有属性就将一次性全部应用于该对象。在页面中右击需要保存样式属性的对象，执行【样式】|【从一下项新建样式】选择【轮廓】或【填充】命令，输入样式名称单击【确定】按钮即可。

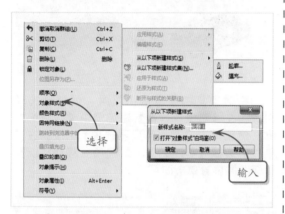

既可以根据现有对象的属性来创建图形或文本样式，也可以从头新建图形或文本样式，两种情形下创建的样式都会被保存起来。

2．编辑样式 ▶▶▶▶

创建样式之后，可以编辑其样式属性。选择新建样式，执行菜单栏中的【工具】|【对象样式】命令打开【对象样式】对话框。

3．应用样式 ▶▶▶▶

在对象上应用样式时，CorelDRAW X6可以使用当前样式的属性来覆盖现有的文本或图形属性。选择对象，执行【工具】|【图形和文本样式】命令，在打开的【图形和文本样式】泊坞窗中双击需要使用的样式即可。

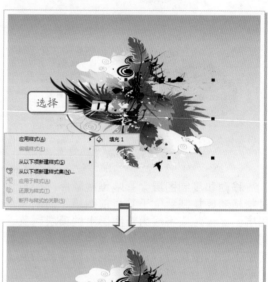

如果用户要在另一绘图中使用该样式，可以将该样式复制到新的绘图上，或者将该样式保存在模板中。如果出现错误，也可以将对象的属性恢复到先前的样式。

16.5 应用颜色样式

颜色样式是指所保存的并应用于绘图中对象的颜色。由于在CorelDRAW X6中提供了无数种颜色，这些颜色样式可以让用户更加方便准确应用所需的颜色。

1. 新建颜色样式 >>>>

新建的颜色样式，可直接应用于绘图中的对象，并可以删除不需要的颜色样式，执行【工具】|【颜色样式】命令，打开【颜色样式】泊坞窗，单击【新建颜色样式】按钮，然后在【新建颜色样式】泊坞窗中选择一种颜色即可。

通过将颜色拖至【颜色样式】泊坞窗中，也可以直接为对象或调色板创建颜色样式，直接拖动【颜色样式】中的颜色到对象上，也可快速为对象添加颜色。

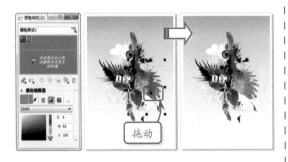

2. 创建子颜色 >>>>

打开【颜色样式】泊坞窗，首先新建一个颜色样式，然后单击【新建颜色和谐】按钮

将进入颜色和谐面板，在该面板下方可编辑其属性。

当用户创建了一个和谐文件后再次单击【新建颜色和谐】按钮就可以执行【复制和谐】和【新建渐变】命令了。

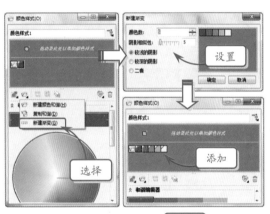

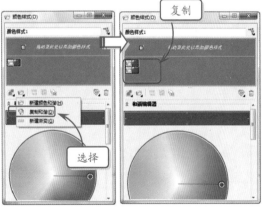

16.6 绘制节能广告

在现代经济高速发展时代，环境保护问题越来越受重视，节约能源成为21世纪的一个主题，本节就同你制作一个节能广告，本广告中运用将灯泡和地球巧妙的结合起来作为画面中心，充分体现了节能这个主题。

练习要点

● 贝塞尔工具
● 透明度工具
● 导入命令
● 钢笔工具

操作步骤：

STEP|01 导入素材和绘制玻璃罩。新建一个文档，执行【文件】|【导入】命令，导入背景素材。使用【贝塞尔工具】，绘制灯泡玻璃罩部分，并填充渐变颜色。

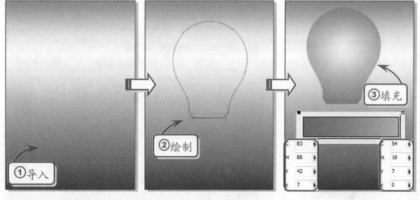

提示

将玻璃罩渐变填充后，单击【无轮廓工具】按钮✕去除轮廓线。

STEP|02 绘制钨丝和不规则形状。使用【钢笔工具】，绘制钨丝及支架部分，选择【贝塞尔工具】，绘制不规则形状，制作灯泡透明效果。

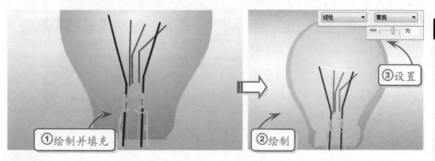

提示

绘制灯泡中的钨丝时要注意细节，绘制出钨丝的高光部分。

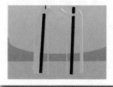

STEP|03 导入素材和绘制高光部分。执行【文件】|【导入】命令，导入地

球素材，将其放置合适位置。选择【钢笔工具】 ，绘制灯泡的高光部分并分别使用【透明度工具】 为其添加透明效果。

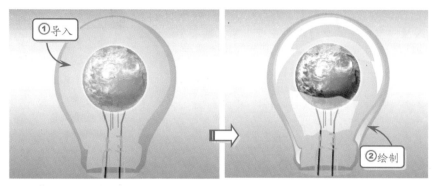

STEP|04 绘制灯泡底座。使用【椭圆工具】 和【贝塞尔工具】 ，绘制灯泡底座及纹理部分，并填充颜色。

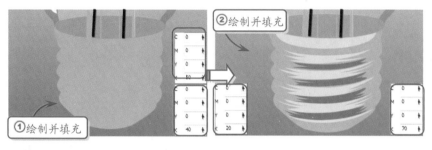

STEP|05 绘制底座高光和金属部分。选择【贝塞尔工具】 ，绘制底座高光。使用【渐变填充工具】 工具，制作灯泡的金属部分。

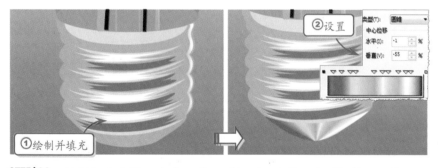

STEP|06 绘制标志和输入文本。使用【矩形工具】 和【钢笔工具】 ，绘制标志部分。使用【文本工具】 ，输入文本，完成最终绘制。

CorelDRAW

16.7　绘制圣诞贺卡

　　圣诞贺卡是圣诞节时亲朋好友互赠祝福及相互交流的一种很好的方式。本例中采用圣诞老人及手拿礼盒的女孩作为主要形象，能充分表达圣诞节这个主题，大面积的红色作为背景，体现了圣诞节喜庆的特点。

练习要点

- 贝塞尔工具
- 旋转命令
- 裁切工具
- 均匀填充
- 透明度工具

提示

贺卡一般都是两折页，一面是书写祝福语，另一面是精美图案。所以绘制的两个矩形各是页面的一半即可。

操作步骤：

STEP|01　绘制背景及背景纹理。新建一个文档，使用【矩形工具】□绘制矩形并填充颜色。使用【文本工具】宇，输入文本并设置其透明度，使用【贝塞尔工具】及【旋转】命令制作雪花，选择【裁切工具】圈中需要部分进行裁切，作为背景底纹。

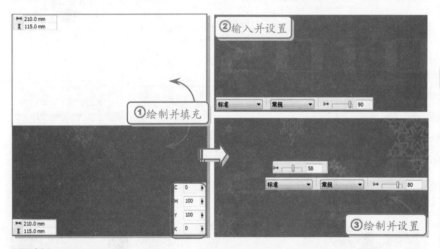

① 绘制并填充

② 输入并设置

③ 绘制并设置

提示

使用【贝塞尔工具】绘制雪花。

绘制

在作为背景底纹时先调整好位置和大小，在不同的位置其旋转的角度也不同，后再分别为其添加不同的透明度。

STEP|02　绘制心形和人物头部。选择【贝塞尔工具】，绘制心形轮廓线，使用【均匀填充工具】■及【透明度工具】为心形填充颜色。再使用【贝塞尔工具】，绘制人物头部轮廓线条。同样使用【均匀填充工具】■及【透明度工具】为人物头部填充颜色。

①绘制并添加透明效果　②绘制　③填充

STEP|03 绘制并填充人物衣服。选择【贝塞尔工具】，绘制人物身体轮廓线条，使用【均匀填充工具】及【透明度工具】为人物衣服填充颜色。

①绘制

②填充　③制作投影

STEP|04 绘制圣诞老人和输入文字。使用【钢笔工具】，绘制圣诞老人头像并填充颜色。使用【文本工具】输入文字完成正面的制作。

①绘制并填充　②输入

STEP|05 制作贺卡背面。使用【矩形工具】及【旋转】命令绘制图形，使用【矩形工具】及【贝塞尔工具】，绘制邮票。最后使用【文本工具】输入文字并为文字添加阴影效果，完成制作。

①绘制　②输入

16.8 制作装饰画

装饰画作为装饰物品悬挂在墙壁上或其他物体上，装饰画可以点缀一个场景（卧室、客厅或者广场等），从而在原本美丽的基础上锦上添花。下面就通过CorelDRAW为用户介绍一种制作装饰画的方法。

 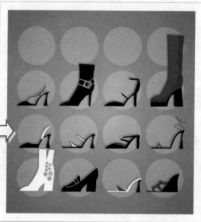

练习要点

- 矩形工具
- 透明度工具
- 渐变填充工具
- 贝塞尔工具
- 椭圆工具
- 变形工具

提示

绘制的背景矩形大小为 183 mm×194mm。在打开的【渐变填充方式】对话框，在【类型】下拉列表中选择【射线】选项，单击【自定义】单选按钮，设置渐变颜色。

操作步骤：

STEP|01 绘制和复制矩形。新建一个200mm×210mm的文档。使用【矩形工具】绘制一个矩形，按F11键打开【渐变填充】对话框为其添加渐变效果。选择矩形复制一份，使用【透明度工具】为其添加透明效果。

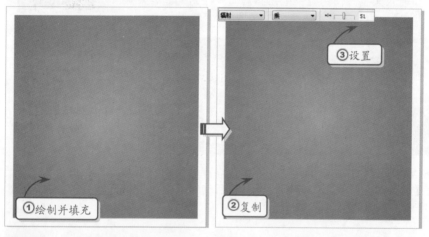

STEP|02 绘制和复制正圆。选择【椭圆工具】绘制白色正圆，并去除轮廓线。选中白色正圆执行【编辑】|【多重复制】命令，弹出【多重复制】泊坞窗，设置各项参数。重复执行此命令直到白色正圆布满页面。

提示

选中背景图层，按 Ctrl+C 组合键复制，按 Ctrl+V 组合键粘贴（原位复制即复制对象和原对象是重叠放置状态）；按 Ctrl+D 组合键再制（复制对象会有不同程度的位移）；使用鼠标拖动对象到合适的位置右击鼠标选择【复制】命令（直接把复制对象拖动到了合适的位置）。三种方法均可复制对象。

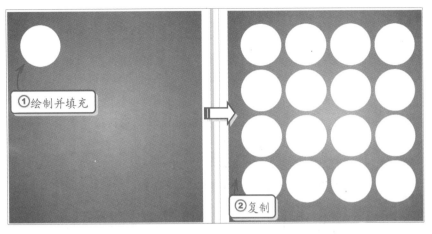

①绘制并填充

②复制

STEP|03 对齐和调整图层并绘制鞋的轮廓线。将所有正圆选中并群组。然后单击工具属性栏中的【对齐与分布按钮】将正圆与页面中心对齐并调整图层顺序。然后使用【贝塞尔工具】绘制出不同样式鞋的轮廓线。

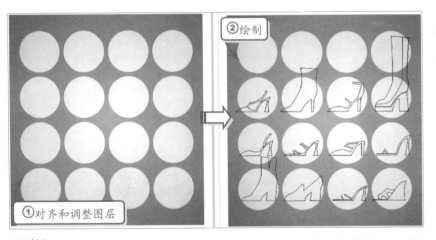

①对齐和调整图层

②绘制

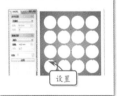
STEP|04 填充颜色、绘制饰物和复制图层。对绘制好的鞋进行填充。使用【椭圆工具】○配合【变形工具】绘制鞋上的饰物并填充颜色，使用【贝塞尔工具】绘制鞋子上面的线段并设置轮廓线。最后将所有鞋子群组复制一份后调整轮廓线颜色，并使用【透明工具】为其添加透明效果。

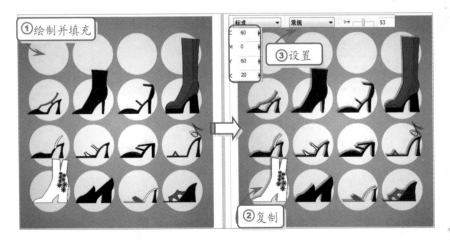

①绘制并填充

③设置

②复制

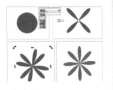

16.9 高手答疑

问题1：打开【对象管理器】泊坞窗，当对两个对象进行群组后，为什么总有些对象消失了？

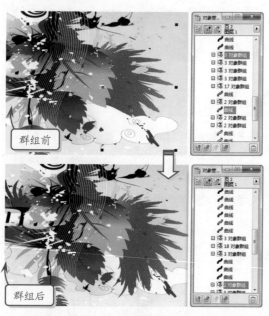

解答：群组后的对象并不是消失了，而是被其他对象覆盖上看不见了，当对一些群组对象进行群组时，需要注意对象图层的排列顺序。

问题2：在【对象管理器】泊坞窗中，选择群组对象图层，使用【矩形工具】绘制矩形，为什么新绘制的矩形不在选择的群组对象图层中？

解答：在CorelDRAW中，群组对象的图层组与Photoshop中的图层组功能并不完全相同，在CorelDRAW中绘制新对象时，它会自动新建一个单独的图层，跟先前选择的群组对象的图层组并没有关系。

如果用户需要将新建的矩形与选择的群组图层进行群组，就需要将该矩形图层拖入到群组图层中。

问题3：在【对象管理器】泊坞窗中，选择辅助线图层组，按Delete键，为什么删不掉该图层组中的辅助线？如果需要将页面中所有的辅助线全部删掉，应该如何操作？

解答：在【对象管理器】泊坞窗中，读者不可以将"网格图层"、"桌面图层"和"辅助线层"这3个默认图层进行删除。如果读者需要将所有辅助线全部删除，就可以结合使用Shift键并选择所有辅助线图层，按Delete键即可删除所有辅助线。

16.10 高手训练营

练习1：精品画轴

卷轴是中国画装裱的一种常见形式，因装有"轴杆"而得名，本例是一幅卷轴画，采用传统国画的形式，加入书法字体和古老的中国印在里面，特别具有中国传统特色，卷轴两端采用金银色同时也不失高贵的特点。

提示

在绘制过程中，主要使用【网状填充工具】来制作背景，使用【渐变填充工具】及【钢笔工具】来绘花朵及叶子部分，完成绘制。

练习2：绘制邮票

邮票是邮政机关发行，供寄递邮件贴用的邮资凭证，邮票在我们日常生活中也经常接触到。本例是采用贺年方式制作的邮票，运用传统的剪纸手法来表现这枚邮票，使更具有中国特色，画面中的红色也更加能表现新年喜庆的特点。

提示

在绘制过程中，主要使用【椭圆形工具】及【修剪】命令制作邮票外形、使用【焊接】命令来绘制边框花纹，完成邮票的制作。

练习3：绘制时尚文字

文字在现代设计中起到非常重要的作用，一个良好的文字设计能吸引大众的眼球，对产品起到极好的宣传作用，文字设计时应注意文字造型的新颖、时尚、大方，也不能脱离文字原有的结构，应在文字结构的基础上进行设计。

提示

在绘制过程中，主要使用【椭圆形工具】及【渐变填充】绘制底部图形，运用【文本工具】输入文本后用【形状工具】改变文字的外形轮廓，最终完成时尚文字的绘制。

练习4：制作服装吊牌

不管是在品牌店还是一般的服装店买衣服，大家都会看到衣服上的吊牌。如今服装吊牌已经成为人们鉴定一件衣服是否是新衣服的标志。吊牌的内容包括：品牌名称、衣料成分及等级、洗涤说明及注意事项，当然最重要的是衣服单品的价格。

练习6：新年贺卡

每逢佳节倍思亲，春节的到来，远方是否有牵挂的人呢？发封新年贺卡问候一下吧，祝她（他）节日快乐。而自己做的新年贺卡赠送亲朋好友是一件多么有意义的事情呀。下面通过CorelDRAW X6介绍一种新年贺卡的制作方法。

提示

在本案例主要通过矩形工具、贝塞尔工具、交互式透明工具等来实行效果。

提示

在绘制过程中，主要使用【矩形工具】及【渐变填充】绘制底部图形，运用【文本工具】字输入文本，然后使用【阴影工具】添加阴影效果，完成制作。

练习5：学生时代

学生时代已经渐渐远去，在这个一生最美好的时光中，所经历的许许多多欢乐也成为记忆，但是值得庆幸的是我们可以常常想起。

提示

本案例主要使用【贝塞尔工具】和【矩形工具】绘制画面主体的轮廓，使用【渐变填充工具】绘制主体的明暗关系，使用【调和工具】创建调和效果以及使用【透明度工具】创建透明效果等。

练习7：绘制贵宾卡

发行VIP会员卡是商家常见的一种促销方式之一，它常以某种优惠活动来吸引顾客消费。会员卡的制作方法有很多种，下面就通过CorelDRAW为读者介绍一种制作VIP会员卡的简单方法。

提示

在本案例中主要通过【矩形工具】、【贝塞尔工具】、【透明度工具】、【渐变填充工具】等来实现效果。

17

CorelDRAW拼版技术

将文字或图画等原稿经制版、施墨、加压等工序，使油墨转移到纸张等材料上的过程称之为印刷。CorelDRAW是一种功能极为强大的绘图软件，并被广泛地应用于排版及分色输出等印刷领域。本章主要讲述使用CorelDRAW X6进行印刷输出的相关知识，并通过对印刷的工作流程的讲解，使读者更加熟悉平面设计的后期制作。

CorelDRAW X6

17.1 印刷的相关知识

在印刷作品之前，首先需要对印刷进行了解，成功掌握印刷知识可以帮助设计师在绘图过程中增加成品的意识。

1. 印前设计工作流程 ▶▶▶▶

印刷之前有许多的工作流程，恰当的工作流程不但可以加快印刷速度，而且还可以提高工作质量，一般的工作流程有以下几个基本过程：

(1) 接受客户资料，明确设计及印刷要求。

(2) 设计：包括输入文字、图像、创意、拼版。

(3) 出黑白或彩色校稿，让客户修改。

(4) 按校稿修改。

(5) 再次出校稿，让客户修改，直到定稿。

(6) 让客户签字后出样稿。

(7) 印前打样。

(8) 送交印刷打样，让客户看是否有问题，如无问题，让客户签字。印前设计全部工作即告完成。如果打样中有问题，还得修改，重新制作样稿。

2. 分色 ▶▶▶▶

在印刷过程中，分色和打样都是非常重要的。在印刷机上印制彩色文档，首先必须分解为CMYK原色以及任何要应用的专色。这个过程称为分色。如在没有专色的情况下，会分成CMYK四色来印刷。

> **提示**
>
> 图像对于印刷质量的影响是最大的，在采用一些扫描下来的图像的时候，电脑里显示时对比度不会很明显，但是印刷出来会相当的灰。
> 所以在出菲林之前一定要十分小心地检查各个图像的对比度。

3. 打样 ▶▶▶▶

打样是印前制作与印刷之间衔接的工序，它可以让用户在印刷前就预见最终印刷品的效果。样张是印刷品质量控制的重要依据，也是与客户沟通交流的工具，其作用主要体现在以下两方面。

一是可以帮助用户检查文档中所包含的各种信息，以便在必要时进行修改，如字体、图像、颜色和所有页面的设置等。其中颜色在打样中是最难控制的，因为不同的承印材料、油墨和网点增大率都会引起样张色彩的变化。

二是可以用作客户和印刷厂之间的合约。合同样张应精确地提供与最终印刷品一致的颜色，而且合同样张最好在印刷前不久打出来，以免由于放置时间较长引起样张退色、失真。

4. 纸张类型 ▶▶▶▶

不同的纸张所印刷后的效果各不相同，为了追求设计和创意的最高境界，可以根据自己的需要选择不同的纸张进行印刷。纸张的类型主要是从使用特点的角度分类，常用的有以下七种纸张类型。

▶▶ **铜版纸** 将颜料、粘合剂和辅助材料制成涂料，经专用设备涂布在纸板表面，经干燥、压光后在纸面形成一层光洁、致密的涂层，获得表面性能和印刷性能良好的铜版纸。多用于烟盒，标签，纸盒等。

▶▶ **胶版纸** 主要是单面胶版印刷纸。纸面洁白光滑，但白度、紧度、平滑度低于铜版纸。超级压光的胶版纸，它的平滑度、紧度比普通压光的胶版纸好，印上文字、图案后可与黄板纸裱糊成纸盒。

▶▶ **商标纸** 商纸面洁白，印刷性能良好，用于制作商标标志。

▶▶ **牛皮纸** 包括箱板纸、水泥袋纸、高强度瓦楞纸、茶色纸板。牛皮纸是用针叶木硫酸盐本色浆制成的质地坚韧、强度大、纸面呈黄褐色的高强度包装纸，从外观上可分成单面光、双面光、有条纹、无条纹等品种，质量要求稍有不同。牛皮纸主要用于制作小型纸袋、文件袋和工业品、纺织品、日用百货的内包装。牛皮纸分为U、A、B 3个等级。

▶▶ **瓦楞纸** 瓦楞纸在生产过程中被压制成瓦楞形状，制成瓦楞纸板以后它将提供纸板弹性、平压强度，并且影响垂直压缩强度等性能。瓦楞纸，纸面平整，厚薄要一致，不能有皱折、裂口和窟窿等纸病，否则增加生产过程的断头故障，影响产品质量。

>> **白卡纸** 是一种平板纸，它表面平滑，质地坚挺。

>> **印刷纸** 专供印刷用的纸。按用途可分为：新闻纸、书刊用纸、封面纸、证券纸等。按印刷方法的不同可分为凸版印刷纸、凹版印刷纸、胶版印刷纸等。

5. 纸张重量 >>>>

　　纸张的重量可以影响印刷品的最终效果，不同的质地和质量都会给客户或消费者带来不一样的感觉。纸张的重量通常有两种方式表示，一种是定量，一种叫令重。定量是单位面积纸张的重量，以每平方米的克数来表示，它是进行纸张计量的基本依据。纸的定量最低为25g/m²，最高为250g/m²。定量分为绝干定量和风干定量。前者是指完全干燥，水分等于零的状态下的定量，后者是指在一定湿度下达到水分平衡时的定量。通常所说的定量是指后者。定量的测定要在标准的温湿度条件下（温度23上下1度；相对湿度50上下2％）进行。常用的纸张定量有50g/m²、60g/m²、70g/m²、100g/m²等多种。定量在250g/m²以下称为纸，超过250g/m²为纸板。

提示

令重表示每令纸张的总重量（1令纸为500张），根据纸张面积和定量来计算，单位为kg。计算公式为：令重=[一张纸的面积(M2)×500×定量(G/M2)]÷1000

6. 纸张大小 >>>>

　　定量纸张的大小通常以"开本"为单位，书刊开本是把全张纸对折切成两张对开纸，再对折切成二张为四开纸，依次类推，有8、16、32、64、128开等。

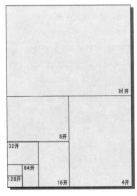
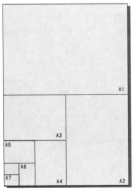

　　在制作排版的同时，纸张大小也非常重要。设计什么样的刊物，用什么规格的纸张最合理，最节约，这都是作为一名设计者所需要考虑的。

规格	毫米	英寸
4A0	1682×2378	66.22×93.62
2A0	1189×1682	46.81×66.22
A0	814×1189	33.11×46.81
A1	594×814	23.39×33.11
A2	420×594	16.54×23.39
A3	297×420	11.69×16.54
A4	210×297	8.27×11.69
A5	148×210	5.83×8.27
A6	105×148	4.13×5.83
A7	74×105	2.91×4.13
A8	74×52	2.91×2.04
A9	52×37	2.04×1.46
A10	37×26	1.46×1.02

A组（跨A0-A10各行）

规格	毫米	英寸
B0	1000×1414	39.37×55.67
B1	707×1000	27.83×39.37
B2	500×707	19.68×27.83
B3	353×500	13.90×19.68
B4	250×353	9.84×13.90
B5	176×250	6.39×9.84
B6	125×176	4.92×6.39
B7	88×125	3.48×4.92

B组（跨B0-B7各行）

规格	毫米	英寸
DL	110×220	4.33×8.66
C	229×324	9.01×12.75
C5	162×229	6.37×9.01
C6	114×162	4.48×6.37

C组（跨DL-C6各行）

提示

还有一种规格叫A3，所谓A3+就是指比A3稍大一点的纸张尺寸。有的打印机不支持无边距，所以只能通过打印A3+尺寸纸张再裁边来获得A3幅面无边距打印。

17.2 绘制圆形

在本章节中所介绍的方法主要是根据所从事过的印前工作经验总结而来，目的是希望能对一些从事印前工作的制作人员进行抛砖引玉，为各位读者开辟出另一条排版之路。

1. 版面的设置 ▶▶▶▶

CorelDRAW默认的页面版式是国际上广泛使用的A4办公用纸，这种纸张是面向于办公室而非针对书册杂志的版式，因此在使用CorelDRAW进行书册杂志的排版工作之时，必须对这种版面进行一些设置，例如要设置320mm×200mm的横幅版面。

也可以采用另一种方法来处理所要进行的工作环境，就是采用矩形框来从视觉上代表所想要的实际纸张要求。例如要设置一个210mm×150mm的版面，首先选择【矩形工具】□，绘制一个矩形，在工具属性栏中将纸张的宽度设置为210mm，高度设置为150mm即可。

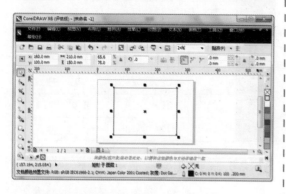

2. 设置文字选框 ▶▶▶▶

在版面设计中，经常会用到段落性的文字，由于文字较多，我们可以使用【文本工具】字绘制文本框，并在属性栏中设置文本框的大小。

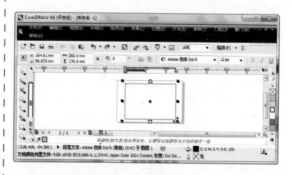

3. 添加多幅页面 ▶▶▶▶

在图书排版或其他编辑设计的过程中，如果需要在同一个文件中再排下一个页面的内容，可以单击状态栏中的 号，增加页面。

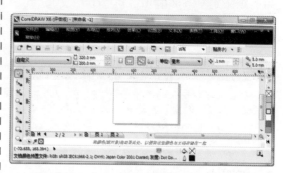

通过画一个与实际纸张大小一致的矩形框作为虚拟页面，也可以在一个页面上摆放下更多的页面内容，而不必另增加新的页码。

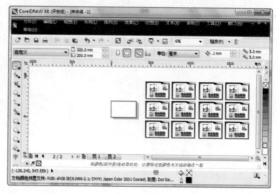

17.3 印刷输出准备

排版工作完成之后，接下来的工作就是输出的问题。在打印过程中经常会遇到的事情是，文字兼容、打印不完整、偏色等问题，这些问题也是制作者必须掌握的，下面详细地为读者讲解。

1. 将文字转换为曲线 》》》》

在打印过程中，经常会出现打开之后有些字体不显示或出现字体丢失现象。解决的方法是：将字体拷贝一份，连同作品一同发到输出单位。另外一种方法是将所有文字转换为曲线，它可以预防印出成品后字体串行。

将文字转为曲线

2. 将色彩转换为CMYK模式 》》》》

在印刷前需要将RGB作品的颜色模式转换成CMYK模式。在制作过程中，设计师可以随时从其他软件模式菜单中选取CMYK四色印刷模式，但是一定要注意，在作品转换模式后，就无法恢复原有图片模式的色彩。

3. 设置出血 》》》》

出血主要是保护成品裁切时，有色彩的地方在非故意的情况下，做到色彩完全覆盖到要表达的地方。为了保证页面正文不受影响，在设计制作过程中，页面内距印刷品边界3mm的范围内不安排重要信息，以避免被裁切掉。现在实行的出血位标准尺寸为3mm。就是沿实际尺寸加大3mm的边。在矢量图里，各个软件的

设置都是差不多的，一般的做法是将血出位放于页外。例如要制作尺寸为291mm×204mm的版面。

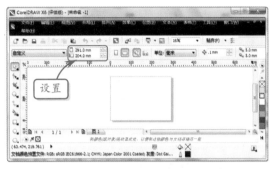

其次，页面大小加上出血线的大小，4个边分别加上3mm，那么设计图纸的尺寸应该是297mm×210mm，使用【矩形工具】绘制一个矩形，在工具属性栏上将大小设置为297mm×210mm。

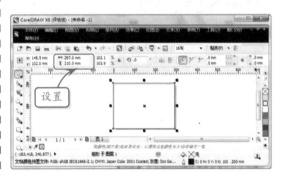

在色板上面选择一种颜色进行填充，执行【排列】|【对齐和分布】|【在页面居中】，将图形在页面居中。然后执行【视图】|【显示】|【出血】，在页面的边缘区域就会显示出出血线。

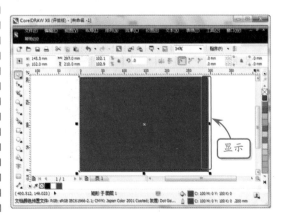

17.4 印刷输出注意事项

下面再向读者介绍一些印刷时容易出现的问题。

1. 版面文本 ▶▶▶▶

版面上的文字距离裁切边缘必须大于3mm，以免裁切时被切到。文字必须转曲线或描外框。文字不要使用系统字，若使用会造成笔划交错处有白色节点。文字转成曲线后，请注意字间或行间是否有跳行或互相重叠的错乱现象。如果笔划交错处有白色节点，执行【排列】|【拆分】命令即可。黑色文字不要选用套印填色。

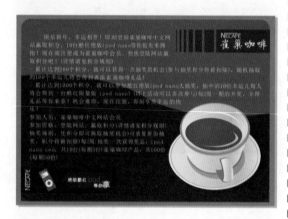

2. 色谱 ▶▶▶▶

在审稿时不能以屏幕或打印机印出的颜色来要求印刷色，制作过程中必须参照CMYK色谱的百分数来决定制作填色，同时注意：不同厂家生产的CMYK色谱受采用的纸张、油墨种类、印刷压力等因素的影响，同一色块会存在差异。

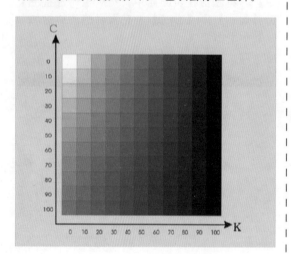

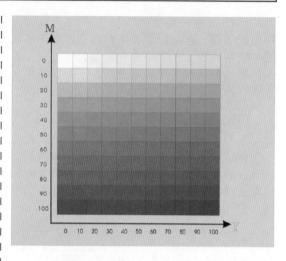

3. 颜色偏差 ▶▶▶▶

同一文档在不同次印刷时，色彩都会有差异，色差度在10%内为正常（因墨量控制每次都会有不同所致），大型机器印刷，顾此失彼，如果有以前的文档要加印，为避免色差过大，应参照印刷公司所出的数码色样。同样一版的报纸，但是印刷的时间不同，效果也有所差异。

4. 颜色明度 ▶▶▶▶

色块之配色尽量避免使用深色或满版色之组合，否则印刷后裁切容易产生背印的情况。名片印刷由于量少，正反面有相同大面积色块的地方，底纹或底图颜色不要低于10%，以避免印刷成品时无法呈现。

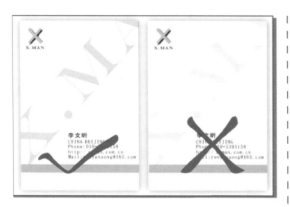

5. 注意位图 ▶▶▶▶

在CorelDRAW中，影像、照片必须以TIFF档格式，CMYK模式输入，勿以PSD格式输入，所有输入的影像图、分离的阴影及使用透明度、滤镜材质填色的图形，请在CorelDRAW中再转一次位图（色彩为CMYK32位，解析度为300dpi，启用【反锯齿】、【透明背景】复选框）。以避免组版时造成马塞克影像。

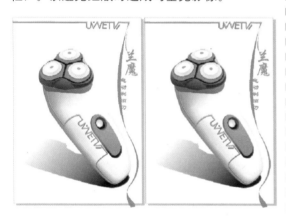

6. 轮廓线 ▶▶▶▶

所有输入或绘制的图形，其线框粗细不可小于0.1mm，否则印刷品会造成断线或无法呈现的状况。另外线框不可设定"随影像缩放"，否则印刷输出时会形成不规则线。

7. 渐变问题 ▶▶▶▶

在渐变中常见的问题：例如红色→黑色的渐变，设置错误：M100→K100中间会很难看，设置应该是M100→M100K100，其他情况类推。

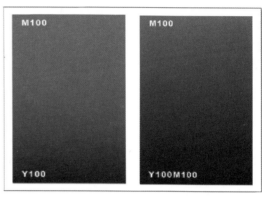

透明渐变是适用于网络图形的办法，灰度图也可以，但是完成稿输出不可以，因为其空间混合模式为RGB，屏幕混合色彩同印刷CMYK差异太大，在此一定要注意。上面的文本为执行透明渐变后的效果，但是转换为曲线后透明渐变效果失去作用了。

黑色部分的渐变不要太低，如5%黑色，由于输出时有黑色叠印选项，低于10%的黑色通常使用的是替代而不是叠印，导致出问题，同样使用纯浅色黑也要小心。

其他注意事项

双面双折名片请标示折线及正反面；不论名片，卡片，不论单面、双面，不论人数多少或款式多少，一律置于同一页面，不要分页制作；特别注意有任何图片、色块或线超出制作尺寸时，请一律置入图框内。还可以运用【裁切工具】，将超出制作尺寸的一部分裁去。

17.5 打印预览

在CorelDRAW中设计作品后，在进行打印之前，可以进行打印预览。尤其是对没有把握的打印设置，最好先进行打印预览，查看下效果，这对于大批量打印文件很重要。在打印之前进行打印预览可以及时地修改作品，提高整体的工作效率，避免造成纸墨浪费。

1. 预览打印作品 >>>>

可以使用全屏"打印预览"来查看作品的打印效果，"打印预览"可显示出图像在打印纸上的位置与大小，还可以显示出裁剪标记和颜色校准栏等，也可以手动调整作品大小及位置。

预览打印作品的具体操作如下。

>> 执行菜单栏中的【文件】|【打印预览】命令，就会进入打印预览模式。

>> 单击【打印样式另存为】按钮➕，可将当前预览框中的打印对象另存为一个新的打印类型。

>> 单击【打印选项】按钮，可弹出【打印选项】对话框，在此对话框中可设置打印的相关事项。

>> 单击【到页面】下拉列表框，弹出其下拉列表，从中可以选择不同的缩放比例来对对象进行打印预览。

>> 单击【全屏】按钮，可将打印的对象全屏预览。

>> 单击【启用分色】按钮，标识将一幅作品分成四色打印。

>> 单击【反色】按钮，即可将打印预览的对象以底片的效果打印。

>> 单击【镜像】按钮，可将打印的对象镜像打印出来。

>> 单击【关闭】按钮，可关闭打印窗口，返回到正常的编辑状态。

>> 单击【版面布局】按钮，可以指定和编辑拼版版面。

>> 单击【标记放置工具】按钮，可增加、删除定位打印标记。

2. 调整大小和定位 >>>>

在打印预览窗口中，可以通过下面的步骤来调整打印对象的大小。

>> 选择工具箱中的挑选工具。

>> 用挑选工具选择预览窗口中的对象，此时，对象上显示出8个控制点。

>> 将鼠标指针移到控制点处，当指针变为双箭头形状时，按住鼠标左键拖动便可以调整所选对象的大小。

如果要放大页面中的图像，则位图可能呈现出锯齿状。

> **注意**
>
> 在打印预览窗口中调整打印对象大小，不会改变原始图形的大小及图像所在的位置。

3. 自定义预览 >>>>

改变预览图像的质量，可以加快打印预览的重绘速度，还可以指定预览的图像是彩色图像还是灰度图像，其具体操作如下。

>> 在打印预览窗口中，执行菜单栏中的【查看】|【显示图像】命令，此时图像将由一个框来表示。

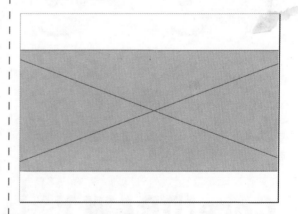

>> 执行菜单栏中的【查看】|【颜色预览】命令，可弹出其子菜单，从中选择【色彩】命令，图像即显示为【彩图】；选择【灰色】命令，图像可显示为灰度图。默认的设置是【自动（模拟输出）】，它可根据所用打印机的不同而显示为灰度图像或是彩色图像。

17.6 绘制光盘封面

光盘主要是用来储存信息的一种工具，常见的有音乐、电影光盘等，要想使光盘销售出去，好的封面设计非常重要，本例中用传统电影胶片形象来作为封面上的主题形象，更加能表达出本光盘的性质，背景颜色采用古朴的土黄色，看上去更加厚重。

提示

选择【椭圆形工具】，同时按住Ctrl+Shift组合键可以以圆心为中心绘制正圆。也可以按Ctrl键绘制好两个正圆后，将其全部选择单击工具属性栏中的【对齐与分布】按钮将其中心对齐形成同心圆。

操作步骤：

STEP|01 绘制矩形和椭圆。新建A4横版文档，绘制一个与页面大小相同的矩形并使用【渐变工具】，填充渐变色。选择【椭圆形工具】，绘制同心圆，并添加路径文本。

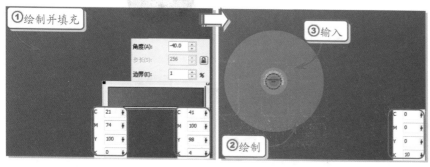

提示

使用【透明度工具】，为绘制的大圆添加透明效果。

STEP|02 渐变填充和添加阴影。复制大圆并使用【渐变填充工具】，填充渐变色绘制光盘质感，选择【阴影工具】，绘制光盘阴影部分，得到效果。

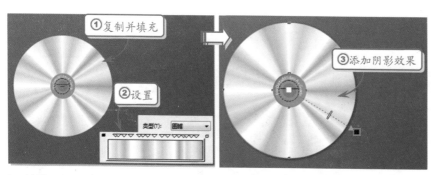

提示

选择【艺术笔工具】，在工具属性栏中单击【笔刷】设置【类别】为【底纹】。在底纹的下拉菜单中选择笔触。

STEP|03 绘制正圆和装饰图案。使用【椭圆形工具】，绘制正圆并填充颜色制作光盘底色。选择【艺术笔工具】绘制图形，并使用【粗糙笔刷工具】，对所绘制的图形进行粗糙处理。

STEP|04 导入素材和绘制电影带形状。接着执行【文件】|【导入】命令，导入素材，调整大小及位置。执行【排列】|【造型】|【相交】命令，对导入的素材进行修剪，选择【贝塞尔工具】，绘制形状路径并填充黑色。

STEP|05 输入文字和制作倒影。使用【文本工具】，输入文字并设置其样式及大小复制标题文字，单击【垂直镜像】按钮将文字垂直变换后添加透明效果，制作文字倒影。

STEP|06 绘制光盘盒子。使用【矩形工具】工具和【贝塞尔工具】，绘制光盘盒子的外形并填充颜色，复制光盘上的内容并调整大小和位置。

17.7 制作艺术展海报

作展览海报的重点体现该活动主题、时间和地点这三要素。三个要素都具备了，还要以合理的排列方式进行排列以及借助于一些辅助图形。下面就通过CoreIDRAW为用户介绍一种简单制作艺术展览海报及门票的方法。

练习要点

- 矩形工具
- 贝塞尔工具
- 椭圆工具
- 星形工具

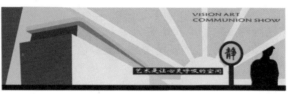

提示

在使用【矩形工具】□绘制V字图形下面的图形时，首先绘制一个矩形。选择快捷键 Ctrl + Q，执行【转换为曲线】命令，然后使用【形状工具】对其进行调整并复制。

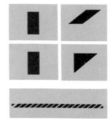

操作步骤：

STEP|01 绘制背景和装饰图形。新建一个文档，使用【矩形工具】□绘制一个矩形填充为黑色，然后复制矩形并重新填充颜色。使用【贝塞尔工具】和【矩形工具】□绘制出海报上方的装饰图案。

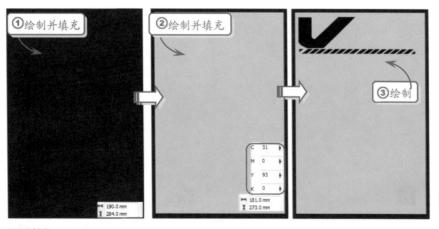

STEP|02 绘制页面下方不规则图形和曲线。使用【贝塞尔工具】绘制下面的不规则形状和曲线并填充颜色。

提示

绘制页面下方的曲线时，需按F12键打开【轮廓笔】对话框设置各项参数。

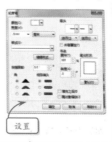

设置

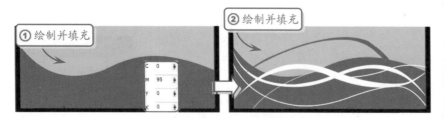

STEP|03 绘制装饰图案和输入文本。使用【椭圆工具】和【星形工具】绘制装饰图形并填充颜色。然后选中绘制的圆形装饰图案多次按Ctrl+D

组合键执行重制命令。并调整其大小和颜色放置合适的位置。然后使用【文本工具】字输入相应的文本。

STEP|04 绘制矩形和人物。使用【矩形工具】口绘制一个矩形并填充颜色，使用【贝塞尔工具】\绘制人物轮廓并填充为黑色。然后使用【椭圆工具】○和【矩形工具】口绘制人物旁边的警示牌并填充颜色。

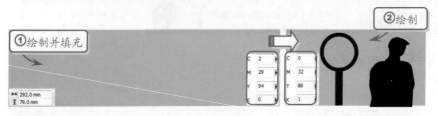

STEP|05 绘制太阳图形。使用【椭圆工具】○绘制椭圆填充颜色，使用【贝塞尔工具】\绘制不规则图形，然后执行【排列】|【变换】|【旋转】命令，打开【变换】泊坞窗，设置参数并多次单击【应用到再制】按钮。选择【裁切工具】，将绘图页面以外的图形裁切掉。

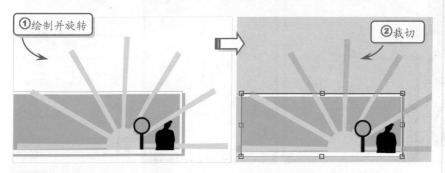

STEP|06 绘制房屋图形和输入文本。使用【贝塞尔工具】\和【矩形工具】口，绘制出绘图页面左边的房屋图形轮廓并填充颜色。最后使用【文本工具】字输入相应的文本，完成门票的制作。

CorelDRAW

17.8 美容宣传广告

女人天生爱美丽，因此美容行业中大多是为女性所服务的，本案例制作的就是一幅女子美容会所的宣传广告，在整个画面中运用了柔和的粉红色，形状上也尽量地避免棱角的出现，搭配上美女和部分产品来吸引顾客的眼球。

练习要点

● 矩形工具
● 椭圆工具
● 渐变填充工具
● 透明度工具
● 阴影工具

提示

选中复制的矩形在工具属性栏中设置【对象大小】和【圆角】参数。

设置

操作步骤：

STEP|01 绘制并复制矩形。新建一个A4横版文档。使用【矩形工具】□绘制矩形并填充颜色，然后复制矩形调整大小后，按F11键打开【渐变填充】对话框，对复制的矩形进行渐变填充。

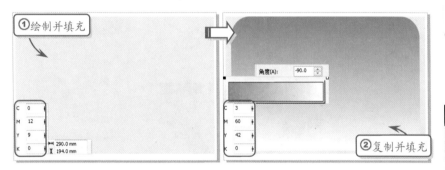

案例欣赏

为了做产品推广在商店做一些宣传是必不可少的。

STEP|02 复制和添加透明效果。选中圆角矩形复制一份并单击工具属性栏中的【垂直镜像】按钮📇，然后调整其大小并复制，使用【透明度工具】🖾为复制的圆角矩形添加透明效果。

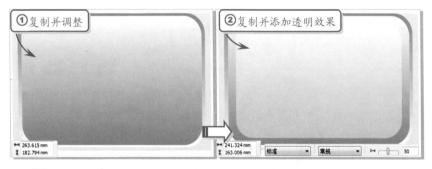

提示

本案例是通过重复的复制同一个形状并改变其大小和颜色来实现效果的。要注意颜色上的统一。

STEP|03 复制圆角矩形和绘制矩形及正圆。复制透明圆角矩形并填充颜色后，选择【调和工具】🖾选择最上层的图形，拖动鼠标到透明图层。使用【矩形工具】□绘制矩形并填充颜色，再使用【椭圆工具】◯绘制白色正圆。

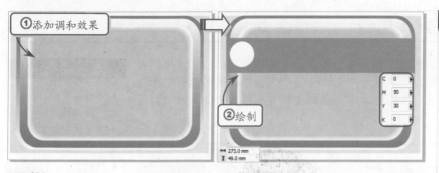

① 添加调和效果

② 绘制

C 0
M 50
Y 30
K 0

273.0 mm
49.0 mm

STEP|04 复制正圆和绘制商品图形。使用【透明度工具】🔲为正圆添加透明效果。并复制6个并单击工具属性栏中的【对齐与分布】按钮🔲，所有正圆垂直居中对齐。并在椭圆上面绘制一些商品图形并填充颜色。

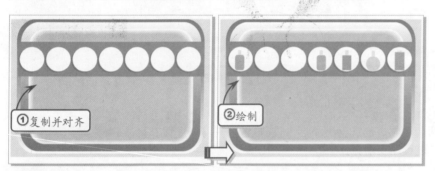

① 复制并对齐

② 绘制

对齐

STEP|05 绘制人物轮廓并填充。使用【贝塞尔工具】🔲绘制出人物的轮廓，并使用默认的CMYK调色板对人物进行简单的填充。使用【艺术笔工具】🔲选择合适笔触绘制人物轮廓部分。

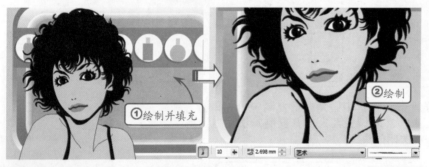

① 绘制并填充

② 绘制

10   2.698 mm   艺术

STEP|06 绘制细节和输入文本。使用【贝塞尔工具】🔲绘制头发纹理部分及人物面部细节并填充颜色，使用【文本工具】🔲输入相应的文本。

① 绘制并填充

② 输入

BEAUTY SHOP

问题1：四种颜色调出来的黑，上面打白色文字。套印不准。如何解决？

解决：套印不准原因并不多，设备问题、人员能力、工艺3个方面。设备方面的问题比如对开四色胶印机受叼纸牙拍老化影响，会出现甩教，不但套印不准而且颜色也不稳定，这样的问题只能降低印刷速度。人员能力，就是说受设备和人员的能力对机器和设备控制不足，尤其在晒版工艺上管理不到位，用CTP和管理机制能改善工艺，比如在字体选择，连大版的综合考虑，和颜色控制上也能解决。

问题2：台历的印刷具体需要注意哪些事项？

解答：制作一本精美的个性台历或者商务台历，需要注意以下几点。

（1）选好样式。台历可分为横式和竖式两种，也分为铁圈装订和不装订，所以在订购前一定选择好商家提供的样品，这样就可以在这个成品的基础上进行更改，以便快速地制作出自己满意的台历。

（2）铁圈的选择。多数台历都是由铁圈来固定的，但是铁圈也有很大的不同，如果铁圈的直径与台历的厚度很接近的话，这样的台历在翻页的时候，很不舒畅，两页之间很容易卡住，看上去很小气的，所以在选择铁圈的时候，一定要选择尺寸稍微大2mm左右的铁圈，这样翻起来就会感觉好多了。

（3）纸板的选择。现在的纸张装订的台历，基本上采用的都是纸板，一些非常便宜的台历用的纸板肯定是普通的纸板，好纸板硬度和持久度都非常的好，长时间不易变形。

（4）页面纸张的选择。这是最关键的，一般的情况下，选择200g的铜版纸就很不错了，厚度适中，不必要选择太厚的纸张，否则小小的台历看上去会很厚重而难达精致之美了。

问题3：专色是指什么？

解答：专色是指在印刷时，不是通过印刷C、M、Y、K四色合成这种颜色，而是专门用一种特定的油墨来印刷该颜色。专色油墨是由印刷厂预先混合好或油墨厂生产的。

问题4：打印时，出现太多锯齿、马赛克太强了，怎么解决呢？

解答：出现这样的问题主要包括3种原因。

（1）图片放大倍数过高，打印机受分辨率限制，如果放大过大，容易出现马赛克。所以找图时尽量用专业图库，进行分辨率转换。

（2）软件设置问题，打印时检查软件本身打印选项，常见粗略显示和省墨模式也会出现这样的现象。

（3）排版软件丢链接图片后会出现马赛克图像。

问题5：为什么我每次打印A4纸大小的图形，每次只能打印一张？能对同一页面上的图形一次打印多份吗？

解答：可以，执行【文件】|【打印】命令，弹出【打印】对话框。在【常规】选项卡中的【目标】区域中可以对打印机进行设置，在【打印范围】区域中可以设置页面的打印范围。在【副本】设置区中设置指定的打印份数。

17.10 高手训练营

练习1：绘制时尚杂志封面

杂志是我们生活中获取信息的一个重要通道，在琳琅满目的期刊市场上如何第一时间吸引读者的眼球，这就需要我们去认真设计，在本例中使用鲜艳的色彩、简单明了的图形，具备时尚、简洁的特征，使本杂志脱颖而出。

提示

在绘制过程中，主要使用【椭圆形工具】○及【粗糙笔刷工具】✏制作背景，运用【贝塞尔工具】✎及【渐变填充】■绘制鞋子，最终完成时尚杂志封面的绘制。

练习2：制作POP广告

在商场购物中我们会经常的看到POP促销海报，主要是用来刺激引导消费者消费和活跃市场气氛。本例是为美容院制作的一幅POP广告，粉色的背景表明了本店的消费群体主要是女性，画面中活泼可爱的人物形象及字体设计能够迅速吸引消费者的眼球。

提示

在绘制过程中，主要使用【艺术笔工具】✎及【粗糙笔刷工具】✏绘制光盘背景图形，运用【垂直镜像】✎及【透明度工具】✎制作文字倒影，最终完成光盘封面的绘制。

练习3：设计杂志封面

下面将通过在CorelDRAW X6中制作杂志封面的过程，继续向读者介绍在CorelDRAW中编辑版面的方法。

提示

在绘制过程中，主要执行【导入】命令导入素材；【裁切工具】✂切除多余部分；【选择工具】✎移动和调整对象及【文本工具】输入文本完成杂志封面的制作。

练习4：标志设计

标志同徽标、商标(logo)一样是现代经济的产物，它不同于古代的印记，现代标志承载着企业的无形资产，是企业综合信息传递的媒介。标志作为企业CIS战略的最主要部分，在企业形象传递过程中，是应用最广泛、出现频率最高，同时也是最关键的元素。企业强大的整体实力、完善的管理机制、优质的产品和服务，都被涵盖于标志中，通过不断的刺激和反复刻画，深深地留在受众心中。

设计过程

设计过程中构思须慎重推敲，力求深刻、巧妙、新颖、独特，表意准确，能经受住时间的考验。我们通过对简单的图形进行巧妙的组合、修剪使其图形附有寓意，使图形与公司的业务性质相互呼应，然后加上公司的名字就组成了完整的标志。

设计说明

这是一个网络科技公司的标志设计，因为公司的业务主要是互联网用品，所以标志的主体类似于网状，象征着互联网。圆形代表电脑终端，直线部分则代表四通八达的网络连接，因为两点之间最短的距离是"直线"所以这里也预示着公司的产品作用是"提供更快更稳的网络产品和设备"。

练习5：VI设计

VI（Visual Identity）即企业视觉识别，它透过科学的视觉语言充分传达出企业的精神、行业特征及差异性，是塑造企业形象品牌、扩大企业知名度的强力工具，是企业形象和品牌持久稳定发展的传播载体。视觉传播是企业形象传播的主要途径之一。本案例中制作的是一家以休闲饮食为主的公司VI，从公司的性质和产品来决定标志设计的风格和颜色。标志的主体部分是两个缩写字母，颜色的搭配很绚丽，就像公司的冰激凌产品一样鲜艳缤纷。

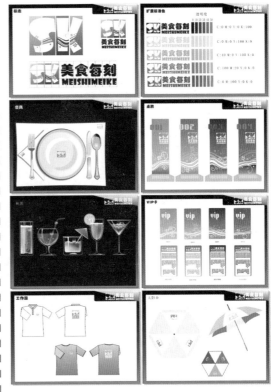

练习6：摩托车造型设计

本练习是一辆摩托车的造型设计，摩托车的流线型的外形，金属油漆和零部件的金属质感都是我们绘制的重点。绘制前要细致观察下现实中的摩托车表面的金属漆在光线下呈现的颜色。

提示

由于摩托车细部件太多，所以要整体考虑，首先以线条将轮廓绘出，再以纯色填充，接下来才是完善效果。不要从局部开始，这样不容易把握整体效果。

18

综合案例

前面的章节已经详细介绍了CorelDRAW X6中工具和命令的使用方法和运用技巧，而本章节主要是通过综合案例的形式来讲解各种工具和命令的实际应用。折页案例主要是讲解文本的编排和一些基本形状的绘制，而VI设计则综合运用了CorelDRAW X6的修整命令和【渐变填充工具】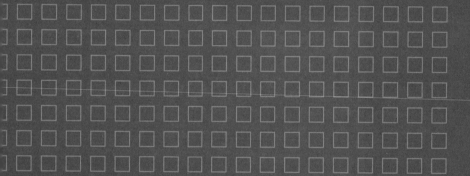等工具来完成整个设计过程，游戏机产品造型则大量运用了【贝塞尔工具】以及【透明度工具】等工具和命令来完成整个设计。

CorelDRAW X6

18.1 练习：制作三折页

折页是用来宣传产品的一种媒介，是广告的一种形式，在我们日常生活中经常见到。本例为一则手机宣传折页，画面中使用深灰色作为背景看上去更加的时尚，设计新颖的标题文字更加突现本产品的大方美观。

在绘制过程中，主要使用【矩形工具】□及【渐变填充工具】█来制作图形，使用【文本工具】≇输入文本并设置文本样式及大小，完成折页的制作。

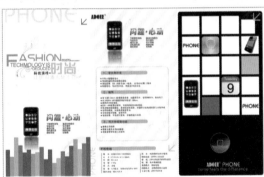

操作步骤：

STEP|01 新建一个文档尺寸为300mm×190mm，按F6键绘制矩形，在工具属性栏里设置圆角半径并填充渐变颜色。

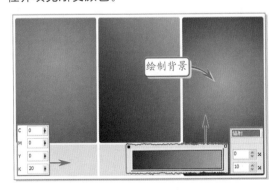

STEP|02 使用【贝塞尔工具】╲绘制图形，并使用【均匀填充工具】█填充颜色。

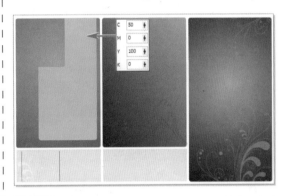

STEP|03 使用【矩形工具】□绘制圆角矩形并设置其渐变颜色。

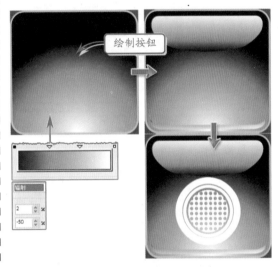

STEP|04 如上所述，绘制其他的图标。

STEP|05 执行【文件】|【导入】命令导入素材。

STEP|06 选择【2点线工具】绘制线段并设置轮廓宽度及颜色来绘制如下图形。

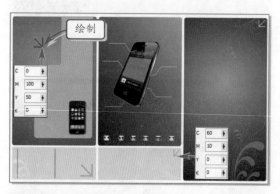

STEP|07 选择【文本工具】输入字符文本并在工具属性栏里设置文字样式及大小。

STEP|08 选择【文本工具】在画面中拖动出矩形框输入段落文本，完成折页正面绘制。

STEP|09 新建文档绘制如下图形作为折页背面背景。

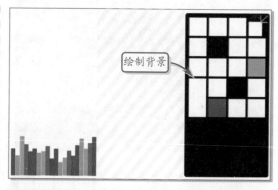

STEP|10 使用【矩形工具】绘制圆角矩形，并填充颜色。

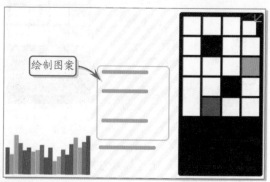

STEP|11 使用【矩形工具】绘制图标，并使用【渐变填充工具】填充渐变颜色。

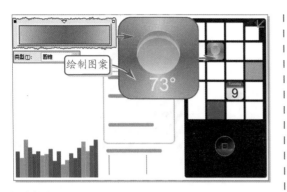

STEP | 12 按Ctrl+I快捷键导入手机素材。

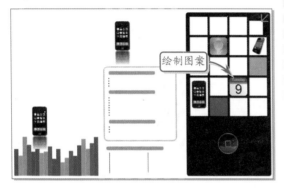

STEP | 13 选择【文本工具】字输入文本并设置文本样式及大小。

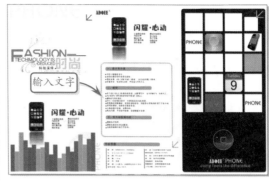

STEP | 14 使用【渐变填充工具】■为文字填充渐变颜色，完成最终绘制。

18.2 练习：音乐海报

　　本案例是一张酒吧的音乐海报设计，为了提高酒吧的娱乐性，在酒吧内部不但装潢着各种涂鸦，而相对显眼的海报也是酒吧的一道风景线。本案例在绘制的过程中，主要使用【贝塞尔工具】和【椭圆形工具】绘制海报的基本图形，然后结合使用【渐变填充工具】和【透明度工具】为图形添加颜色，最后使用【文本工具】和【形状工具】绘制特殊的文字效果。

18.2.1 绘制基本图形

STEP|01 新建一个文档，尺寸为800mm×1400mm，双击【矩形工具】 ，并使用【渐变填充工具】 填充颜色。

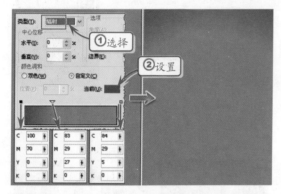

STEP|02 使用【贝塞尔工具】 绘制一个三角形状，然后使用【渐变填充工具】 填充渐变颜色。

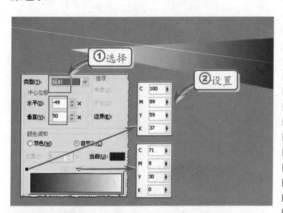

STEP|03 选择该形状，然后使用【透明度工具】 添加透明效果。

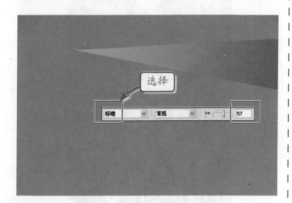

STEP|04 使用上述方法，使用【贝塞尔工具】 绘制其他形状，并结合【渐变填充工具】 和【透明度工具】 添加透明渐变效果。

STEP|05 将绘制的形状进行群组，然后执行【效果】|【图框精剪裁】|【放置在容器中】命令，将形状放置在背景矩形框中。

STEP|06 右击背景，在弹出的菜单中选择【编辑内容】选项，然后结合【矩形工具】和【透明度工具】绘制一个渐变矩形。

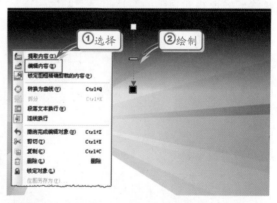

STEP|07 导入人物素材，然后执行【效果】|【图框精剪裁】|【放置在容器中】命令，单击属性栏中的【水平镜像】按钮 ，并调整位置和大小。

STEP|08 使用【星形工具】绘制多个星星，并调整颜色、位置和大小。

STEP|09 按住Ctrl键，使用【椭圆形工具】绘制一个正圆，并设置轮廓颜色，然后使用【轮廓工具】绘制轮廓图形，并在属性栏中设置参数。

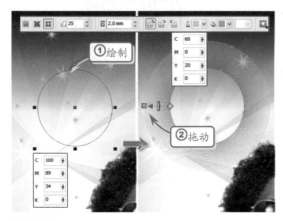

STEP|10 导入素材文件，并执行【效果】|【图框精剪裁】|【放置在容器中】命令，将其放置在背景矩形框中。

18.2.2 绘制音响图标

STEP|01 使用【贝塞尔工具】绘制音响图标的基本轮廓，并使用【渐变填充工具】填充渐变颜色。

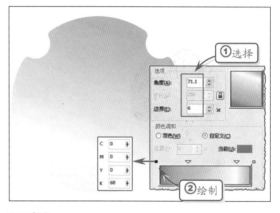

STEP|02 按住Ctrl键，使用【椭圆形工具】绘制一个正圆并填充颜色，然后使用【贝塞尔工具】绘制图标的高光和暗部颜色。

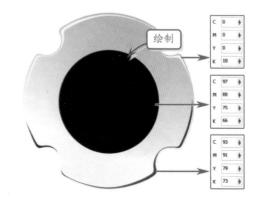

STEP|03 复制图标底色，按住Shift键的同时使用【刻刀工具】沿曲线将图标底色进行分

割。然后将分割的上部分删掉，并保留下部分图形。

制一个正圆，然后使用【渐变填充工具】■添加渐变颜色。

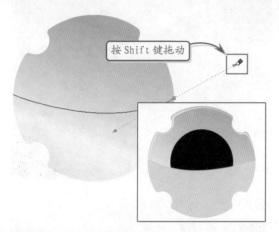

STEP|04 选中分割后的图形，使用【渐变填充工具】■添加渐变颜色。

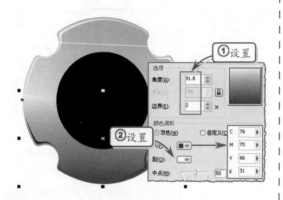

STEP|05 使用【贝塞尔工具】绘制图标的中间调颜色。

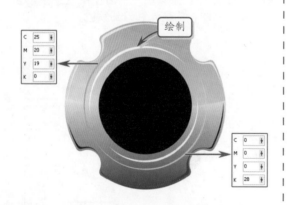

STEP|06 按住Ctrl键，使用【椭圆形工具】绘

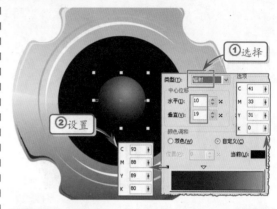

STEP|07 复制两次上述所绘制的正圆，并调整其位置，然后将其全部选中，单击属性栏中的【修剪】按钮。

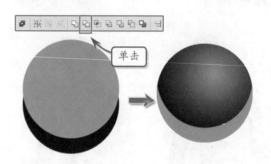

STEP|08 删除多余部分，并选中月牙图形，使用【渐变填充工具】■添加渐变颜色。

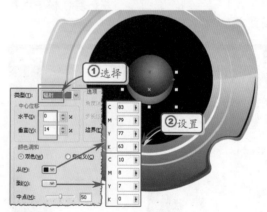

STEP|09 使用【贝塞尔工具】绘制中心图标的高光，并使用【渐变填充工具】■添加渐变效果。

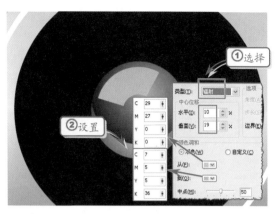

STEP|10 按住Ctrl键，使用【椭圆形工具】○分别绘制两个正圆，并使用【渐变填充工具】■添加渐变颜色。

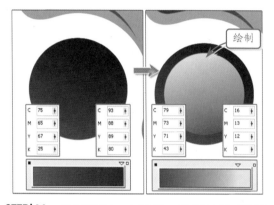

STEP|11 复制绘制一个正圆，然后使用【渐变填充工具】■添加渐变颜色。

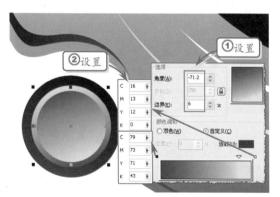

STEP|12 选择【多边形工具】○，并在属性栏中设置【点数或边数】为6，按住Ctrl键绘制一个正六边形，并使用【渐变填充工具】■添加渐变效果。

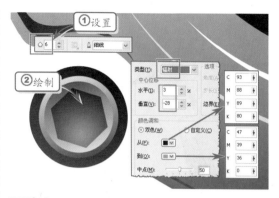

STEP|13 使用【贝塞尔工具】╲绘制螺丝的暗部颜色。

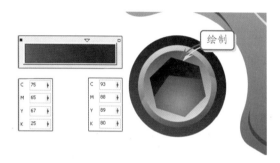

STEP|14 将绘制的螺丝图形进行群组，然后复制3份，分别调整到喇叭的四角。

STEP|15 选中全部喇叭图形，并将其群组，然后复制多份，调整位置和大小。

STEP|16 结合【贝塞尔工具】 和【矩形工具】 绘制耳机图标。

绘制

18.2.3 绘制炫丽效果

STEP|01 使用【贝塞尔工具】 绘制两条不规则曲线，然后使用【调和工具】 绘制调和效果。

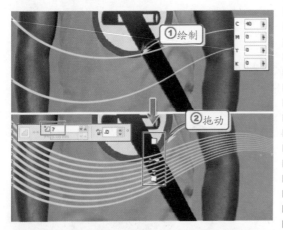

①绘制

②拖动

STEP|02 继续使用上述方法，结合【贝塞尔工具】 和【调和工具】 绘制不规则曲线。

绘制

STEP|03 使用【贝塞尔工具】 绘制音乐图标，并进行复制，调整位置和大小。

绘制

STEP|04 使用【矩形工具】 绘制一个矩形，并结合【渐变填充工具】 添加渐变颜色。

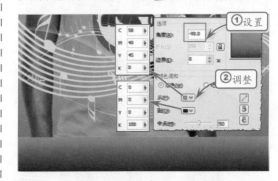

①设置

②调整

STEP|05 使用【贝塞尔工具】 绘制一个人物的轮廓，并填充颜色。

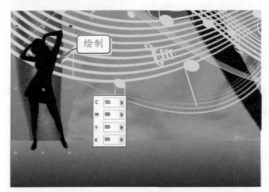

绘制

STEP|06 结合使用【贝塞尔工具】 和【透明度工具】 绘制其他人物和投影。

绘制

STEP|07 导入麦克风位图素材，然后调整位置和顺序，并在属性栏中单击【水平镜像】按钮。

STEP|08 使用【文本工具】输入文字，然后使用【渐变填充工具】添加渐变效果。

STEP|09 选择文字，右击，在弹出的菜单中选择【转换为曲线】选项。

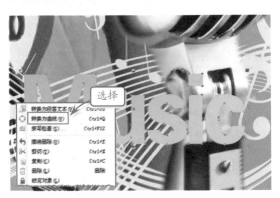

STEP|10 使用【形状工具】选择字母C的所有节点，然后单击属性栏中的【旋转与倾斜节点】按钮，旋转字母C的所有节点。

STEP|11 继续使用【形状工具】拖动文字的节点，调整形状。

STEP|12 结合使用【形状工具】和【椭圆形工具】绘制文字的暗部和投影。

STEP|13 复制文字，然后使用【刻刀工具】✎切割掉文字的下部轮廓。

STEP|14 选择修改后的文字，并使用【渐变填充工具】■添加渐变效果。

STEP|15 使用上述方法绘制文字的其他部分。

STEP|16 结合【文本工具】字和【形状工具】绘制字母S，然后使用【渐变填充工具】■添加渐变效果。

STEP|17 结合【椭圆形工具】和【多边形工具】绘制水晶的基本形状，然后使用【渐变填充工具】■添加渐变颜色。

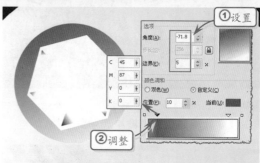

STEP|18 群组水晶的所有对象，然后进行复制，并分别调整位置和大小。

STEP|19 使用上述方法绘制水晶文字的其他部分。

STEP|20 结合【星形工具】 ⬠ 和【贝塞尔工具】 ✎ 绘制星星、闪光和其他图形。

STEP|21 按住Ctrl键，使用【椭圆形工具】 ⬭ 绘制多个正圆，并按一定的顺序进行排列。

18.3 产品网站设计

　　本实例是一个电脑产品的网站宣传设计，简单大方的页面设计，并突出促销信息，使该页面在视觉上具有很强的流动性。在绘制过程中主要使用【矩形工具】绘制页面的基本形状，然后结合【渐变填充工具】和【透明度工具】为页面和电脑添加渐变颜色。

18.3.1 绘制页面

STEP|01 新建一个A4大小的页面，使用【矩形工具】绘制矩形并填充颜色。

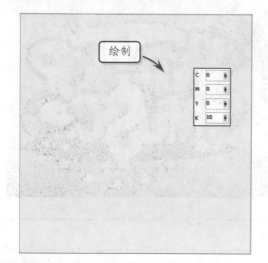

STEP|02 使用【矩形工具】绘制矩形，然后使用【渐变填充工具】添加渐变颜色。

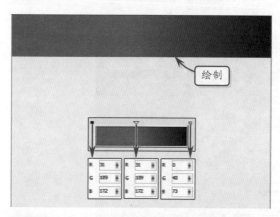

STEP|03 继续使用【矩形工具】绘制矩形，然后使用【渐变填充工具】添加渐变颜色。

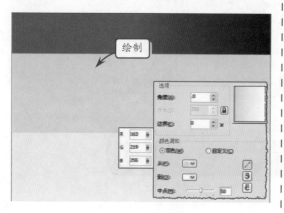

STEP|04 使用上述方法绘制其他渐变矩形。

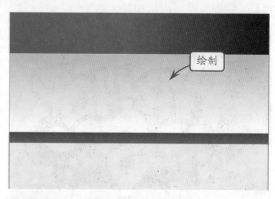

STEP|05 使用【贝塞尔工具】绘制一个不规则图形，并填充渐变颜色。

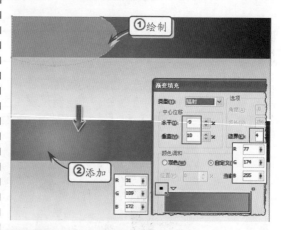

STEP|06 使用【矩形工具】绘制矩形，并使用【渐变填充工具】添加渐变颜色，然后使用【透明度工具】添加透明效果，并在属性栏中设置相关参数。

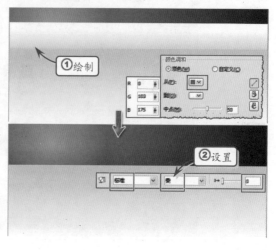

STEP|07 使用【矩形工具】□绘制矩形，并使用【渐变填充工具】■添加渐变颜色。

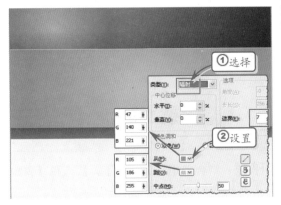

STEP|08 使用【贝塞尔工具】绘制一个不规则图形，并使用【渐变填充工具】■添加渐变颜色，然后使用【透明度工具】添加透明效果，并在属性栏中设置相关参数。

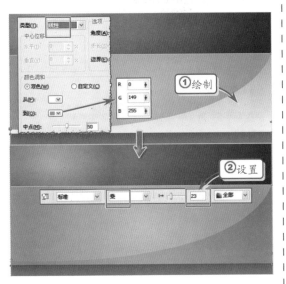

STEP|09 使用【矩形工具】□绘制矩形，在属性栏中设置圆角半径参数，然后填充渐变颜色，并转换为曲线。

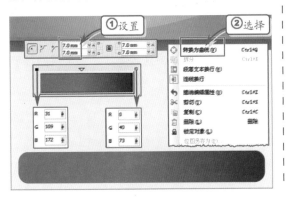

STEP|10 使用【矩形工具】□绘制矩形，并使用【渐变填充工具】■添加渐变颜色。

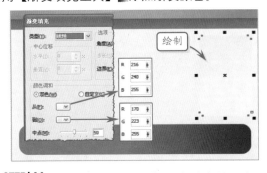

STEP|11 使用【矩形工具】□分别绘制两个圆角矩形，并使用【渐变填充工具】■添加渐变颜色。

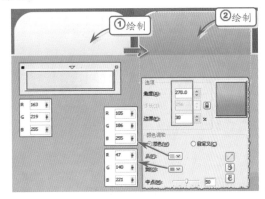

STEP|12 使用上述方法绘制其他的网页按钮。

STEP|13 结合使用【椭圆形工具】和【贝塞尔工具】绘制其他图标。

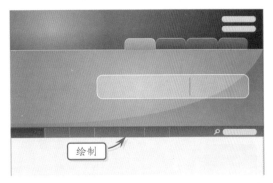

STEP|14 使用【矩形工具】□绘制一个圆角矩形，并填充渐变颜色。

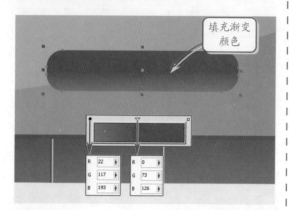

STEP|15 使用【贝塞尔工具】绘制一个不规则图形，并使用【渐变填充工具】■添加渐变颜色。

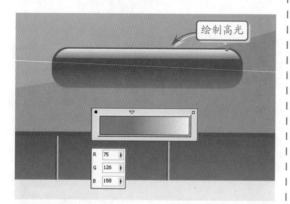

STEP|16 使用相同方法绘制另一个红色按钮。

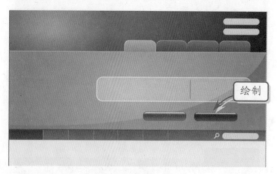

18.3.2 绘制电脑

STEP|01 使用【贝塞尔工具】绘制一个不规则图形，并使用【渐变填充工具】■添加渐变颜色。

STEP|02 结合使用【贝塞尔工具】和【椭圆形工具】绘制显示器的底座。

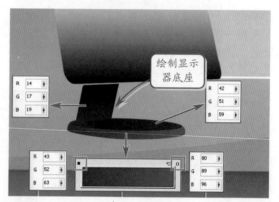

STEP|03 复制显示器屏幕图形，然后将其放大，并使用【修剪】命令删除多余部分，填充渐变颜色。

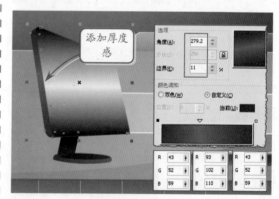

STEP|04 使用上述方法绘制显示器屏幕的细节部分。

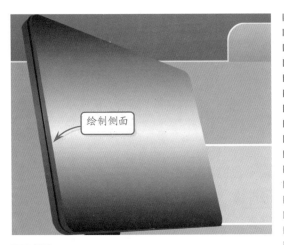

绘制侧面

STEP|05 结合使用【矩形工具】□和【形状工具】↘绘制显示器屏幕。

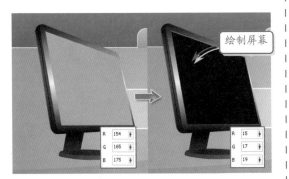

绘制屏幕

R	154
G	165
B	175

R	15
G	17
B	19

STEP|06 继续使用上述方法修饰显示器屏幕。

修饰细节

R	24	R	128	R	51
G	28	G	137	G	59
B	33	B	144	B	68

STEP|07 结合使用【矩形工具】□和【渐变填充工具】■添加底座的高光颜色。

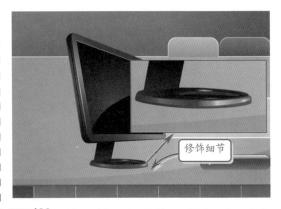

修饰细节

STEP|08 使用【矩形工具】□绘制一个圆角矩形，并转为曲线，然后使用【形状工具】↘修饰该矩形，并添加渐变颜色。

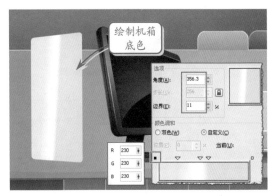

绘制机箱底色

R	230
G	230
B	230

STEP|09 使用【贝塞尔工具】↘绘制机箱高光的轮廓，并使用【渐变填充工具】■添加渐变颜色。

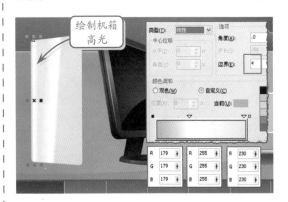

绘制机箱高光

R	179	R	255	R	230
G	179	G	255	G	230
B	179	B	255	B	230

STEP|10　使用相同方法绘制机箱的暗部颜色。

STEP|11　结合【矩形工具】▫和【渐变填充工具】■绘制机箱侧面。

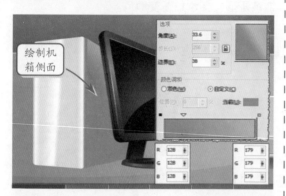

STEP|12　结合【贝塞尔工具】✎和【透明度工具】▫绘制机箱侧面细节。

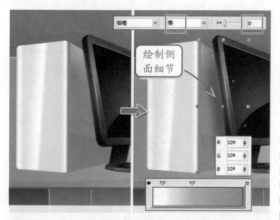

STEP|13　使用上述方法绘制机箱的细节部分。

STEP|14　结合使用【椭圆形工具】◔和【渐变填充工具】■绘制机箱的开关按钮。

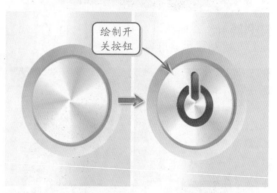

STEP|15　使用【矩形工具】▫绘制一个圆角矩形，并使用【渐变填充工具】■添加渐变颜色。

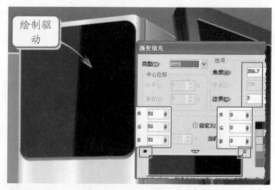

STEP|16　结合【矩形工具】▫和【渐变填充工具】■绘制光驱出口部分。

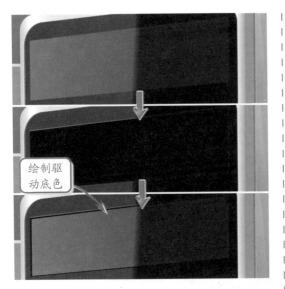

绘制驱动底色

STEP|17 使用上述方法结合【矩形工具】和【渐变填充工具】绘制机箱的其他细节。

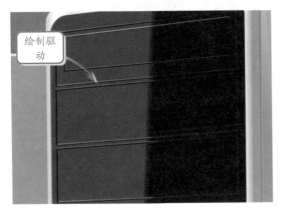

绘制驱动

STEP|18 使用【矩形工具】和【贝塞尔工具】绘制USB和音响接口。

绘制接口

STEP|19 复制显示器屏幕图形，添加位图素材，并将其添加到显示器图框中，然后右击，选择【编辑内容】选项，执行【位图】|【三维效果】|【透视】命令。

添加位图

STEP|20 使用【文本工具】添加网页文字信息，完成最终绘制。

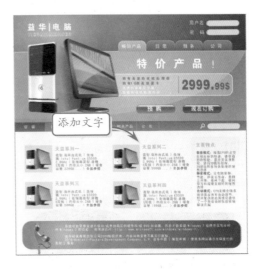

添加文字

18.4　手机UI界面设计

本实例是一部手机的UI界面设计，手机作为现代化信息的一个终端产物，它不但拥有现代先进的生产技术，同样也具有现代化艺术美学。炫丽的外观加上人性化的按键设计，都处处表现在这个方面。

在绘制的过程中，主要使用【矩形工具】绘制手机和按键的基本轮廓，然后结合【渐变填充工具】和【阴影工具】绘制手机的金属质感和其他细节部分。

18.4.1　绘制手机

STEP|01 新建一个A4大小的页面，使用【矩形工具】绘制矩形并设置其圆角半径，然后转为曲线。

STEP|02 复制圆角矩形，并进行缩小，然后使用【均匀填充工具】填充颜色。

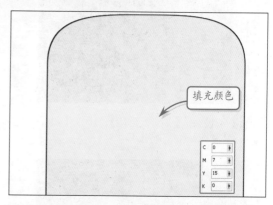

STEP|03 复制圆角矩形，进行同比例缩小，然后使用【渐变填充工具】添加渐变颜色。

STEP|04 复制圆角矩形，并进行同比例缩小，然后使用【均匀填充工具】■填充颜色。

STEP|05 复制圆角矩形，进行同比例缩小，然后使用【渐变填充工具】■添加渐变颜色。

STEP|06 继续复制圆角矩形，然后使用【渐变填充工具】■添加渐变颜色。

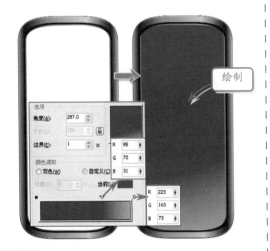

STEP|07 复制圆角矩形，按住Shift键，使用【刻刀工具】✐将圆角矩形进行切割，并删除多余部分。

STEP|08 使用【矩形工具】绘制一个矩形，并在属性栏中设置圆角半径，然后转为曲线。

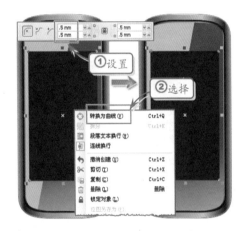

STEP|09 执行【排列】|【造形】命令，打开【造形】泊坞窗，选择黑色矩形，然后在【造形】泊坞窗中选择【修剪】选项，并单击手机亮部颜色。

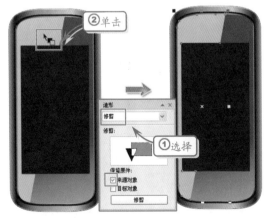

STEP|10 选择修改后的亮部颜色，使用【渐变填充工具】添加渐变颜色。

STEP|11 继续使用【修剪】命令绘制屏幕的高光，并使用【透明度工具】降低不透明度。

添加高光

STEP|12 使用【矩形工具】绘制一个矩形，导入位图素材，然后执行【效果】|【图框精确剪裁】|【放置在容器中】命令，然后右击该图框，执行【编辑内容】命令，修改位图的位置和大小。

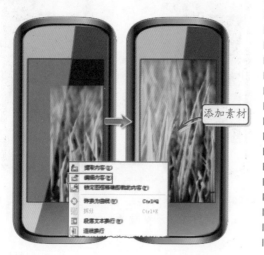

添加素材

STEP|13 使用【矩形工具】绘制一个矩形，并使用【透明度工具】绘制线性渐变效果。

选择

STEP|14 使用【矩形工具】绘制一个矩形，并使用【透明度工具】降低不透明度。

选择

STEP|15 使用【矩形工具】绘制一个矩形，并使用【透明度工具】绘制线性渐变效果。

绘制

STEP|16 使用【矩形工具】绘制一个矩形，并转化为曲线，然后使用【形状工具】修改其形状。

STEP|17 使用上述方法继续绘制另一个矩形，并降低不透明度。

STEP|18 使用【矩形工具】绘制一个矩形，并使用【形状工具】修改其形状，然后使用【渐变填充工具】添加渐变效果。

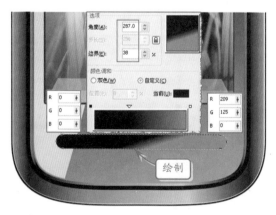

STEP|19 复制圆角矩形，并将其同比例缩小，填充颜色。

STEP|20 复制圆角矩形，并将其同比例缩小，然后使用【渐变填充工具】添加渐变效果，并运用【修剪】命令修饰图形。

STEP|21 使用上述方法绘制按键的暗部颜色，然后使用【矩形工具】绘制按键图标，并分别填充颜色。

STEP|22 使用【矩形工具】绘制一个矩形，并使用【形状工具】修改其形状，然后使用【渐变填充工具】添加渐变效果。

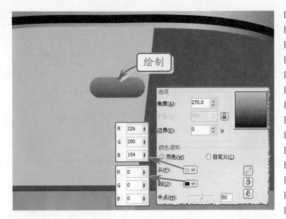

STEP|23 使用【矩形工具】□绘制一个矩形，并设置圆角参数，然后使用【渐变填充工具】■添加渐变效果。

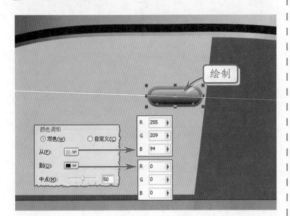

STEP|24 复制圆角矩形并填充黑色，然后使用【透明度工具】☑添加透明渐变效果。

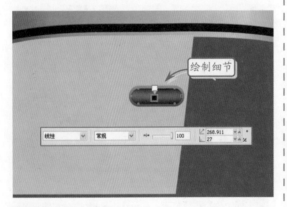

STEP|25 结合【椭圆形工具】○和【渐变填充工具】■绘制摄像头。

18.4.2 绘制按键

STEP|01 使用【矩形工具】□绘制一个矩形，并使用【形状工具】⬦修改其形状，然后使用【渐变填充工具】■添加渐变效果。

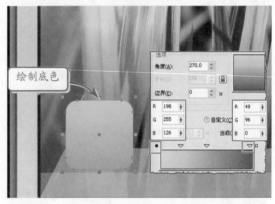

STEP|02 结合使用【贝塞尔工具】✎和【渐变填充工具】■绘制按钮的高光和暗部颜色。

STEP|03 使用【贝塞尔工具】绘制按钮的图标，并填充颜色。

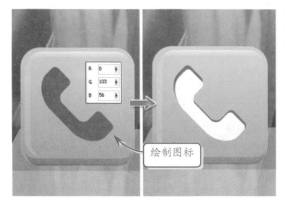

绘制图标

STEP|04 然后使用上述方法绘制手机的其他按钮图标。

绘制图标

STEP|05 将手机按钮进行群组，然后使用【阴影工具】添加按钮的阴影。

添加投影

STEP|06 复制按钮，然后执行【位图】|【转换为位图】命令，然后单击属性栏中的【垂直镜像】按钮。

转为位图

STEP|07 选中位图按钮，使用【透明度工具】添加透明渐变效果。

透明渐变

STEP|08 使用上述方法结合【矩形工具】和【渐变填充工具】绘制其他按钮图标，并使用【阴影工具】添加按钮的阴影。

STEP|09 结合【文本工具】和【贝塞尔工具】绘制手机信号符号，并填充白色。

STEP|10 使用【矩形工具】◻绘制一个矩形，并选择【阴影工具】◻添加阴影，然后选择阴影，右击，执行【拆分阴影群组】命令，并调整阴影的位置。

STEP|11 使用【贝塞尔工具】◦绘制几条直线，并在属性栏中设置轮廓宽度。

STEP|12 使用【文本工具】字添加文字信息。

STEP|13 结合【渐变填充工具】■和【阴影工具】◻绘制手机的背景。

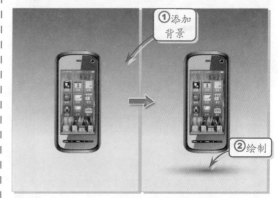

18.5 抽象卡通插画

　　本案例是一个抽象卡通插画设计，由戏剧性的图案与极其富有张力的图形构成，使整个画面具有很强的视觉冲击力。在绘制过程中主要使用【贝塞尔工具】◦和【钢笔工具】◦绘制插画的主体形状，并运用【均匀填充工具】■为插画进行填充颜色。

操作步骤：

STEP|01 新建一个A4大小的文档页面，单击【横向】按钮，选择【矩形工具】绘制矩形并填充颜色。

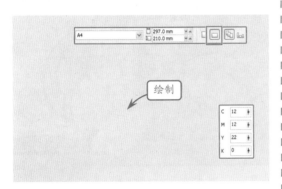

STEP|02 结合【贝塞尔工具】和【形状工具】绘制插画的基本形状。

STEP|03 使用【贝塞尔工具】绘制卡通人物的头部轮廓并填充颜色，然后绘制犄角形状。

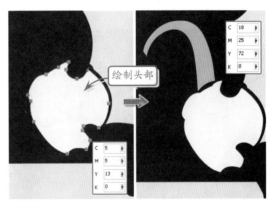

STEP|04 使用【钢笔工具】绘制卡通人物的身体轮廓并填充红色。

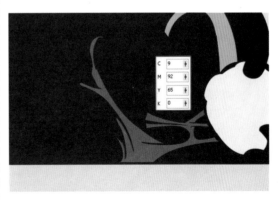

STEP|05 结合【贝塞尔工具】和【形状工具】绘制人物所有的犄角形状并添加犄角暗部颜色。

STEP|06 使用【钢笔工具】绘制人物脸部的暗部颜色，并使用【贝塞尔工具】绘制其他特殊形状。

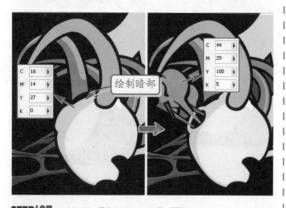

STEP|07 使用【钢笔工具】绘制人物身体的细节，并填充颜色。

STEP|08 使用【贝塞尔工具】绘制手指轮廓并填充颜色。

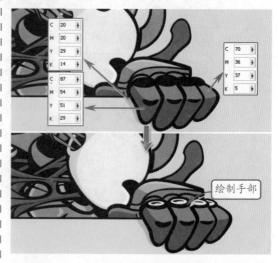

STEP|09 结合【钢笔工具】和【均匀填充工具】绘制人物另一只手臂的细节。

STEP|10 使用【贝塞尔工具】和【均匀填充工具】分别绘制人物的眼睛和嘴巴。

STEP|11 使用【钢笔工具】 ⚫绘制人物身体的局部细节。

STEP|12 使用【贝塞尔工具】 ⚫绘制特殊图形的轮廓并填充颜色。

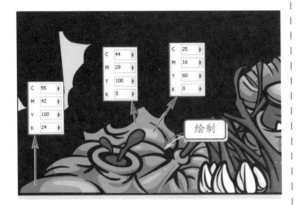

STEP|13 使用【钢笔工具】 ⚫和【均匀填充工具】 ■绘制骷髅头的细节。

STEP|14 使用【贝塞尔工具】 ⚫和【均匀填充工具】 ■绘制插画的排气筒图形。

STEP|15 使用上述方法绘制其他排气筒和局部细节。

STEP|16 使用【贝塞尔工具】 ⚫和【均匀填充工具】 ■绘制虫子的基本形状。

STEP|17 使用【钢笔工具】绘制虫子的牙齿并分别填充颜色。

STEP|18 使用【贝塞尔工具】绘制抽象的胡须部分。

STEP|19 结合使用【贝塞尔工具】和【均匀填充工具】分别绘制其他虫子和周围特殊的图形。

STEP|20 结合使用【贝塞尔工具】和【均匀填充工具】绘制插画的特殊图形。

STEP|21 使用【钢笔工具】绘制插画特殊图形的高光与亮部颜色。

STEP|22 使用【贝塞尔工具】修饰插画的细节部分。

STEP|23 使用【钢笔工具】🖊绘制插画局部细节的部分形状。

STEP|24 使用【贝塞尔工具】🖊修饰插画的烟雾形状，并分别添加高光和暗部颜色。

STEP|25 结合使用【贝塞尔工具】🖊和【均匀填充工具】■绘制卡通插画形象。

STEP|26 使用【贝塞尔工具】🖊修饰插画的细节部分。

STEP|27 使用【钢笔工具】🖊绘制天空中的云彩部分。

STEP|28 结合使用【贝塞尔工具】🖊和【均匀填充工具】■绘制虫子的基本形状。

STEP|29 使用【贝塞尔工具】添加虫子和背景的条纹纹理。

STEP|30 结合使用【钢笔工具】和【均匀填充工具】绘制插画的其他细节。

添加纹理

绘制

18.6 练习：VI设计

　　本例同读者制作一套企业VI，VI是企业形象设计，随着社会的发展，加速了企业优化组合的进程，产品快速更新，市场竞争也变得更加激烈。企业比以往更加需要统一的、集中的VI视觉识别系统的建立，来提升企业的品牌形象。

　　在绘制过程中，主要使用【贝塞尔工具】和【文本工具】制作标志部分，【多边形工具】绘制雨伞，【椭圆形工具】及【渐变填充工具】绘制车体广告，完成VI视觉识别系统的制作。

18.6.1 设计标志

STEP|01 新建一个文档尺寸为285mm×210mm，首先制作整套VI的模板，单击【矩形工具】绘制矩形并设置其圆角半径。

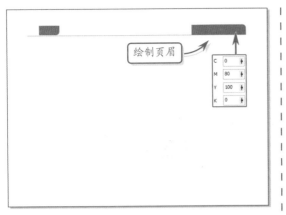

绘制页眉

C	0
M	80
Y	100
K	0

STEP|02 使用【文本工具】字输入文本，在工具属性栏中设置其样式及大小。

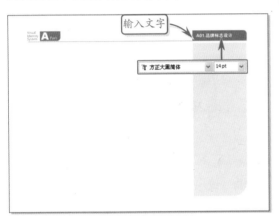

输入文字

STEP|03 选择【表格工具】在页面中拖动绘制表格。

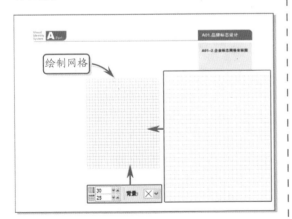

绘制网格

STEP|04 选择【矩形工具】以5个表格为标准绘制正方形，使表格便于查看。

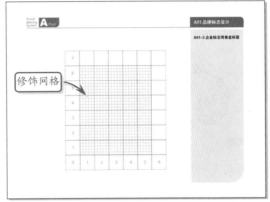

修饰网格

STEP|05 使用【贝塞尔工具】绘制标志图形，并选择【均匀填充工具】为标志填充颜色。

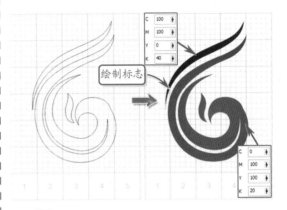

绘制标志

C	100
M	100
Y	0
K	40

C	0
M	100
Y	100
K	20

STEP|06 使用【文本工具】字输入公司名称及标志的设计说明。

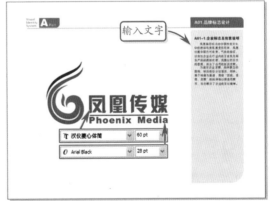

输入文字

STEP|07 使用【矩形工具】绘制矩形并填充为标志的标准颜色，选择【文本工具】字输入CMYK颜色值。

18.6.2 广告宣传

STEP|01 使用【矩形工具】绘制矩形并填充颜色，按F10键调节矩形节点。

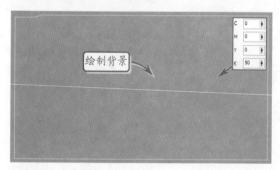

STEP|02 选择【矩形工具】绘制矩形填充白色，绘制出海报背景的边框。

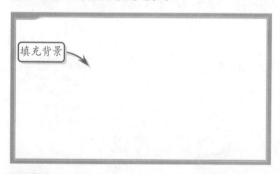

STEP|03 使用【贝塞尔工具】海报底部花纹图形并填充颜色。

STEP|04 使用【钢笔工具】绘制画面中的变形箭头及其他图形。

STEP|05 使用【矩形工具】绘制图形中的建筑部分。

STEP|06 使用【矩形工具】绘制如下图形。

STEP|07 使用【文本工具】输入文本并在工具属性栏里设置文本样式及大小。

STEP|08 导入前面绘制的标志图形，完成制作。

18.6.3 绘制汽车

STEP|01 绘制汽车车体并填充车体底色。

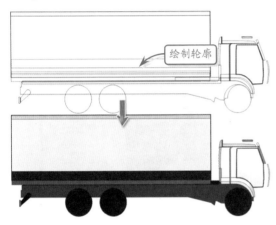

STEP|02 使用【椭圆形工具】○及【贝塞尔工具】绘制汽车轮胎。

STEP|03 使用【椭圆形工具】○及【渐变填充工具】■绘制汽车轮子上的钢圈质感。

STEP|04 使用【多边形工具】○绘制轮胎上的螺丝部分。

STEP|05 使用【椭圆形工具】○和【修剪】命令绘制汽车挡泥板，并填充渐变颜色。

STEP|06 使用【矩形工具】绘制汽车后轮之间的钢板部分。

STEP|07 使用【渐变填充工具】■为车头填充渐变颜色。

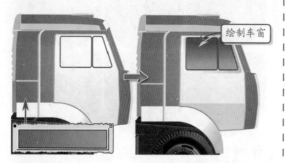

STEP|08 使用【渐变填充工具】■为脚蹬部位填充颜色。

STEP|09 选择【矩形工具】□绘制圆角矩形并填充渐变颜色来制作车灯。

STEP|10 选择【贝塞尔工具】绘制车门拉手部分。

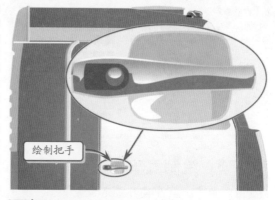

STEP|11 使用【贝塞尔工具】和【渐变填充工具】■绘制汽车倒车镜。

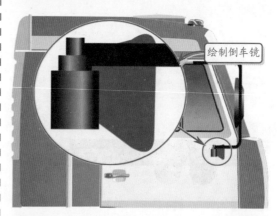

STEP|12 使用【矩形工具】□和【渐变填充工具】■绘制汽车油箱。

STEP|13 使用【贝塞尔工具】和【渐变填充工具】■绘制固定油箱的部件。

绘制部件

STEP|14 使用【椭圆形工具】◯和【渐变填充工具】■绘制油箱盖。

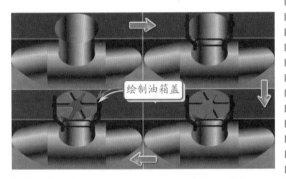

绘制油箱盖

STEP|15 按F6键绘制圆角矩形并使用【渐变填充工具】■填充渐变颜色来绘制汽车排气筒。

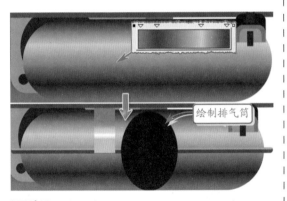

绘制排气筒

STEP|16 结合使用【渐变填充工具】和【矩形工具】□绘制减压器等部件。

绘制减压器

STEP|17 使用【贝塞尔工具】和【渐变填充工具】■绘制备用轮胎。

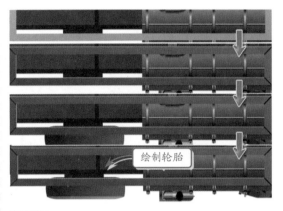

绘制轮胎

STEP|18 使用【渐变填充工具】■为车体填充颜色。

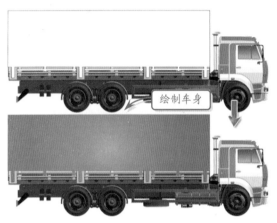

绘制车身

STEP|19 使用【贝塞尔工具】及【文本工具】字制作车体广告。

设计车身广告

STEP|20   如上所述，绘制其他角度的车体广告。

STEP|21   选择【多边形工具】⬡绘制雨伞，并填充渐变颜色。

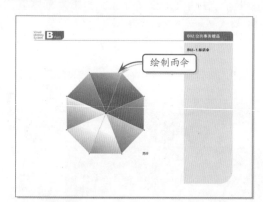

STEP|22   使用【文本工具】字输入文本完成雨伞制作。

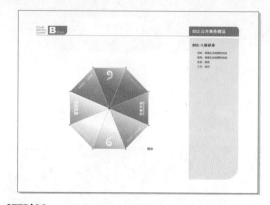

STEP|23   制作应用部分的文件袋。

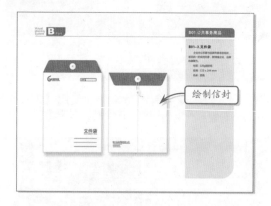

18.7   绘制PSP游戏机

　　本实例是一个游戏机的产品造型设计，PSP是最近非常火热的游戏机产品，本案例通过对游戏机进行详细绘制，并以红色为主色调，强烈地表现了游戏机的感染力。

　　在绘制的过程中，主要使用【贝塞尔工具】绘制PSP游戏机的各种零件轮廓，并通过【渐变填充工具】来表现按钮的立体效果和游戏机的金属效果，最后使用【透明度工具】添加游戏机的高光颜色。

18.7.1 绘制机身

STEP|01 新建一个A4纸大小的页面，使用【贝塞尔工具】绘制机身的基本轮廓，并填充深红色。

绘制机身

C	49
M	100
Y	100
K	31

STEP|02 使用【贝塞尔工具】绘制游戏机的侧身，并填充黑色。

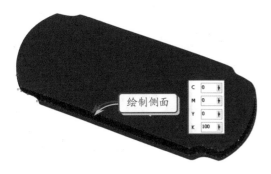

绘制侧面

C	0
M	0
Y	0
K	100

STEP|03 复制游戏机的侧面黑色块，并将其缩小，然后填充黄色。

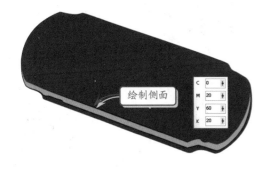

绘制侧面

C	0
M	20
Y	60
K	20

STEP|04 使用【贝塞尔工具】绘制游戏机侧身拐角的过渡形状，并使用【渐变填充工具】进行填充颜色。

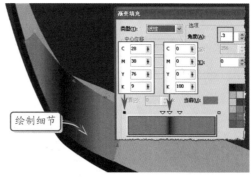

绘制细节

STEP|05 使用【钢笔工具】绘制机身侧面的反光，并填充渐变颜色。

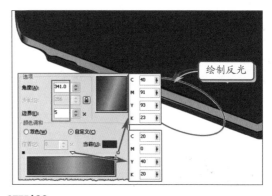

绘制反光

STEP|06 使用【贝塞尔工具】分别绘制游戏机正面一端的过渡色块。

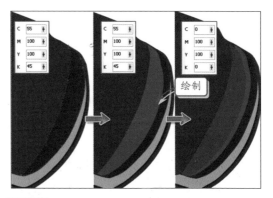

绘制

STEP|07 使用【调和工具】选择最后一层深色块向中间的亮红色块进行调和，然后继续再向第一层的深红进行调和。

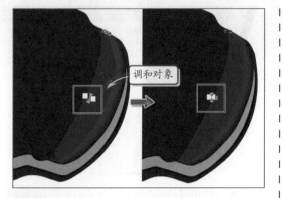

STEP|08 使用【钢笔工具】绘制正面一段的暗部颜色，并进行渐变填充。

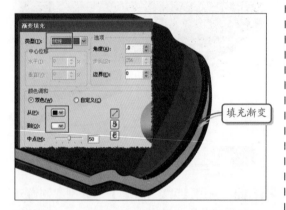

STEP|09 使用【贝塞尔工具】绘制游戏机正面的另一端，并填充红色，然后选择【透明度工具】，并在属性栏中的【透明度类型】中选择【线性】选项，绘制透明过渡效果。

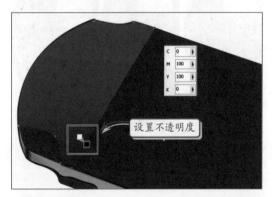

STEP|10 使用【贝塞尔工具】绘制游戏机挂孔侧面的暗部颜色，并使用【渐变填充工具】填充渐变颜色，然后在属性栏中设置描边参数。

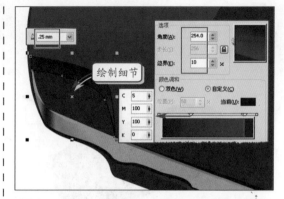

STEP|11 使用【贝塞尔工具】继续绘制游戏机挂孔的底色，并使用【渐变填充工具】填充颜色。

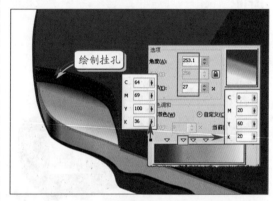

STEP|12 使用上述方法继续使用【渐变填充工具】绘制挂孔的其他部分。

STEP|13 使用【贝塞尔工具】绘制游戏机挂孔以及机身侧面的高光颜色，并使用【渐变填充工具】填充渐变颜色。

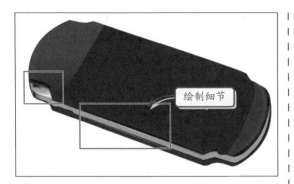

STEP|14 使用【贝塞尔工具】绘制一个不规则矩形，并填充颜色。

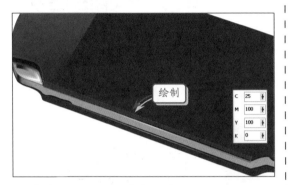

STEP|15 使用【贝塞尔工具】绘制一个不规则矩形，并填充黑色，然后选择【透明度工具】，在属性栏中的【透明度类型】中选择【线性】选项，绘制透明效果。

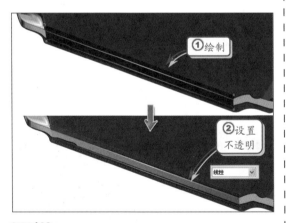

STEP|16 使用上述方法继续绘制机身侧面的另一端透明渐变颜色。

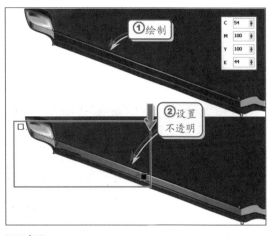

STEP|17 使用【贝塞尔工具】绘制一个不规则形状，然后选择【透明度工具】，在属性栏中的【透明度类型】中选择【线性】选项，绘制透明效果。

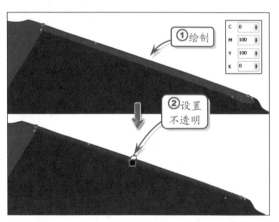

STEP|18 继续使用上述方法绘制机身的其他过渡效果。

STEP|19 使用【钢笔工具】绘制几个不规则矩形，并填充红色。然后选择【透明度工具】，在属性栏中的【透明度类型】中选择【线性】选项，绘制透明效果，并绘制多个透明渐变矩形。

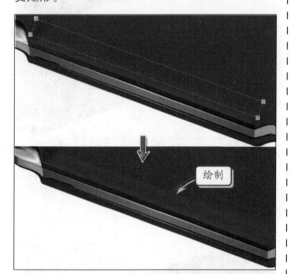

绘制

STEP|20 使用【矩形工具】分别绘制两个矩形，然后将其同时选中，在属性栏中单击【修剪】按钮，删除多余部分，并填充颜色，调整修剪后形状的角度。

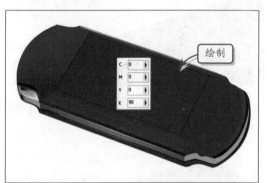

绘制

STEP|21 使用【贝塞尔工具】绘制一个不规则矩形，并添加透明渐变效果。

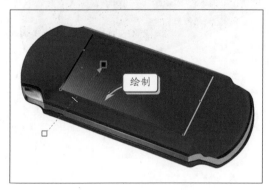

绘制

STEP|22 使用【贝塞尔工具】绘制一个形状，然后使用【渐变填充工具】填充渐变颜色。

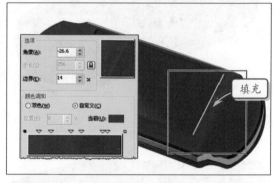

填充

STEP|23 选择【透明度工具】，在属性栏中的【透明度类型】中选择【线性】选项，绘制过渡效果。

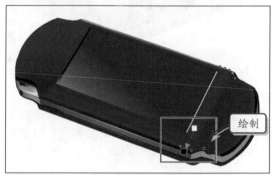

绘制

18.7.2　绘制游戏机的细节

STEP|01 使用【贝塞尔工具】绘制按键形状，然后使用【渐变填充工具】填充渐变颜色。

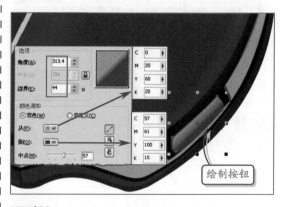

绘制按钮

STEP|02 使用上述方法继续绘制按键的纹理部分。

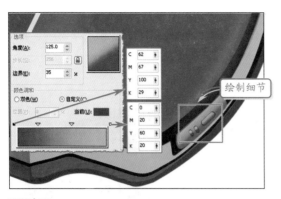

STEP|03 结合使用【贝塞尔工具】 和【渐变填充工具】 绘制游戏机侧面转角的细节部分。

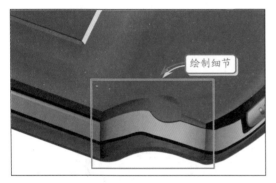

STEP|04 使用【椭圆形工具】 绘制一个椭圆并调整角度，然后使用【渐变填充工具】 绘制渐变效果。

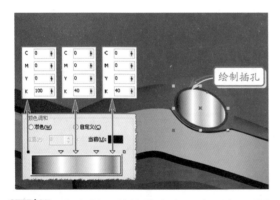

STEP|05 复制椭圆并将其缩小，然后使用【渐变填充工具】 绘制渐变颜色，并添加描边效果。

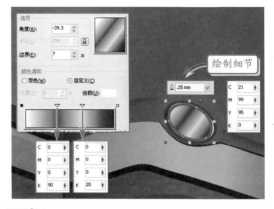

STEP|06 使用【贝塞尔工具】 绘制一个不规则形状，然后使用【透明度工具】 添加透明渐变效果。

STEP|07 使用【椭圆形工具】 绘制一个椭圆并调整角度，然后使用【渐变填充工具】 绘制渐变效果。

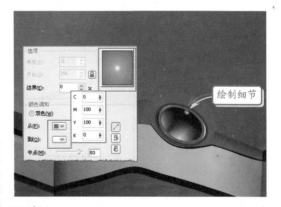

STEP|08 结合使用【贝塞尔工具】 和【透明度工具】 绘制接口外围的高光部分。

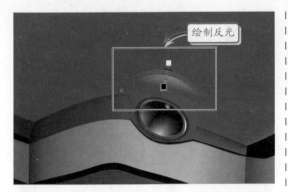

STEP|09 使用【贝塞尔工具】和【椭圆形工具】绘制螺丝钉的底色，然后使用【渐变填充工具】绘制渐变效果。

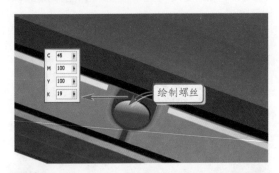

STEP|10 继续使用【贝塞尔工具】绘制螺丝钉的凸凹部分。

STEP|11 继续使用上述方法添加游戏机的指示灯，并添加文字信息。

STEP|12 添加位图素材，调整位置和大小，然后使用【形状工具】调整位图的形状。

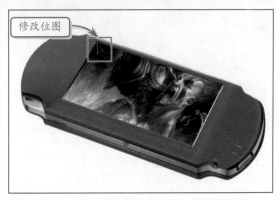

STEP|13 使用【贝塞尔工具】分别绘制游戏机的高光部分，填充白色，并使用【透明度工具】添加线性透明效果。

STEP|14 使用【贝塞尔工具】绘制透气孔，然后复制一层，并将其缩小。单击属性栏中的【修剪】按钮，然后使用【渐变填充工具】添加最后一层的渐变颜色。

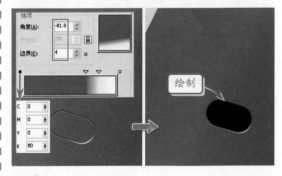

STEP|15 使用【贝塞尔工具】绘制机身的其他部分，并使用【渐变填充工具】添加渐变效果。

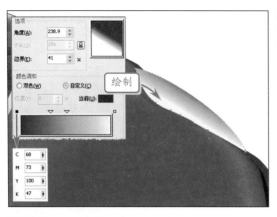

STEP|16 使用【椭圆形工具】◎绘制椭圆，并添加黑白渐变效果，然后添加投影部分。

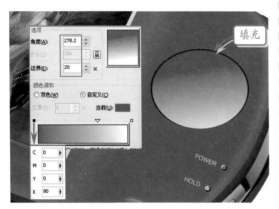

STEP|17 结合使用【椭圆形工具】◎和【渐变填充工具】■绘制游戏键的底色。

STEP|18 使用上述方法继续绘制游戏机的另一端键盘底色。

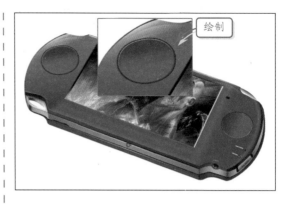

18.7.3 绘制按钮

STEP|01 使用【椭圆形工具】◎绘制按钮的椭圆底色，并使用【渐变填充工具】■添加线性渐变效果。

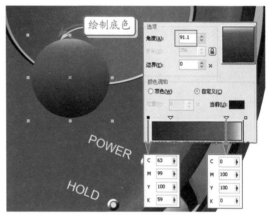

STEP|02 使用【椭圆形工具】◎绘制一个椭圆并填充黑色，然后继续绘制另一个椭圆并填充深红色。

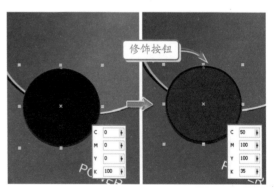

STEP|03 继续使用【椭圆形工具】◯绘制一个椭圆，并使用【渐变填充工具】▇绘制辐射渐变效果。

STEP|04 使用【贝塞尔工具】◣绘制亮部颜色，然后使用【透明度工具】☲添加透明效果，并添加按钮图标。

STEP|05 将按钮图层进行群组，复制3次，然后调整每个按钮的光线、透视等细节部分。

STEP|06 使用上述方法绘制另一组按钮效果。

STEP|07 输入文字，并添加文字的暗部颜色，然后结合【贝塞尔工具】◣和【渐变填充工具】▇绘制机身的其他细节效果。

STEP|08 使用【贝塞尔工具】◣绘制按钮形状，复制一层，并将其缩小，然后同时选中按钮图层，单击属性栏中的【修剪】按钮◻。使用【渐变填充工具】▇添加线性渐变效果。

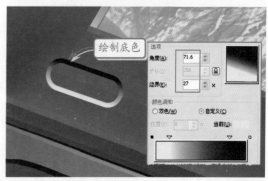

STEP|09 继续绘制按钮的暗部颜色，然后再复制一层，并将其缩小一定的比例，使用【透明度工具】☲添加透明效果。

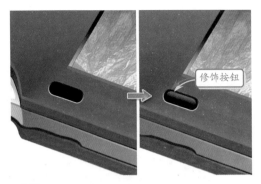

STEP|10　使用上述方法继续绘制按钮细节，并添加文字信息。

STEP|11　复制按钮，并按照顺序安排到游戏机的其他位置，并修改按钮文字信息。

STEP|12　结合使用【椭圆形工具】和【图样填充工具】绘制游戏机的喇叭，并使用【透明度工具】绘制喇叭的高光效果。

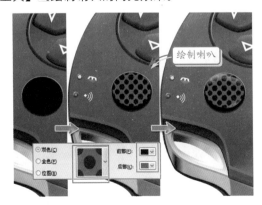

STEP|13　复制游戏机的底色，并将其移动到最上层，选择【底纹填充】，在弹出的对话框中设置参数。

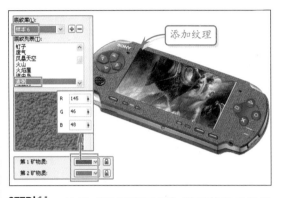

STEP|14　使用【透明度工具】调整游戏机纹理的整体不透明度。

STEP|15　绘制游戏机背景颜色，并添加文字信息，完成最终绘制。

18.8 铠甲战士

在绘制铠甲战士时要从整体考虑，首先用线条将轮廓绘出，接下来才是完善效果。不要从局部开始，这样不容易把握整体效果。然后再开始对局部进行细化和质感的表现，通过绘制出图形更多的面和添加花纹，以及使用渐变效果去表现金属的质感和完成作品。

金属质感是本例的重点。渐变是表现物体金属光泽主要的途径，结合【交互式网格填充工具】的应用，可以很好地实现金属质感。然后使用底纹填充效果，使复杂的纹理质感变得简单。

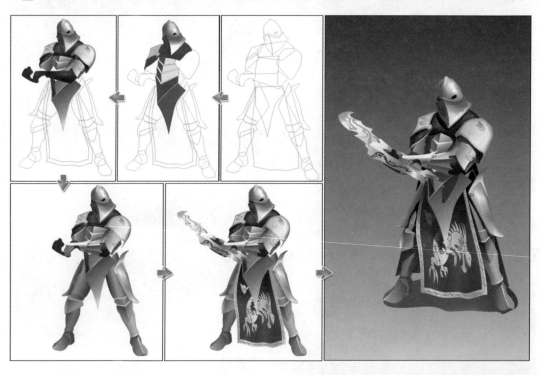

18.8.1 绘制头盔

STEP|01 新建文件。使用【钢笔工具】绘制铠甲轮廓图形，然后使用【形状工具】细致调整轮廓图形。

提示

先绘制各个部分的轮廓，把这次绘制的图形作为参考，根据此轮廓绘制后面的图形。

STEP|02 选中头盔轮廓图形，并填充颜色，然后使用【交互式网格填充工具】添加网格点，并设置颜色。

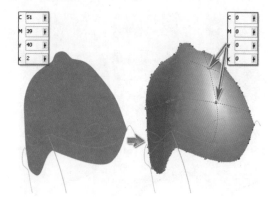

STEP|03 使用【交互式网格填充工具】🔲添加更多的网格点，并填充颜色。

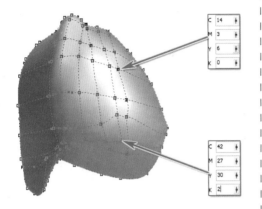

捷键，在弹出的【渐变填充】对话框中设置【角度】、【边界】和渐变颜色。

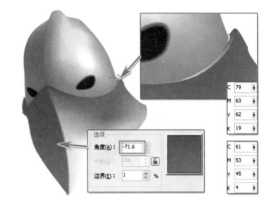

STEP|04 选中"眼孔"图形，并填充为黑色，然后选择【交互式轮廓工具】🔲，并在属性栏中设置其参数，最后使用同样的方法绘制另一个眼孔。

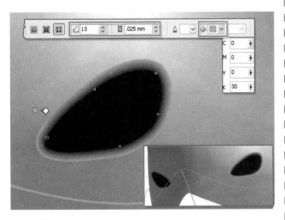

STEP|07 使用【贝塞尔工具】🔲绘制图形，然后在【渐变填充】对话框中设置其参数。

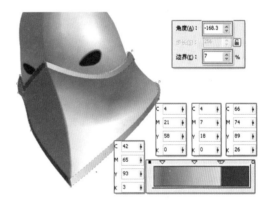

STEP|05 使用【交互式轮廓工具】🔲添加网格点，并设置网格点颜色，绘制图形金属质感，绘制过程如下。

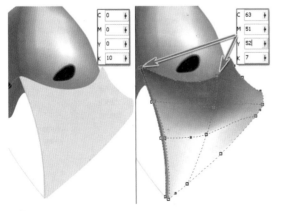

STEP|08 复制前面绘制的图形，然后在【底纹填充】对话框中设置其参数。

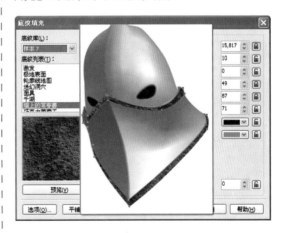

STEP|06 分别选中所示的图形，然后按F11快

STEP|09 选择【交互式透明度工具】，然后在【属性栏】中设置类型为"标准"，【开始透明度】为78。

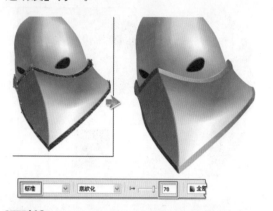

STEP|10 使用【贝塞尔工具】绘制面具上的花纹图形，并将图形【焊接】在一起，然后在【渐变填充】对话框中设置其参数。

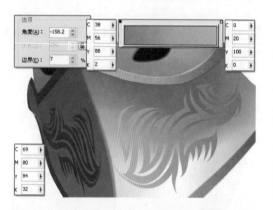

注意

一定要将绘制的花纹图形焊接以后再填充渐变效果。

STEP|11 选择【交互式透明度工具】按住鼠标左键并拖动鼠标，设置开始点和结束点。

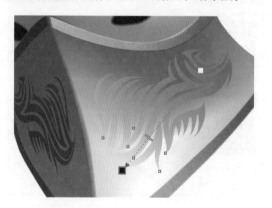

STEP|12 使用上述方法绘制 "眼孔"部分的花纹，绘制过程如下。

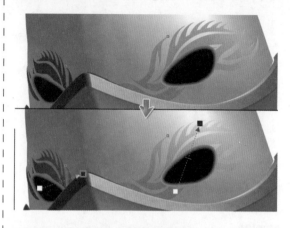

18.8.2 绘制上身铠甲

STEP|01 使用【贝塞尔工具】绘制图形，并填充颜色，然后使用【交互式网格填充工具】添加网格点，并设置网格点颜色。

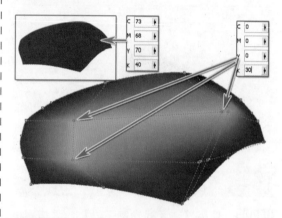

STEP|02 使用【贝塞尔工具】绘制一个和前面一样的图形，然后在【底纹填充】对话框中设置其参数。

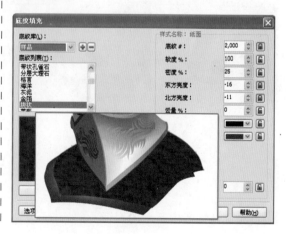

STEP|03 选择【交互式透明度工具】☑然后在属性栏中设置类型为"标准",【开始透明度】为42。

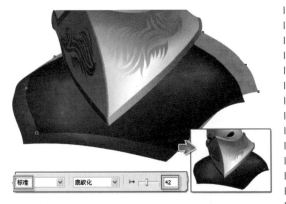

STEP|04 分别选中图形,并分别在【渐变填充】对话框中设置其参数。

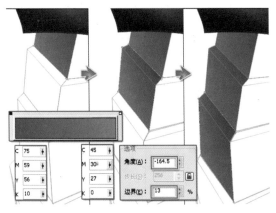

STEP|05 选择图形,然后在【渐变填充】对话框中设置其参数。

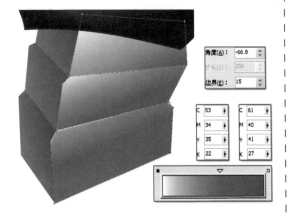

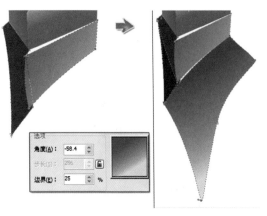

STEP|07 分别选择图形,并分别在【渐变填充】对话框中设置其参数,绘制甲片的高光效果。

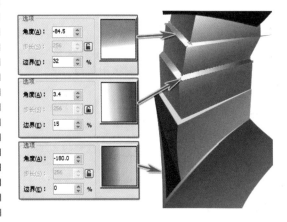

18.8.3 绘制手臂上的铠甲

STEP|01 选择图形,并填充颜色,然后使用【交互式网格填充工具】▦添加网格点,并调整网格点的颜色。

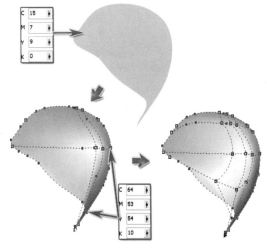

STEP|06 分别选择图形,然后分别在【渐变填充】对话框中设置其参数。

STEP|02 使用【贝塞尔工具】绘制图形并填充颜色，然后使用【交互式网格填充工具】添加网格点，绘制铠甲。

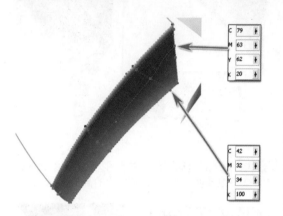

STEP|03 使用【贝塞尔工具】绘制图形，然后在【渐变填充】对话框中设置其参数，最后使用【贝塞尔工具】绘制铠甲厚度。

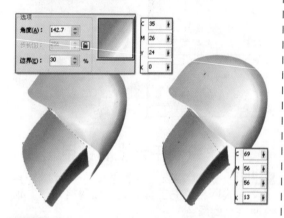

STEP|04 使用【贝塞尔工具】绘制铠甲的金属花边，然后在【渐变填充】对话框中设置其参数。

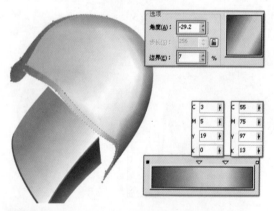

STEP|05 使用【贝塞尔工具】绘制花纹，并

在【渐变填充】对话框中设置其参数，然后使用【交互式封套工具】调整图形。

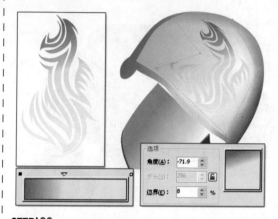

STEP|06 使用上述方法绘制金属图案，然后复制图形绘制出图形厚度。

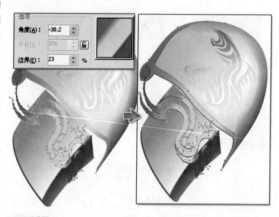

STEP|07 使用上述方法，绘制另一个肩膀上的铠甲和花纹图案。

技巧

选择【交互式网格填充工具】后在图形上双击鼠标左键，就会添加一个网格点。与节点添加和删除相同。

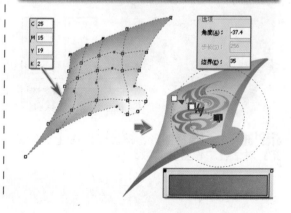

STEP|08 使用【贝塞尔工具】绘制铠甲厚度图形，然后再绘制一个图形，并使用【交互式网格填充工具】调整颜色。

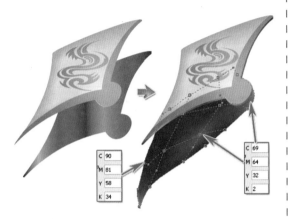

STEP|09 使用【贝塞尔工具】绘制图形，并填充渐变，然后使用【椭圆形工具】绘制金属扣。

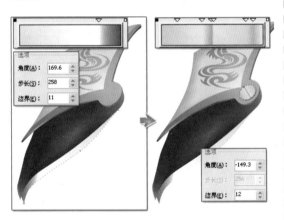

STEP|10 使用【贝塞尔工具】绘制手部图形轮廓，然后使用【交互式网格填充工具】添加网格点并调整颜色。

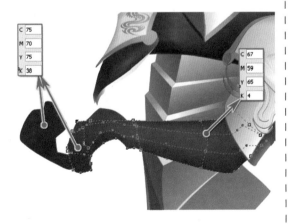

技巧

使用【交互式网格填充工具】按住 Shift 键，可以添加选择的网格点，适用于选择多个颜色相同的网格点。

STEP|11 使用【贝塞尔工具】绘制图形，分别填充渐变效果，然后再调整图形顺序。

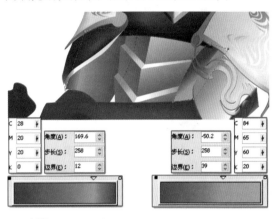

STEP|12 使用【贝塞尔工具】分别绘制图形，然后分别在【渐变填充】对话框中设置其参数。

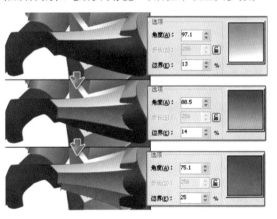

STEP|13 使用【贝塞尔工具】分别绘制图形，然后分别在【渐变填充】对话框中设置其参数。

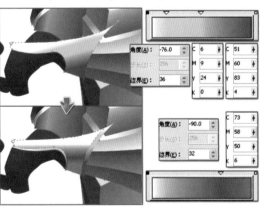

STEP|14 使用【贝塞尔工具】分别绘制图形，然后分别在【渐变填充】对话框中设置其参数。

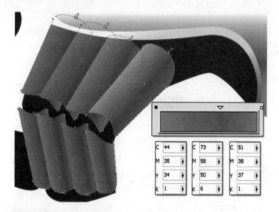

STEP|15 使用【椭圆形工具】绘制一个椭圆形，然后复制图形，并在【渐变填充】对话框中设置其参数。

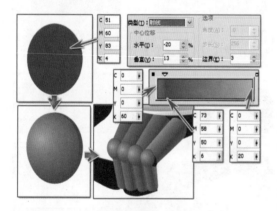

18.8.4 绘制腿部铠甲

STEP|01 先使用【贝塞尔工具】绘制图形，然后使用【交互式网格填充工具】添加网格点，并调整网格点颜色，最后使用【贝塞尔工具】绘制护甲厚度。

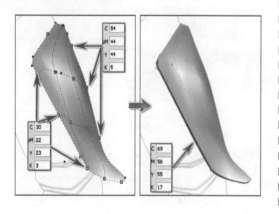

技巧

绘制完"护甲"厚度图形后按 Ctrl+ PageDown 组合键，将图形向后移动一层。

STEP|02 绘制腿部护甲上的金属花纹，使用【贝塞尔工具】分别绘制花纹和厚度图形，并分别填充渐变效果。

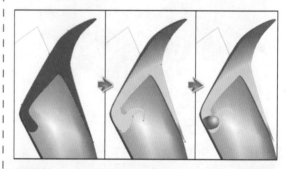

STEP|03 选择腿部铠甲图形，然后在【渐变填充】对话框中设置其参数。

STEP|04 选择小腿上的铠甲图形，然后在渐变填充对话框中设置其参数。

STEP|05 使用上述方法绘制脚部铠甲，分别选择图形并填充其渐变效果。

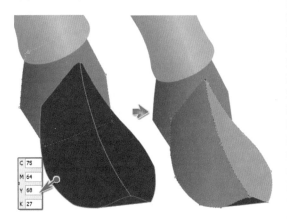

STEP|06 先使用【钢笔工具】绘制图形，并填充为白色，然后复制图形，填充为灰色，最后选择其他护甲并填充渐变。

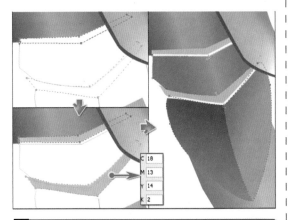

提示

这里绘制的白色图形表现的是转角处的高光。

STEP|07 使用【贝塞尔工具】分别绘制图形，然后分别填充渐变效果。

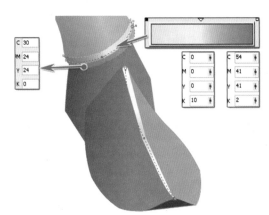

STEP|08 使用上述方法绘制另一条腿上的铠甲，然后将铠甲移动到适当位置。

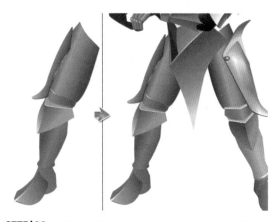

STEP|09 使用【贝塞尔工具】分别绘制图形，然后使用【交互式网格填充工具】添加网格点。

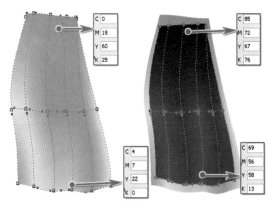

STEP|10 使用【贝塞尔工具】绘制龙形图案，然后将图案焊接在一起，最后在【渐变填充】对话框中设置其参数。

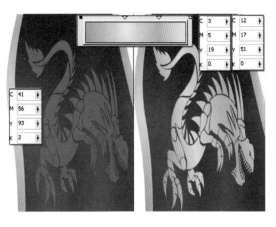

STEP|11 使用【贝塞尔工具】绘制花纹，并填充颜色，然后复制图形，绘制花边效果。

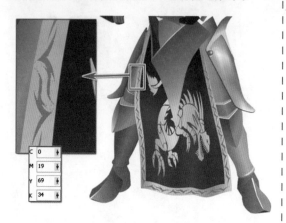

18.8.5 绘制手部铠甲

STEP|01 使用【贝塞尔工具】分别绘制轮廓图形，然后分别填充颜色和渐变效果。

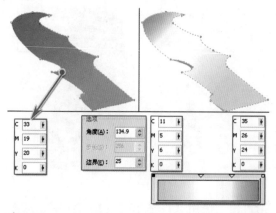

STEP|02 使用【贝塞尔工具】分别绘制轮廓图形，然后分别填充颜色和渐变效果。

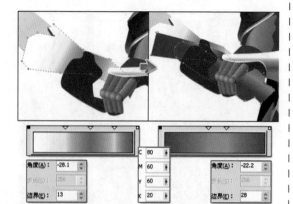

STEP|03 使用上述方法绘制图形，并将图形移动至手部图形的前面，然后填充渐变效果。

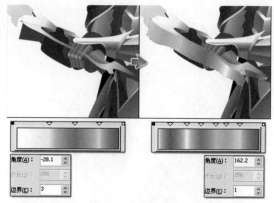

STEP|04 使用【贝塞尔工具】绘制花纹，然后在【底纹填充】对话框中设置其参数。

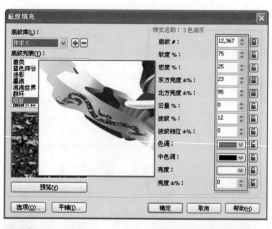

STEP|05 使用上述方法绘制武器上的纹理图案。

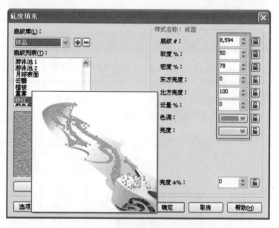

技巧

绘制武器上的纹理时，也可以试着使用其他纹理填充，会有不同的效果。

STEP|06 使用【贝塞尔工具】 分别绘制投影图形，然后使用【交互式透明度工具】 并在属性栏中设置开始透明度。

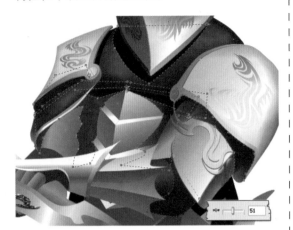

STEP|07 使用上述方法绘制腿部和袍子上的投影。

STEP|08 使用【贝塞尔工具】 绘制投影图形，然后使用【交互式网格填充工具】 添加网格点，并调整颜色，最后使用【矩形工具】 绘制矩形渐变图形。